07

新知
文库

XINZHI

The Pawprints
of History

THE PAWPRINTS OF HISTORY: Dog and the Course of Human Events
by Stanley Coren

Published by arrangement with Atria Books, a Division of Simon & Schuster, Inc.
Through Bardon-Chinese Media Agency

狗故事

留在人类历史上的爪印

[加] 斯坦利・科伦 著
江天帆 译

生活·讀書·新知 三联书店

图书在版编目（CIP）数据

狗故事：留在人类历史上的爪印 /（加）科伦著；江天帆译．—2 版．—北京：生活 · 读书 · 新知三联书店，2016.10 （2021.4 重印）
（新知文库）
ISBN 978－7－108－05796－9

Ⅰ．①狗…　Ⅱ．①科…　②江…　Ⅲ．①犬－关系－人类－普及读物
Ⅳ．① S829.2-49

中国版本图书馆 CIP 数据核字（2016）第 191759 号

责任编辑　樊燕华　曹明明
装帧设计　陆智昌　康　健
责任印制　卢　岳
出版发行　生活·讀書·新知 三联书店
（北京市东城区美术馆东街 22 号 100010）
图　　字　01-2016-8472
网　　址　www.sdxjpc.com
经　　销　新华书店
印　　刷　北京市松源印刷有限公司
版　　次　2007 年 12 月北京第 1 版
2016 年 10 月北京第 2 版
2021 年 4 月北京第 4 次印刷
开　　本　635 毫米 × 965 毫米　1/16　印张 22
字　　数　250 千字
印　　数　21,001－24,000 册
定　　价　42.00 元
（印装查询：01064002715；邮购查询：01084010542）

新知文库

出版说明

在今天三联书店的前身——生活书店、读书出版社和新知书店的出版史上，介绍新知识和新观念的图书曾占有很大比重。熟悉三联的读者也都会记得，20世纪80年代后期，我们曾以“新知文库”的名义，出版过一批译介西方现代人文社会科学知识的图书。今年是生活·读书·新知三联书店恢复独立建制20周年，我们再次推出“新知文库”，正是为了接续这一传统。

近半个世纪以来，无论在自然科学方面，还是在人文社会科学方面，知识都在以前所未有的速度更新。涉及自然环境、社会文化等领域的新发现、新探索和新成果层出不穷，并以同样前所未有的深度和广度影响人类的社会和生活。了解这种知识成果的内容，思考其与我们生活的关系，固然是明了社会变迁趋势的必需，但更为重要的，乃是通过知识演进的背景和过程，领悟和体会隐藏其中的理性精神和科学规律。

“新知文库”拟选编一些介绍人文社会科学和自然科学新知识及其如何被发现和传播的图书，陆续出版。希望读者能在愉悦的阅读中获取新知，开阔视野，启迪思维，激发好奇心和想象力。

生活·读书·新知三联书店

2006年3月

目 录

前言

这是一部历史书，关乎人与狗，或者更确切地说，是一部关于狗是如何影响和改变人类历史的书，融合了我对历史、传记、心理学，当然还有对狗的热情。虽然人类与狗共同生活了至少一万四千年，但在研究性的历史和传记中，那些关于狗是如何改变我们这个世界的记录却很少被强调。但无论如何，一些线索还是不时显现出来，从中可以发掘出不少有趣的故事。

在这里呈现给读者的材料中，很多来自于相关人物的私人文件。人们更容易在书信和日记中暴露一些不愿被公之于众的秘密——比如他们对爱犬的感情，以及在与狗共处之后其生活发生了哪些变化。

本书的故事所涉及的人物有国王和王后、国家元首、战斗英雄、科学家、社会活动家、作家及音乐家；他们的生活都因一只或者更多的狗而改变。这些四条腿的朋友通过对他们生活的影响，进而影响或改变了历史。

还有一些属于技术上的问题需要向我的同事和历史学家们做一说明。首先，虽然撰写本书时我做了大量的研究工作，努力使书中的材料尽可能确凿，但未加注释。一些重要的注释被排在书的最后。其次，在一些情况下，我将所引用的一些几百年前的文字翻译成了现代的语言、语法和写法。所以，如果我引用爱德华，即第二位约克公爵写于 1406 年的关于猎犬的文字的话，其原文“Rennyng Hondis hunten i dveris maners，...”便会被我改成“Running hounds hunt in different ways，...”之所以使用上述两种做法，是因为我将自己定位成一个讲故事者，而非历史学家。在本书中，故事的发展脉络、狗与主人的互动关系以及人类和犬之间的相互影响比历史更为重要，而大量注释会干扰读者的阅读。我的同事们可能认为这不是学者的叙事方式。这种非正式的叙述方式所关注的是那些狗在其中扮演了重要角色的历史中的引人入胜的情节。我相信那些爱狗的读者会喜欢这种叙事方式的。

最后，我必须表达几份热烈的感谢。第一是献给我的夫人琼的。她像往常一样通读了全文，并且指出了原稿中不易理解之处，便于我调整或者加以解释。第二份感谢给我的兄弟阿瑟。他在本书的写作过程中给我以支持，包括排除外界压力，使我能够专心写作。除此之外，我还要感谢他帮我找到安迪·巴特利，这位动画艺术家兼导演在百忙之中抽出时间为本书画了插图。最后，我要感谢我自己的狗——丹瑟和奥丁，它们使我心情愉快舒畅。此外还有已故的巫师，它已经在使我的生活变得更加美好之后，自己走进了历史。

序言

在一间简陋的棚屋中，一位头发花白、满脸胡须的男人蜷缩在一堆篝火边。他仅以兽皮蔽体。在他的旁边睡着他的妻子。在这个栖身之所的另一端，睡着他的即将成年的大儿子，以及小儿子和小女儿。

与他一起分享这堆篝火的，是一只竖着耳朵但却看不出品种的狗。它刚刚醒来，此时已经起身，眼睛盯着声音传来的方向，这种微弱的声音是人类的听觉所不及的。狗又坐下来，但是头却依然警惕地昂着，注意着那个声音。那个男人就像人们通常做的那样，小声地对狗说：“你听到了什么，我的狗？如果我有麻烦的话，你会告诉我，是吗？”

遗骨和遗物显示，这一情形很可能发生在1.4万年前的伊拉克，1.2万年前的法国或者丹麦，1.1万年前的犹他州，或者1万年前的中国。就是从那时起，被我们称做狗的动物开始与我们共同生活在一顶屋檐下，开始影响人类个体和集体的历史。

这个在我们的历史上曾发生过千万次的一幕继续展开：男人看着摇曳着的篝火边的守护者兼狩猎者说："如果没有你，生活将会是怎样的呢？

"我还记得祖辈的故事。据说那时还没有狗。人们在遭遇野兽进攻或被其他部落袭击的时候，无法得到警报。后来你的祖辈带着全家来了，它们就以那些被人们扔到村外的猎物的骨头和皮为食。我的祖辈认为这是件好事情，因为这样一来废物既不会发臭也不会生虫；他们说就是因为你们吃掉了那些废物，才使我们能更长久地在一个地方居住下来。

"后来我的祖辈听到了你们的叫声。每当有动物或者人靠近时，你们都会吼叫。多好的一件事啊！他们想。如果有你们待在身边并且吼叫，那么在黑暗中的人们就不会受到惊吓。所以，我的祖辈就用多余的食物把你们的家族留在自己身边。后来，他们又将你的祖先的幼崽带回饲养。他们想：'如果一只狗能用它的叫声保护整个村庄，那另一只就能保护我们自己的家。'不久，那些和他们一起生活的幼崽就被驯化了。

"祖辈说，有一天，我们在追逐一只受伤的鹿，你们的祖辈跟在身后。这只鹿就像其他鹿一样狡猾，巧妙地转到了另一条路上。他们没有看到而追错了方向，但你的祖辈闻出了鹿的踪迹并跟着追去。从此以后，我的祖辈就跟随着你的祖辈一起狩猎。

"祖辈说，以前曾有另一种人，丑陋的人（尼安特人）。但是他们因为没有狗的保护、没有狗帮助他们狩猎而消失了。他们被野兽袭击或者被埋伏的敌人杀死，当猎物变得稀少时，他们就饿死了。

"今天，我看着你和你的兄弟们猎捕小羊。我看到了你们是怎样将羊群驱赶到一起，再将它们赶到树林，使它们分散开来而且无法快速奔跑。我当时想，我的狗啊，如果我能让你们使羊群聚拢但不捕杀它们的话，或许我们还能驯养一些羊，让它们繁衍后代。那样我们就不用总是狩猎了。今后我要试一试。”

狗趴在地上，将头耷拉在前爪上，这使男人明白周围没有险情。他打了个哈欠，拨了拨火堆，也躺下来睡觉了。他知道，他的保卫者将会在威胁出现时叫醒他，这让他得以安心。他们将在天亮后一起狩猎。若狩猎有收获，下午他的女儿还要和狗一起玩耍。他伸出粗糙的手抚摸狗的皮毛，这使他们彼此都感到满足。

人类和狗的历史从此开始。当两个物种选择彼此为伴时，他们的命运便缠绕在一起了。在遥远的将来，在君主甚至国家的历史上将遍布狗伙伴的爪印。

第 1 章

哨兵和象征

漫漫历史长河中，曾经有多少次，一个人，甚至是一个国家的命运，紧紧系在了一只狗的项圈之上？如果没有狗，哥伦布在美洲殖民的初次探险也许不会那么成功；瓦格纳的一些作品也许不会诞生；美国独立战争也许不会爆发；美国奴隶的解放也许还要再推迟几十年；我们也许要用另外一种方法给聋哑孩子上课；那些大家非常喜欢的名著，比如《艾凡赫》，也许永远也不会问世。

狗的确改变了人类的历史，大多数人一般都知道并且接受了这个事实。狗在许多人类的活动中起着不可或缺的作用，如狩猎、放牧、探险，甚至是战争。然而，当提到政治、社会或者文化的历史时，便很少有人能够想起狗在其中的影响。尽管类似的实例有许许多多：一只狗改变了一个人的生活，然而正是这个人改变了人类的历史。这些鲜为人知的故事却往往是最引人入胜的。

以亚历山大·蒲柏为例。他是个睿智的讽

刺作家，被视为18世纪英国最伟大的诗人，是其诗句被人们引用最多的诗人之一，许多耳熟能详的妙语都是出自他的笔下："学问浅薄，如履薄冰"；"凡人多舛误，唯神能见宥"；"天使畏惧处，愚人敢闯入"。很多他的诗作，比如《卷发遇劫记》(*The Rape of the Lock*)、《愚人记》(*The Dunciad*)，连同《人论》(*Essay on Man*)和《论批评》(*Essay on Criticism*)，依然还是时下很受欢迎的经典著作，绝大多数大学也将这些作品列入其文学学士必读书目之中。

蒲柏于1688年出生在伦敦。他糟糕的健康状况，也许是他最终对文学与写作产生兴趣的原因之一。蒲柏在很小的时候就得了一种结核病，进而影响到其脊椎的健康。疾病阻碍了小蒲柏身体的成长，以至于他成年后身高仅有四英尺六英寸。除此之外，疾病也注定了蒲柏终生都要忍受无尽的头痛，并且对疼痛异常敏感。脊椎的不适使其身体运动，甚至是弯腰都成了一种折磨。他常常需要别人的帮助才能从床上坐起，或者是从椅子上站起来。没有仆人的帮忙，他也无法穿衣脱衣。

然而，健康上的缺陷并没有妨碍蒲柏成为一个迷人的社交伙伴，一位充满魅力的主人。尽管身体不高，但是他有一副英俊的面孔，漂亮的模样让大家都不会感到厌烦。在泰晤士河畔特威克纳姆的大庄园里（这儿离伦敦很近），蒲柏接待了许多社会名流，从诗人到哲学家，从高官到名媛，甚至皇室成员。登门拜访蒲柏的人，几乎都能碰到像乔纳森·斯威夫特这样的作家——讽刺小说《格列佛游记》的作者；或者遇上亨利·圣约翰·博林布鲁克子爵，一位后来也成为作家的政治家、演说家；又或者巧遇罗伯特·哈利，第一位牛津伯爵，日后荣升为财政大臣；甚至是威尔士亲王弗里德里克殿下。蒲柏的客人们常常聚集在他精心设计的大花园里，持续几个小时轻松愉悦地交谈。

蒲柏在不参加社交活动的时候，身体上的疼痛让他变得暴躁而易怒。身边的人常常能听到他愤怒的号叫，哪怕只是受到了最轻微的刺激。乖戾的脾气也使他经常对那些评论家大动肝火，继而把怒火转移到恰巧在近旁的人身上——往往是毫不相干的仆人。为此，仆人们不是主动请辞离去，就是被他解雇。蒲柏家里的佣人更换频繁，以至于想要家里保持正常的秩序都有些困难。

蒲柏怪癖很多。比如说，尽管他很富有，招待客人很奢侈，但在某些个人生活细节上却显得相当吝啬。正因为如此，他连稿纸都常常不愿意买，将诗写在旧信封上。他旧信封的数量倒是很充足，因为给他写信的人很多。而且蒲柏不信任像银行这样的金融机构，只和它们保持着最低限度的业务往来。他在庄园的一面墙里安放了保险箱，把财产都存放在那里，从来不放进银行。保险箱的钥匙每时每刻都挂在他的脖子上。

蒲柏一生都很喜欢狗。但是相对于他的身材和健康状况，蒲柏最喜爱的狗看起来不像是个靠得住的选择。那是一只大丹狗（Great Dane），蒲柏给它取名为蓬斯。蓬斯和蒲柏面对面站在一起时，他俩的眼睛几乎在同一个水平线上。然而，后来的事实证明蓬斯是个好伙伴。主人工作的时候，它总是很安静；有人注意到它的时候，它会友好地打招呼。蓬斯良好的举止和威严的外形给弗里德里克王子留下了极其深刻的印象，以至于王子殿下都表示自己也很想养一只像蓬斯一样的狗。受到赞美的蒲柏很是高兴。不久王子便自特威克纳姆带回了诗人赠与的礼物——蓬斯的一只幼崽。这只小犬被安置在邱园的皇家狗舍里。夏日时节，皇室都会来这里避暑。不久，蒲柏又寄来了另一份礼物——为弗里德里克王子的小狗定做的项圈，上面雕刻着两行诗：

吾乃邱园殿下一爱犬
问阁下您是何人之犬？

尽管蓬斯平日很友善，但它时刻都会记得保护自己的主人。乔纳森·斯威夫特六十多岁时已经有些耳聋了。每次他来访，蒲柏不得不提高声音才能够与他交流。听见主人这么大声地讲话，蓬斯就感到斯威夫特很可疑，因此它总是警觉地躺在主人和作家之间。如果斯威夫特讲话的时候动作幅度稍大一些，蓬斯就立刻站起来准备保护它的主人，甚至还会发出警告的嘶叫。

当然蒲柏不需要防备斯威夫特，但是有蓬斯做守卫始终是个福祉。一天，喜怒无常的诗人将贴身男仆臭骂一顿，随即解雇，很快又在为数不多的应征者中找了一个新的仆人。蓬斯嗅了嗅这个新来的男仆，然后退到主人身边，摆出不同往常的厌恶姿势。新来的男仆看起来很熟悉自己所要干的工作，并且显得异常地尽职尽责。夜幕降临，男仆把蒲柏从椅子里搀起，扶他进了卧室。他替诗人换上睡衣，帮他上床。男仆把有天篷的大床周围厚厚的窗帘拉上，以抵挡夜晚的寒气，然后就悄悄地离开了屋子。

蓬斯晚上通常都是睡在楼下的火炉旁边，享受着壁炉的余温。但这天，它却没有留在平常休息的地方。新来的男仆离开蒲柏的卧室之后，蓬斯就溜了进去，趴在主人的床底下睡觉。后半夜，蒲柏似乎听见什么声音，醒了过来。他轻轻撩开床帷往外望，眼前的景象把他吓呆了。隐隐约约一个黑色的身影正悄悄向他床边靠近。蒲柏看到那个黑影手握一把大刀，在月光下微微闪着寒光。蒲柏的身体虚弱单薄，甚至不能起身保护自己，只有尖叫着呼唤隔壁的男仆，希望他能赶过来救他。

一听到主人的叫声，蓬斯立刻从床下蹿出，直奔那个黑影扑去。那黑影顿时跌倒在地，手中的刀也飞了出去。蓬斯把那人压在地上，冲着他低吼，不时地抬起头大声咆哮着求助。这边的吵闹终于引来了家中其他的佣人。此时大家才发现，袭击蒲柏的那人正是蓬斯怀疑过的新男仆。他听说蒲柏在保险柜里藏了许多钱，就计划先杀了他拿到钥匙，然后偷走钱，在大家醒来之前逃走。

正是因为有了蓬斯，蒲柏才能够活下来，并创作出更多伟大的诗歌。此外，作为狗主人，蒲柏还写下了另一句隽语："历史上，狗比朋友忠贞的例子数不胜数。"

几乎所有的文化中都有将狗视做人类守护者的传统。对于大多数人来说，狗最重要的作用就是保护自己和家人远离危险。早在欧洲人到达美洲大陆之前，北美密克麦克（Mik'Maq）印第安人就流传着狗保护人的古老传说。

据说，最初，伟大的神和创造者 Gisoolg 创造了 Ootsitgamoo（大地），还造了许许多多不同的动物放生在此。造物是件很辛苦的工作，于是 Gisoolg 停下来睡了一会儿。就在他熟睡之时，刚才所造的一条大蛇开始变得野心勃勃、贪得无厌。大蛇用魔法给自己的牙齿注入致命的毒液，如此一来它就能轻而易举地咬死哪怕是最大的动物。就这样大蛇很快成了所有动物的头领。

Gisoolg 醒来后，决定再造一个生物来统治所有这些动物。他先从一处隐蔽的神圣之地取了些泥土，然后花了一整天的时间用这些泥土捏制出一个人的形象。他赋予了这个人生命，但是这个人身体还太虚弱，不能走动，于是便躺在地上汲取力量。不一会儿，Gisoolg 又睡着了。

Gisoolg 创造的人比任何动物都更聪明，更有力量，蛇对此很是不悦。趁着深夜万籁俱寂之时，蛇悄悄爬到人的身边，咬死了他。Gisoolg 醒来发现新造的人被咬死了，非常伤心。于是他又花了一整天的时间造了另外一个人，然后他再一次睡了过去。新造的这个人也死在狡猾的毒蛇口下。第三天，Gisoolg 早早起来，在着手重新造人之前，他先捏了一个卫士来守护人，那就是狗。当他造完人的时候，狗已经获得了足够的力量站在一旁看守。然后，Gisoolg 就放心地睡了。

这时，蛇又一次穿过长草向这边逼近，它的眼中充满了杀意，毒液从尖尖的牙齿上滴落。然而这次它遭到了狗的反抗。狗高声咆哮以示警告，然后用牙齿去撕咬大蛇。受伤的大蛇行动缓慢下来，失去了突袭的能力。更糟的是，犬声吵醒了 Gisoolg，他马上跑了过来。

“邪恶的蛇，你没有权利伤害我创造的一切。作为对你的罪恶的惩罚，我要砍掉你的腿，从此以后你的子孙后代都永远只能靠肚皮滑动。另外，我还要警告你，我已经赐予这个人 Glooscap 一个守卫——E'lmutc，这只狗会永远陪伴着他，保护他。如果你头脑发昏，欲意伤害 Glooscap 或是他的家人的话，E'lmutc 会察觉你的到来，它会向我发出警报。那时，我将赐予 Glooscap 智慧和武器来保护自己。你可要小心了，下次即使 E'lmutc 的牙齿没能咬死你，Glooscap 的双手也将有能力杀死你。”

这个故事告诉我们，如果没有狗的保护就没有人。当然很明显，这仅仅是个神话，但是当人们阅读众多历史名人的生平时，还是不得不相信，守卫人类是上帝赋予狗的职责。

在圣乔瓦尼·梅尔希奥·博斯科（Saint Giovanni Melchior Bosco）的传记中，有一只不知从哪儿来的小狗，就像卫兵一样忠诚地保护着他。故事开始于 19 世纪 40 年代。那时，意大利都灵贫民区的生活穷困而残酷。这样的生活是血汗工厂的剥削带来的。那些工厂使用危险的机器，滥用童工，压榨工人的血汗。当博斯科神父还是个小男孩的时候，就在梦中受到神灵的启示。神告诉他要帮助那些处在这种极度贫困中的孩子。当他宣誓成为一名牧师之后，他终日奔波于大街小巷，探访那些在工厂、监狱中受苦的孩子们。很快，他每个星期都要安排和一些衣衫褴褛的孩子见面，而且每个星期孩子的数量都会不断增加。刚开始时，他与孩子们见面的地点每次都不一样，没有一个固定的地方。那些孩子们居无定所，在那段艰辛的岁月里，人们对这样一群穷孩子聚在一起感到厌恶而恐惧。每个周日，博斯科神父都会在不同的地方把这群孩子召集起来，有时候是在城里的教堂里，有时候是在葬仪礼拜堂，或者干脆就在一片空地上。在那里，博斯科神父倾听孩子们的忏悔，为他们做简单的弥撒，然后用朴实的语言给孩子们进行一个小时的布道。为了吸引他们的注意力，中间还会穿插些杂耍或者魔术表演。随后博斯科神父会带着他这群穷孩子到城边的郊外远足，神父给他们准备了食物，组织他们一起玩游戏。

1846 年，博斯科神父终于筹措到了足够的资金，他在城里最穷的地区买下一块空地。除了一间摇摇欲坠的小屋，这块地皮上什么都没有。屋子紧挨着酒吧，对街是一家声名狼藉的旅馆。这仅仅是一切的开始。然而博斯科在梦中受到启示，他确信这里是片神圣的土地，因为都灵的殉道者就长眠于此。随后博斯科着手将破旧的小屋改造成小礼拜堂，收拾出一小间休息室，腾出地方给信众集会。现在，每个周日都会有五百多名在贫穷中煎熬的孩子挤进来做弥撒。

大约在 1848 年，在博斯科一生中扮演重要角色的那只狗出现了。那是一只又大又笨的灰色杂种犬，博斯科神父给它起名叫格里乔。没有人知道它属于哪个品种，或者它父母和它的血统，就像聚集在博斯科身边的那群无家可归的孩子一样。没人知道那些孩子的身世，也没人知道格里乔究竟从何而来。

格里乔第一次出现的那天晚上，博斯科正穿过狭窄的街巷往他的小礼拜堂走去。不幸的是，由于他拥有着一间礼拜堂，并且常常给孩子们提供食物，周围的人都认定他有钱，于是有人便起了歹意。正当博斯科走进一条漆黑的巷子时，一个人从暗处跳了出来。他一把抓住这个未来的圣人，威胁他把钱交出来。事实上，博斯科神父自己根本没有钱，因为他把所有的收入都用来接济孩子们了。那个贼听神父说自己没钱，就举起手中的刀子在他眼前晃了晃，厉声道："要是真没钱，留你有什么用，我宰了你！乖乖的把钱交出来，或者也可以告诉我它们藏在小教堂什么地方了，听话就留你一条性命！”事后博斯科回忆起来，当时他以为自己的生命就快到尽头了，只能紧闭双眼，低声祷告。

突然，一个灰影向强盗凶猛地扑了上去。强盗被击倒在地，手里的刀也飞了出去。那个灰影是一只巨大的杂种狗，在神父和强盗间狂吠着。那歹徒向刀冲了过去，大狗发出一声低吼，用锋利的牙齿狠狠地咬了他一口，使他不得不重新考虑是否要继续原先的行动了。他迅速从地上爬起来，飞一般地逃跑，很快便消失在街的尽头。

此刻，博斯科神父不知道对这只大狗是该感激还是畏惧。当大狗转过身来面对他时，他看到的只是一排白森森的长牙，后悔当时没跟那个强盗一起逃跑。然而出乎意料的是，大狗收起了它锋利的牙齿，微微低下头，温顺地摇着尾巴。博斯科犹豫了一下，探过身去摸了摸它的粗糙的毛，大狗很满足地呜呜回应。然后，它安静地跟在圣者身后回了家，一起吃了顿简陋的晚餐。

从那时起，每当博斯科遇到不测，格里乔就会出现。危险时常发生，附近总有人试图勒索神父，想要窃取他那根本不存在的财富。当神父偶尔把给孩子们的钱物带在身边的时候，格里乔也会不离左右。那些怀有恶意的人慑于格里乔的凶猛而不敢靠近。大狗常常会跑开，但是每当有人袭击博斯科时，它却都能突然出现来保护他，就像第一次那样。

当地有些肆无忌惮的工厂主不满地意识到博斯科神父的存在对他们来说是一种威胁，因为他要求提高孩子们的住宿标准，倘若如此，劳动力就不会像先前那样廉价了。一天晚上，博斯科走访一间血汗工厂后返回，他刚刚在那里给工厂主上了一课：工厂里没有安全保障的机器，以及长时间、高强度的工作对孩子们的危害。像往常一样，博斯科正准备取道回家，格里乔在前面挡住他的去路。神父试图避开它，但是不管怎样大狗就是不让他过去。街上的人对博斯科神父和格里乔都很熟悉，这情形引来不少过路人，很快这些看热闹的人又将警察招来。路边房子里有人打开了灯——前面阴影里埋伏着两个人，他们都带着武器。很快知道这两个人原来是被一个工厂主雇来暗杀这个“爱管闲事”的神父的。

终于，博斯科神父说服了政府，并获得了政府的信任开办学校。当初由他创办的教育机构以及其他项目，至今都运作良好，没有受到过多的干扰。此外，博斯科的利他精神也得到公众赞赏，甚至那些曾经对他怀有恶意的人，也不再将他视做威胁或者是要除去的对象。有人或许觉得格里乔的出现带着浓厚的神秘色彩，而故事顺利发展到这里，博斯科也不再需要这只大狗勇敢的帮助了。也许事实就是这个样子。一天晚饭的时候，圣者坐在饭厅里，格里乔又一次跑到他身边，用它那毛色已经灰白斑驳的头在他的袍子上蹭了蹭，还舔了舔他的手，并试着把一只爪子搭在他的膝头。然后，这只勇敢的大狗默默地转身出门，走进无垠的夜色里，从此以后再也没有看到过它的身影。

到了1888年，也就是博斯科神父去世那年，已经有250间机构在他的支持下建立起来，为那些因贫困而未受教育的儿童提供帮助，并发展成为今天的博斯科慈幼会（Salesian Society）。这些济贫院和学校散布在几个不同的国家。他们帮助过的儿童多达13万，每年都有1.8万名儿童学徒出师，掌握了足够的技能来养活自己。在都灵的总部，博斯科神父挑选出最聪明的学生，教他们意大利语、拉丁语、法语和数学。这些学生随后成为新学校的老师。到博斯科去世时，在他的指导下，有六千多名牧师完成了神学课程，其中一千二百多人在各处布道。但没有格里乔这只神秘的大狗，这一切都不会存在。

并非仅有蒲柏的大丹狗和博斯科神父的大灰杂种犬才能救助它们

的主人，使他们得以完成历史重任，即使是玩赏用的小哈巴狗也能改变未来，就像发生在尼德兰奥伦治亲王威廉一世身上的事情一样。威廉作为荷兰独立重要的奠基人之一而闻名，而首次将宗教宽容纳入制度的正式尝试也使他名垂青史。

威廉出生于 1533 年。尽管父母都是新教徒，但他却被培养成一名天主教徒，并被送到位于布鲁塞尔的神圣罗马帝国皇帝查理五世的宫廷任职。威廉在社会、军事、外交领域的出色表现使得他很快受到皇帝的青睐。此后，他继续为皇帝的儿子菲利普二世效劳，后来菲利普二世继承了西班牙王位和勃艮第公爵。正是由于这段经历，威廉在 1555 年被任命为荷兰、泽兰和乌特勒支三省执政（相当于地方长官和总司令）。

16 世纪 60 年代，威廉和其他主要地方长官开始反对菲利普的统治。菲利普冷酷无情，不懂变通，独揽大权。公民丧失了权利，政府中没有真正的地方代表，个人自由也受到威胁。此外，菲利普因不能容忍对严格的天主教教义的丝毫背离，将西班牙宗教裁判所移植到了荷兰。许多新教徒，甚至是“温和的”天主教徒都被迫接受审查，乃至作为异端而被处死。威廉因深受人文主义哲学家伊拉斯谟的影响而主张宗教宽容。菲利普在其残酷统治遭到广泛反抗时，指派阿尔巴公爵镇压反对者。公爵成立了一个特别机构——戡乱委员会，专门审查所有反叛者和异教徒，共有一千多人被处死。

由于在政治自治和宗教自由问题上的分歧，威廉站到了菲利普的对立面。这是一场漫长的战争，伴随军队的倒戈和政治阴谋。最后，双方签订了和平条约——《根特协定》，西班牙人被驱逐，这就为荷兰的 17 个州统一在一个政府之下奠定了基础。威廉在那个危险时期幸存下来，并成为荷兰国王。——然而，若是没有一只小狗的出现，这一切都将不会发生。

像同时代的许多君主一样，威廉养了很多狗，其中大部分是猎犬，不过他也养一些小狗（他通常将它们归为“室内”犬）和自己做伴。他最喜欢的是刚从中国引进的哈巴狗。这些小狗不久就有了新名字，比如查姆瑟，意为“扁鼻子”。威廉常把一两只这样的小狗带在身边做伴，即使是行军打仗也不例外。我们将要谈到的那次意外发生在1572年。那年，威廉正驻扎在赫明尼。1618年，威廉的随从，并且在后来与之相交甚深的罗杰·威廉姆斯爵士，在他的《低地国家的战斗》（*Actions of Low Countries*）一书中，回忆起当年的情形：

> 那一夜，奥伦治亲王已经撤回营地。尤利安·罗梅罗（Julian Romero）（阿尔巴公爵麾下最勇猛的将军之一）说服了阿尔巴公爵允许他冒险夜袭——趁着夜色突袭奥伦治亲王。子夜时分，尤利安带着一千名全部装备了长矛的士兵翻出战壕，直奔奥伦治亲王的营帐。尤利安的部队制服了路上所有的卫兵，还杀死了亲王的两个书记官。奥伦治亲王本人勉强逃脱。我常听他说当时若不是那只狗，他也许早就被俘甚至被杀了。袭击太突然，卫兵们直到看到敌人紧跟着他们的同伴奔向军械库时才报警。就在此时，外面的动静吵醒了奥伦治亲王的狗（它通常睡在亲王的床上）。就在其他人都还在熟睡的时候，它连抓带叫地把亲王弄醒。亲王保持着寝不解甲的习惯，始终有一名侍从备好战马随时待命。虽然是仓惶出营，亲王还是在敌人到来之前上了马。尽管如此，紧随其后的许多侍从和一个掌马官还是被杀了。为了表达感激之情，亲王和他的许多朋友及随从都养过这只狗的后代，直到亲王去世。

在德尔夫特大教堂，威廉的墓上至今还刻着他和趴在他脚下的哈巴狗的雕像。后来，他的儿子威廉二世到托贝加冕英格兰国王时所带去的所有随员中，就包括了一群哈巴狗。正是由于王室的宠爱，哈巴狗在英格兰成了最时髦的犬种，一直持续了几代。

在世界上许多不同文化中，同样的故事曾多次上演过：一只不起眼的小狗救了一个人，而这个人改变了历史。举例来说，在17世纪，五世达赖喇嘛阿旺罗桑嘉措身边总是带着几只小拉萨犬。他从事了一系列旨在与蒙古结盟的政治活动，使他的宗教秩序在西藏得以确立，同时也树立了一些政敌。五世达赖有一只小拉萨犬做伴，这种狗的名字取自于达赖夏宫的所在地——拉萨。就是在夏宫，一天晚上，刺客悄悄潜入了达赖寝宫的侧殿。他们秘密杀死了外围的卫兵，然后暗中接近达赖卧寝外的侍卫。突然，一声响亮的犬吠声从达赖卧室里传出，那是由达赖的一只小拉萨犬发出的，这让达赖的贴身侍卫警觉起来，同时也引来了四周的其他侍卫，成功地阻止了这场偷袭。就这样，或许正是这只身高仅有10英寸，体重不到15磅的狗影响了一个地域的命运。为了纪念它的英勇行为，藏族人将这种小狗命名为“亚布苏升凯”，在藏语中的意思就是“护卫狮子犬”。

一只小狗能够挽救一个人，甚或改变历史。同样，当一只狗履行它的哨兵的天职时，也能够挽救整个城市。在我们与狗建立友谊之初，狗就担当着在村庄周围放哨的任务，一旦外人试图靠近，它们就随时准备发出警报。狗因其仅需少量的人为控制而便于担负哨兵的职责。

科林斯城就是一个很好的例子。科林斯城如今已是连接希腊南北的重要枢纽，是水果、葡萄干和烟草的首要出口港。公元前456年希波战争中，科林斯城是阿提卡和伯罗奔尼撒之间的陆上交通要塞，同时又是爱琴海和爱奥尼亚之间海上往来的必经之地，因此战略地位尤为重要。科林斯城地处科林斯地峡，在城两侧的港口边上各有一条石板路，可以在陆上拉着船只快速前行，这样就省去了从伯罗奔尼撒半岛南端绕行的辛苦。

科林斯城周围布置了大约五十只警犬，一有敌人出现就发出警报。一天夜里，一小股波斯军队企图借着夜色掩护潜入科林斯城并长期控制此地，以使波斯大军得以长驱直入突袭希腊。波斯军队的智囊注意到了这些警犬哨兵，所以他们的首要任务就是消灭警犬，以防城里的抵抗军集合。虽然犬哨兵都训练有素，但是大都被狡猾的敌人杀死，只有一只名叫梭特尔的狗逃出来唤醒了士兵。形势峰回路转，科林斯城的卫兵在被包围之前获得了充裕的时间，送信给邻近同盟城邦请求援军，一举击退了前来偷袭的波斯人。梭特尔因此也被授予养老金和银质项圈，项圈上刻着："授予梭特尔，科林斯城的卫士与救星，守护它的朋友们。"两千多年以后，拿破仑没有忘记这个故事。他在亚历山大周围也布置了犬哨兵，向守军预警任何可能的突袭。

然而，一只狗对一个人（或是历史）的影响有时并不那么直接。除了作为哨兵，有时狗作为人的亲密的伙伴以及重重压力下的慰藉，也能间接地改变一个人或是历史，这有时只是因为狗对形势的理解出现偏差或者反应鲁莽，有时也可能因为狗在其中是某种意义的象征。狗作为象征，有时作用很微妙，曾经就有一只这样的狗影响了一个女孩，引导她走上救死扶伤之路。

弗洛兰斯·南丁格尔为大多数人所熟知，她是一名英国护士，被誉为现代护理的创始人。她的一生都奉献给了战争中的伤病员，悉心照料他们。她最著名的事迹当属在1854年的克里米亚战争中，组织了38名女护士奔赴前线救助伤员。战争结束时，她已经成了一个传奇人物。许多士兵都不会忘记她那在深夜里拎着一盏灯逐一探望伤员的习惯。后来他们甚至亲切地给她取了个绰号："提灯女士"（The Lady of the Lamp）。战后，她在伦敦圣托马斯医院建立了护理学校。因为她杰出的贡献，1907年她被授予英国荣誉勋章，成为第一名获得此项荣誉的女性。然而，若不是她与一只狗的相遇，这一切都不会发生。

威廉·爱德华·南丁格尔和妻子弗朗西丝在意大利作短暂停留的时候，生下了他们的第二个女儿弗洛兰斯·南丁格尔。他们给她取名弗洛兰斯——她出生的那个意大利城市的名字。弗洛兰斯的童年是在汉普郡、德比郡的乡间和伦敦城中度过的。她家境优越，在两地都有舒适的房子。她跟随父亲学习多种语言（包括希腊语、拉丁语、法语、德语和意大利语），同时也学习历史、哲学和数学。她博览群书，但是对自己的社交生活并不满意，常常感到无所事事。

1837 年，也就是弗洛兰斯 17 岁那年，2 月初的一天下午，一次巧遇改变了她的一生。故事的主人公是一只名叫卡普的牧羊犬。它的主人牧羊人罗杰，住在离弗洛兰斯的住处很近的德比郡马特洛克附近，罗杰独身一人住在林子边上的农舍里，只有他的狗做伴。一天，村里的男孩子们看到卡普睡在门前的台阶上，趁机恶作剧，向卡普扔石块。卡普起身试图躲开突如其来的袭击，但是它的腿还是被一个石块砸中了，卡普伤势太重，以至不能将腿放下来。罗杰很爱他的狗，没有牧羊犬的帮助他将无法工作。此外，他也养不起一只不能工作的伤犬。尽管很伤心，罗杰还是独自一人去放羊，顺便找来一截绳子打算尽早结束卡普的痛苦。

就在罗杰外出放牧的时候，弗洛兰斯和本地一位牧师骑马路过。他们都认识这位牧羊人，于是停下来和他聊天。弗洛兰斯很喜欢狗，经常和卡普玩耍，所以她就问卡普去了哪里。罗杰告诉了他们卡普的遭遇，弗洛兰斯听了很难过，终于说服牧师一同折返回去，至少再看一眼卡普，希望能做些什么。两个人回到罗杰的农舍，向邻居借来他家的钥匙。

两人一进屋，卡普就认出了他们，从桌子底下爬出来向他们打招呼。卡普看起来很痛苦。弗洛兰斯扶住卡普的头，牧师察看了它受伤的腿。牧师告诉她说，正如罗杰猜想的那样，卡普并没有伤到骨头，只是严重的淤伤。他还说如果用热敷布好好治疗的话，不出几天就会好的。于是，在牧师的指导下，弗洛兰斯撕了几条旧法兰绒作绷带，用牧羊人的打火机点着炉火烧了些热水。她把绷带条放进热水里，然后取出来拧干，敷在卡普的伤腿上。

当他们离开农舍准备回家的时候，刚好碰上罗杰回来。他垂着双肩，带回一截不祥的绳子。弗洛兰斯和牧师说服罗杰不要将卡普吊死，并答应第二天带些新的法兰绒布条来给卡普换缚布。两天后，也就是 2 月 6 日，他们在山坡上碰到了罗杰和他的羊群，还有活蹦乱跳的卡普，虽然还有点跛，但基本上已经痊愈了。卡普跳着扑向弗洛兰斯以表达它的感激，还在她的裙子上留下了爪印。看着自己亲手治愈的第一个病人，弗洛兰斯开心地笑了。

就在第二天晚上，也就是 1837 年 2 月 7 日，弗洛兰斯 · 南丁格尔做了一个梦 —— 也许是幻象 —— 她坚信自己听到了上帝的声音，告诉她身负重任。也许，这仅仅因为她还沉浸在拯救了卡普生命的喜悦之中。她坚信这件事是来自于上帝的召唤，让她一生致力于救死扶伤。但是，她的父亲并不同意她到医院学习护理，而是要她从事议会报告研究，她很不情愿地答应了。在仅仅做了三年的相关研究之后，她的那些有影响力的朋友都已将她视为公共卫生和医疗机构的专家了。

九年之后，她的使命感又回来了。1846 年，朋友寄给弗洛兰斯一本德国凯萨斯维特新教女执事学院年鉴。这个学院组织致力于培养那些有潜力的乡村女孩护理病人。那一晚，她记起当年救治牧羊犬时曾有过的信念，这一次谁也不能阻拦她了。不久，她就进入新教女执事学院，接受了全部培训课程，从此开始了她的护士职业生涯。像圣乔瓦尼 · 梅尔希奥 · 博斯科一样，一只狗和一个梦想又一次改变了历史。

第 2 章

圣人和爱尔兰犬

人们认为狗有预知危险的能力，所以犬吠被认为是不祥之事（比如死亡）发生的征兆。当然，与之相对应的，人们也认为狗能明辨神圣和真理。正因为此，很多圣者与能者身边都有狗陪伴。

有许多与此相关的故事广为流传，比如圣人罗凯的传奇。1295 年左右，罗凯出生于蒙彼利埃，他出生时，胸口有一个鲜红的十字架形状的胎记，大家都认为这预示着他命中注定要成为一个圣人，背负神圣的使命。在他 20 岁时父母双亡，他开始思考父母的早逝是不是上天对他的警示，因为他并没有像胎记所预示的那样从事神职（而是靠当市长的父亲轻松地在政府谋得一职）。重新思量后，他决定将自己的钱财全部疏散，接济穷人，把政府里的职位让给叔叔，只留下一只狗作为对过去生活的纪念，由此踏上了去往罗马的朝圣之路。

途经雅加蓬登特城时，他停了下来，这里正笼罩在黑死病的阴影之下。他想要按照当时惯用的办法救助那些感染了瘟疫的人，却发现他的狗毫无顾忌地接近病人，舔着他们皮肤上的脓疮。病人并不拒绝，因为有一种古老的说法（源自雅典的艾斯古拉普斯神殿）：经狗舔过的伤口会愈合，疼痛也会减轻。现在我们知道这的确有一定的医学根据，不只是清洗作用，科学家在狗的唾液里还发现了一种似乎能够抑制感染的化学物质。然而在罗凯看来，狗的举动仿佛给了他启示：他们需要的只是他的触摸。于是他小心地在每个病人的身上画上十字架，并祈祷神给他解脱。奇迹出现了，疼痛开始减轻，人们渐渐痊愈。接下来他去了切塞纳和周围一些城市，最后到了罗马。每到一个城市，罗凯和他的狗都会到病人聚集的地方，他的触摸、祈祷和十字架标记似乎驱走了瘟疫。直到那一刻，他才真正明白了自己的使命，于是带着他的狗辗转于各城市间治病救人。

不幸的是，在接近皮亚时，罗凯自己也病倒了，他想进城但浑身无力，此外，他也不想把自己的病传染给城内的人。他幸运地找到一间小棚屋，天气不好时，伐木工人通常在此暂避风雨，或者将木材存放在此，直至干燥后出售为止。罗凯爬进去，将自己盖好便睡去。不一会儿他醒来，看见旁边有一个盛着水的汲水桶，但他根本无力气出门去为自己讨食。他的狗轻轻地舔着他的脓疮，仿佛要给他一些抚慰似的。

太阳渐渐落山，天色变暗，罗凯的狗起身离开了它正在发烧的主人。它沿着山路走了不到一公里，来到一座城堡前，城堡的主人是一个名叫戈特哈德的小贵族。狗走进大门来到大厅，正聚集在餐厅准备吃晚餐的人们惊奇地看着这只狗将它的前爪搭上桌沿，抓住一块面包，但它没有停下来吃，而是叼着它从敞开的门跑掉了。戈特哈德觉得很有趣，但连续几天这个小偷都是如此，令他感到有些奇怪。戈特哈德从窗口看去，惊异地发现那只狗一口面包也没吃，而是沿着通往小树林的路径直跑下去，然后消失了。在怪事发生的第四或者是第五夜时，这个贵族也跟着那只狗出去了。这个忠实的伙伴径直跑回他主人躺着的小棚屋里。戈特哈德看着它把面包放下，然后轻舔罗凯的脓疮。

戈特哈德被这一情形深深打动，马上找人为罗凯治病。让众人惊叹的是，罗凯竟然痊愈了，而且没留下一点疤痕。戈特哈德因受此事的感召，自己最后也从事了神职。

罗凯死后的第 87 年，瘟疫卷土重来，阴云笼罩着康斯坦斯城。市政府组织公众游行祈祷，以示对罗凯的敬意，瘟疫随即散去。那只其名字已无从考证的狗并没有在祈祷时被提起，然而它的确出现在大部分再现圣人罗凯的艺术作品中。它依偎在主人的身旁，轻舔着他的伤口。

虽然，狗与人之间的友情常常伴随主人一生，但值得注意的事件只有一两件，科尔托纳的圣人马格丽特的传奇正是如此。她是一个美丽的农家女孩，1247 年生于图斯卡尼。她的父亲是一个农民，母亲在她七岁的时候就死了。父亲再婚，继母却并未善待这个活泼骄傲的女孩子。于是，马格丽特这个非常渴望爱的人只好在家庭之外为自己寻求关怀。她在十七岁左右的时候结识了一个年轻的骑士，他们热烈的爱情持续了好几年，并有一子。她总是试图说服她的爱人娶她，可他却一直回避。尽管如此，马格丽特仍全心全意地爱他，她那善良的天性也赢得了城堡里及周围居民的喜爱。她常常牵着她最喜欢的一只狗散步，热情地与人打招呼，不分贵贱。

在两人共同生活了九年之后，他失踪了。事实上，他是因某些不明的原因而被谋杀了，尸体也没有立刻被发现。他们最喜欢的那只狗一直不肯放弃寻找主人，最后终于找到了尸体。狗一直拖着马格丽特的裙边，直到她到了发现尸体的地方。

马格丽特悲痛欲绝。她开始憎恶自己的美丽，她觉得正是她的美丽将自己所爱的人从更好的生活中拉去。她把他送的所有珠宝和财产都还给他的家人，只带着一些衣物、年幼的儿子和那只两人都喜欢的狗离开了。她也曾想回到父亲那里，却被继母挡在门外。

没有一技之长可以养活自己，这使马格丽特几近绝望。她想靠出卖肉体为生，但在进城的路上，狗又一次抓住了她的裙边不放，于是她想起上一次的情景，便任由它将自己带到了一座教堂前。她茫然走了进去，跪下来祈祷。

在祈求神的指引时，她相信自己听见了一个声音告诉她去寻求赦免。她站起身，轻柔地抚摸着爱犬，决定遵循上天的旨意，去科尔托纳的圣方济会。之后，她做了修女，过着极为虔诚的生活，最后成为一名庇护无家可归的单身母亲的圣徒。那只狗陪伴了她一生，给她安慰。在大多数圣马格丽特的传统画像和雕刻上，我们都可以发现会有一只狗拉着她的裙边，或是被用皮带拴在她的身旁。

对一些圣者来说，狗与他们的生命轨迹紧紧交织在一起。有一个年轻人的故事可以说是这些鲜活例子中的典范。他出生时叫苏卡，后来是圣帕特里克，爱尔兰的守护圣徒。我们对帕特里克的生平了解得并不多，但从他少量的手稿、别人的文字记录、民谣以及口头流传下来的故事中似乎都能发现，他一生的传奇都与狗有着不解之缘。

公元 387 年左右，帕特里克出生于离苏格兰邓巴顿不远的一个地方。他的父亲卡尔普纽斯出身罗马贵族，在不列颠当助祭。他的母亲康瑟莎出身虔敬的家庭，是后来成为法兰西守护圣徒的图尔斯圣马丁的近亲。或许正因为此，这个年轻的男孩受到过一些宗教启蒙。他在 16 岁时被爱尔兰强盗掳去，他的宗教教育没能持续下去。

强盗回到爱尔兰之后，把帕特里克当做奴隶卖给当地一位名叫米尔楚的首领，米尔楚让他做了牧羊人。他在现在是巴利米纳镇的地方为米尔楚放牧六年。工作很寂寞，一连几个星期，他唯一的伙伴就是一只黑白相间的长毛牧羊犬。他在长夜中祈祷和沉思，他的信念得以坚定。其他时间他会跟那只狗“交谈”，练习说爱尔兰的凯尔特语，同时把自己对上帝和基督教的看法说给它听。我们对这只牧羊犬在如此充满激情的布道中获得了什么启示不得而知，可帕特里克却由此说上了一口流利的凯尔特语，并在后来派上了用场。

公元407或408年，帕特里克做了一个梦，梦中，他被明确授意必须去海边，等候在那里的船将是带他回到家乡为上帝服务的第一步。尽管帕特里克远离家乡，被迫成为奴隶，但他觉得对主人米尔楚仍有义务，因为按当时的标准来看，他所受到的待遇还相对公平，也没有受到虐待。很显然，如果帕特里克马上把羊群赶回羊圈的话，必会让人生疑，逃脱就会变得更加困难，因此他只能把羊群托付给忠诚的牧羊犬了。他在牧羊犬的耳边轻声说道：“看好羊群，带它们回家，”之后便祈祷上帝指引它完成任务。帕特里克最后看了一眼牧羊犬，并确定它并没有跟着自己，便向两百英里之外的韦斯特波特奔去，在那里，他看到了梦中的那条船。

不过，想要理解下面发生的事情，则必须理解罗马统治欧洲时期发生的一些变化。狩猎是当时贵族中最重要的一项运动，而大众的主要娱乐则是角斗竞技。多少年来，观看人们在竞技场中的打斗已不再新鲜，于是他们引入了罕见的猛兽，其中狗很受欢迎，它们的打斗总会让观看者激动亢奋。随着对更加凶猛的新品种斗犬的需求不断增长，巨型犬（比如獒犬和猎狼犬）的价格也跟着上涨。

狩猎性质的变化也使人们对罗马帝国稀有狗种的需求大增。罗马人发明的狩猎活动是一项操作起来非常费时的活动。首先要布下陷阱。打击者（敲鼓或发出其他噪声的人）和狗（主要是灵缇）把猎物向网的方向驱赶。猎人的作用原本是收获猎物，驱赶破坏庄稼和伤害家畜的野兽，而不是享受追赶猎物的乐趣。但这些在罗马扩张到高卢（今属法国）和不列颠之后都发生了变化。在那里罗马人发现了几种不同的猎犬，后来演变成猎鹿犬，猎狼犬，猎兔犬等，各司其职。公元一世纪末，狩猎已经变得一片混乱，善跑的快马和娴熟的骑手跟着飞奔的进口猎犬疾跑。这种新模式给养得起骏马猎犬的人以极大的乐趣。所以哈德里安，这位使其疆土从 117 年到 138 年间不断扩张的罗马皇帝，曾写下骑着自己的爱马伯利斯辛那追逐被猎犬惊起的野鹿或野猪时那种如同“飞过平原”一般的刺激感受。

罗马人对迅捷凶猛的犬的追求没有止境。恺撒说狗是帝国向西和不列颠群岛扩张所得到的最好的战利品之一。有记载说罗马人在温切斯特设置了一个特别官员，官名叫做“犬中介”，其作用就是搜集出口大型决斗用獒犬和速度极快的猎犬供贵族们狩猎消遣。

这种对不列颠群岛跑得飞快的猎犬的需求，持续得比罗马帝国和罗马格斗竞技都长。不仅跑得快、而且体格强壮并能忍受阉割之痛的狗，还有野猪，在欧洲市场上的价格都异常火爆。因为有些猎物本身就异常凶猛危险，在狩猎过程中最好的狗也有受伤或死掉的可能，这就意味着一只猎犬的有效使用期限只有三到五年。一个狩猎场通常要有几十只狗，因此需求远远大于供给。拥有一条当地最大、最快、最强壮的狗是许多人梦寐以求的，有钱人乐意为这个荣誉花上大笔钱财。

身价最高的就是我们今天所知的爱尔兰猎狼犬。当时帕特里克逃跑时乘坐的是一条小圆舟，和爱尔兰强盗掳他走时用的一样。小船停泊在那里，船长正忙着把满满一船猎狼犬运到高卢去，趁着这忙乱的工夫，帕特里克走向船长，问他可否跟他们一起出海。船长对这个身无分文的逃跑奴隶相当冷漠。他没有水手的经验，不可能干活抵船费。帕特里克很难过，他的信念动摇了。当他正走下舷梯，脚还没碰到沙滩，却出乎意料地被叫住了，其原因就是那些狗。

这个船长不仅使用的船和爱尔兰强盗相似，其品性似乎也和那些俘虏青壮年做奴隶的强盗很相近。他为了使利润最大化，装满甲板的上百只被捆绑着的爱尔兰猎狼犬中很多都不是自己买的，而是偷来的。猎狼犬可不是宠物狗或哈巴狗，极难对付。在今天的狗种中，爱尔兰猎狼犬因高大而闻名，肩高超过 3 英尺，体重 135 磅左右。不过现代的品种是改良过的，19 世纪中期这一品种的狗就已经基本消失了，因为它们的猎物，如狼、野猪、麋鹿之类也没有了，只有少数几只被一个苏格兰的爱狗人乔治·A. 格雷厄姆上尉发现并救了下来，把它们改良成现在比较驯良的样子。从公元四世纪时对它们的描述来看，早期的猎狼犬比起现在的狗还要高出 5 英寸，体重还要重 35 磅左右。很显然，如此巨型的狗如果开始烦躁或发怒，是很难控制的。

被从主人身边带走，离开了熟悉的环境，这些凶悍的狗都显得异常暴躁，局面开始让人无法忍受了。然而一些水手发现，帕特里克来的那么一会儿，与几只狗说了几句话，就似乎让它们平静下来了。他们上船以来第一次看到狗摇着尾巴让人接近。也许这就是传奇要告诉我们的，这些狗认得出这位衣衫褴褛者的圣洁灵魂；亦或过去六年来与动物的朝夕相处，使他对它们自然产生了怜爱之情。无论出于什么原因，他似乎总能毫无困难地与狗进行沟通，对它们的脾性了若指掌。由于能够做一些包括喂食、清洁以及照顾狗的工作，帕特里克获准一同前往大陆。

他们于当天启航。船上的粮食供应严重不足，为了装运足够的狗，花费的时间远比预计的要长，而且体型巨大的狗本身所要消耗的食物量也大大超出船长的预期。在海上航行了短短几天，船上的粮食已经开始短缺，淡水供应也成了一个很大的问题。于是他们一有机会就停泊在高卢的海岸上。这一带荒无人烟并不奇怪，由于经常受到海盗们的疯狂劫掠，住在海边十分危险，除非是在戒备森严的城中。当帕特里克乘坐的船停在岸边时已是弹尽粮绝，在靠岸前一天左右时，船上的人和狗们已经开始忍饥挨饿，这些饥饿的旅客们发现光秃秃的海岸根本无法为他们提供必需的补给。

由于狗的价值要远高于船，船员们带着尽可能多的动物，抛弃了船只，开始向内陆走。不幸的是，在整整一天的跋涉之后，他们仍然无法在该地区找到居民或是食物，狗和人都陷入了饥荒。

船长知道帕特里克是名基督教徒，于是嘲弄他：“如果你的上帝真是那么伟大，何不向他祷告，让他给我们点吃的?”听到这些话，帕特里克不但没有沮丧，反而真的开始大声祈祷。他的祷告结束时奇迹真的发生了，尽管怀疑论者可能会说那不过是个巧合。在荒郊野外中突然出现了一群野猪，这些野猪没有像预料的那样左冲右突奋力逃跑，而是乖乖地站在不远不近的地方。这些饥饿的人们在狗的帮助下杀死了好几只猪，由此而获得了食物和慰藉，所有的人和狗都被拯救。

不难想象，船员们都对帕特里克刮目相看。他们本想一到城内就把他当做奴隶卖掉，以弥补他们的部分损失，但是现在，他们已经像对待一般船员那样对待他了。狗被卖掉之后，水手们甚至给了他一些粮食和钱财，帮助他上路。

然而到了高卢以后，帕特里克和狗的缘分并没有就此结束。很多年以后，在经历了多次探险，并且在圣日耳曼的教导下进行了大量教会教义的学习研究之后，他回到了爱尔兰。在睡梦中他经常听他故乡的人们对他说：“噢，神圣的年轻人，请回到爱尔兰，请再一次与我们走在一起。”此时，他已肩负着教会授予的神圣使命——让爱尔兰人民投入基督的怀抱。在他之前已经有人尝试过，但是信仰基督教在爱尔兰却遭到了强烈的抵制。仍然信仰古老的德鲁伊教的当地酋长们为了维持他们宗教的至高地位不择手段，甚至不惜杀害无辜。现在，将基督教信仰传播至爱尔兰的艰巨任务落在了帕特里克的肩上。

大约在公元433年的夏天，他与一行的几个神职人员一同踏上了爱尔兰的土地，当地的德鲁伊教徒迅速集结起来进行抵抗。奇怪的是，帕特里克即将到来的第一次胜利却要归因于他与狗之间的友好关系。事情的经过大致是这样的：一个名叫迪楚的爱尔兰酋长得到消息，称一艘奇怪的船只刚刚靠岸，从船上下来几个身穿白色长袍、不蓄胡须的男人，而且嘴里还唱着奇怪的颂歌。德鲁伊教徒向他保证这些人的目的是攻击他们的宗教，并且给这个国家带来灾难和毁灭。这些话使迪楚警觉起来，于是他跑到岸边去看个究竟。

迪楚走到岩石遍布的海岸时，帕特里克一行人正向他走来。像平时一样，迪楚带着他最喜欢的狗拉特。这是一只以凶猛著称的爱尔兰猎狼犬，脖子上套着铁项圈，上面布满了尖刺，而且还穿了一件硬质皮甲，这些防具在战斗时可以保护它不被刀剑或者拳脚所伤。这只狗常被用来对付迪楚的对手，而且当如此大的猛兽出现在敌人面前时，总是将他们吓得半死。

迪楚看到帕特里克的传教队伍向他走来，决定将这些奇怪的教士全部杀死。他挥了挥手，向拉特发出发动攻击的指令。拉特毛发竖立，一跃而起，吼叫声如猛虎一般。迪楚拔出佩剑，等待着传教士们在狗的攻击下四散逃窜，然后他就可以命令他的部下将其一网打尽。这时，就像过去一样，帕特里克在爱尔兰本土上的第一个奇迹发生了。按照故事中的记载，帕特里克跪下做了片刻祷告，那只狗就像被施了咒语一样，立刻止住了脚步，然后安静地走上前来，用鼻子轻轻地摩擦帕特里克的手。迪楚业已出鞘的剑僵举在半空中，他被眼前的一幕惊呆了，好久说不出话来。怀疑论者也许会注意到帕特里克早就具有和大而凶狠的狗打交道的经验，其中有好几只和拉特是同样的品种。他跪下不动，以此向狗表明他没有任何威胁，不管帕特里克当时是在念祷词还是只是发出一些别的声音，对狗来说都没有什么区别，因为这种由人类发出的歌唱般的声音能够使狗安静平和。这一事件无论是因为上帝的干预还是由于经验老到的驯狗者的知识，最终的结果都是一样的。迪楚被这一幕深深地打动了，因而停止了进攻。事实上，他对帕特里克心悦诚服，甚至向他询问关于新宗教的种种教义。

此后不久，迪楚送给帕特里克一间谷仓作他的教堂和集会场所。这座庇护所树立了帕特里克的权威，同时也是爱尔兰基督徒第一个真正的安身立命之所。这座教堂成为帕特里克最喜欢的地方，他常常回到这里进行冥想。后来在原址上又建造了一座修道院和一座教堂。在凯尔特语中，表示谷仓的单词是 sabhall（发音为 saul），直至今日，这里仍然被爱尔兰人称为 Sabhall。

圣帕特里克的生平大多只能从神话和口述的传说中找到，因此我们很难将其与事实区分清楚。然而，如果我们相信其中的一些传说，那么他和狗的交道除了上述几次之外，至少还有两次。第一次发生在亚德马查，这个地方如今被称为阿马。在这里，酋长戴雷赠送帕特里克一块土地供他建造教堂之用。这块地在一座山谷中，但是由于某些原因，帕特里克对这块地不甚满意。他与贝南一起去看了那块地，后者在后来成了他的继任者。太阳慢慢西沉，天色渐渐变暗，帕特里克陷入了沉思。

“这地方不合适，”他说，“我们需要一个特别的地方让我们赞颂我们的主。”就在这时，他们听到一声响亮而欣喜若狂的狗吠。两人抬头看着山上，在山顶上出现了一只巨大的灵猩，胸部有一块白色斑纹。这块白色斑纹的形状非常特别，中间宽，两头窄，两人觉得看上去像是一个十字。帕特里克将这一景象看做神谕，认为教堂应该建在山顶上，就是那只狗对着上帝唱颂歌的地方。后来他说服戴雷相信这是来自天堂的讯息，于是全爱尔兰最宏伟的教堂便被建造在了阿马山顶。

关于帕特里克的去世和葬礼，据说也和这只狗有关：天使维克托向帕特里克显灵，告诉他其安息之地是他在爱尔兰建造的第一座教堂萨巴尔，而不是阿马。此后，帕特里克的身体每况愈下，于是他告诉忠诚的贝南，在他死后要将他的遗体放在马车上，由两头公牛牵着，不要让任何人引导它们的前进方向，而是让它们自己选择将车拉向哪里。它们最后停下来的地方，就将是他的安葬之地。

帕特里克于公元493年3月17日辞世，贝南按照他的遗嘱将他放在车上。整整一夜，天使的微光阻止着黑暗降临到他的身体上。早晨，当太阳升起的时候，一只灰色的大狗出现在他们面前。贝南感到十分震惊，因为这只狗好像就是他和帕特里克曾看到过的那只胸前有白色十字的狗——但那已经是50年前的事了！这只狗走到车前，停下来。然后，就像经过了预先彩排一样，它站在了车的前面，公牛们慢慢地跟在它身后，葬礼队伍继续前行。它们缓慢而庄严地走了大约两英里，最后到达了一个叫做“酋长要塞”的地方，狗停下来吼叫了一声（在贝南听起来，这与他记忆中多年以前在阿马山顶上听到的声音一模一样）就跑开了。公牛们不再往前走，于是帕特里克便被安葬在了那里。

狗选择的地方显然是最神圣的地方，因为这里后来还埋葬了其他两位圣徒——圣布里奇特和圣哥伦比亚。然而此后再没有其他关于圣徒由一只大灰狗或是其他狗带往其安息地的传说了。

第 3 章

愤怒的王子和威尔士犬

上一章的圣人故事，来自于他们留下的零星记录和书信、目击者或事件的转述者，以及留传至今的，混杂了历史、传说或者神话的口述记录。尽管本书其余部分所讲述的关于狗的贡献，在历史文献中都有大量记载，即便是最为挑剔的读者也可以证实叙述的准确性，但是我还是想再讲一个故事，在这个故事里，真实与传奇究竟各占多少，至今还是众说纷纭。

一个发生在中世纪威尔士的故事总是在历史学家、文艺学者及古典研究学者中间引起争论。争论大多集中在一个想要吸引顾客的酒馆小老板和一个记录并将这个故事加以润色的诗人身上。这个诗人名叫威廉·罗伯特·斯宾塞，他创作的民谣《白丝·格勒》讲的是一只英雄犬（名叫格勒）和他愤怒的、被人误导的主人间发生的传奇悲剧。和当今的好莱坞编剧差不多，斯宾塞杜撰了细节，改名换姓，编了一个很棒的故事，但这便使真实的历史变得模糊不清了。在这里，我根据一位历史教授和一位古典学教授为我找到的资料，将这个故事再讲述一遍。在二十几年前，这两位教授都供职于威尔士卡迪夫大学，都曾研究过这个故事。

伟大的卢埃林王子是古老的威尔士格温内思郡一位统治时间很长且十分贤明的君主。格温内思西部和北部有大海的天然保护，东部南部又有崇山峻岭，是（而且确实是）抵御进犯的天然壁垒。在这些山脉中，有一条山脉叫做斯诺多尼亚，其主峰斯诺登山无论在英格兰还是威尔士都是最高的。山谷牧草丰美，附近的安格尔西岛上五谷丰登。

卢埃林应该是在多尔威泽兰城堡出生的。在他小的时候，这个地域纷争不断，贵族间的权力斗争司空见惯。卢埃林正是在他叔父们之间的一次争斗中，于 1202 年夺取了政权。与自己家族的斗争是残酷的，卢埃林更是冷酷无情，无论是谁，只要反对他，都会遭到流放或处决。很快，他就有了脾气暴躁、做事不计后果的坏名声。然而，他的勇气和精力却为他带来了一系列军事上的胜利。在里斯王死后，他一跃成为力量最强大的威尔士统治者。

当时英格兰的国王是约翰，勇士理查德的弟弟。卢埃林的不断扩张，使约翰感到了他迟早会是个威胁。可是狡猾的卢埃林觉察到他和这位英格兰国王之间已然开始的剑拔弩张的气氛，便试图迎娶约翰的女儿，以期通过政治联姻来缓解矛盾。随后，他还支持约翰对苏格兰国王威廉的军事运动。

为感谢卢埃林的联盟，同时也为了家族的荣誉，约翰王送给他一只小爱尔兰猎犬，卢埃林为它取名为齐莱特。齐莱特有时被人们当做灵猩，因为在当时，那些不太结实或体型不是非常巨大的大型犬都被叫做灵猩（就像今天人们把所有毛发浓密，口吻突出，耳朵竖立，尾巴多毛并向背部卷曲的北方犬叫做爱斯基摩犬一样），但齐莱特似乎并不是。然而，后来的版画和民谣却都把它塑造成了灵猩的形象。齐莱特很快就成为卢埃林忠实可靠、不离左右的伙伴和护卫。

据说齐莱特异常聪明，它能通过说话者的语调或其他线索来判断一个人的意图，每当对卢埃林怀有敌意的人在场时，它总是会站在他和主人之间；如果说话声音突然变得激动，它就会咆哮。这种事情很常见。卢埃林是靠武力赢得的政权，他获得了贵族们的敬畏却得不到他们的爱戴。贵族们都是依靠世袭得到爵位和土地，及土地上的农民和奴隶，他们唯一的义务就是要在自己的土地上为国王搭桥修路，并在战时派军出兵。国王或许会选择以忽略或者免除义务的方式来显示其皇恩，而贵族或许觉得自己有足够的力量来与君主强制的企图抗衡。那些试图挑战卢埃林的人发现，这会使他立刻表现出他的愤怒，以至将皇冠砸向冒犯者。那时，愤怒的卢埃林会本能地拔出剑来，所以面对这样一个利剑在手、孔武有力的君王，以及他身边那只大灰狗，大多数反对者都会连连退后并变得更加恭敬。

齐莱特还是卢埃林妻子胡安娜和儿子达菲迪的保镖，只要他们在近旁，都会受到它的保护。齐莱特多次于危难中解救了还是婴儿、尚不会走路的小达菲迪。有一次，当达菲迪爬到高高的楼梯边眼看就要摔下来时，幸好齐莱特把他拽了回来；还有一次，壁炉溅出的火星引燃了婴儿床下的垫子，又是齐莱特发出警报惊动家人，在悲剧发生前及时扑灭火焰。

齐莱特还抓了许多老鼠。老鼠在当时很猖獗，它们尤其喜欢出没于孩子常去的地方，因为小孩子经常会掉食物屑。小孩子在睡梦中被老鼠咬伤的事情常有发生，伤口造成的感染可能会使人失去手指或一条胳膊，甚至丧命。齐莱特对家人的守护为卢埃林解除了许多后顾之忧。

几年里，约翰王的地位发生了变化。卢埃林不断扩张他的地盘，并从那些被约翰王安置到威尔士的小领主手中抢夺土地。此外，卢埃林通过与小贵族分享战利品来巩固自己的政治地位，获得他们的忠诚和支持。他的同盟者曾提议拥立他为威尔士王，然而他却谦虚地拒绝了，而是接受了威尔士王子的称号——当然约翰王不可能承认他的皇室地位。雄心勃勃又冷酷无情的约翰王决定收回他失去的土地，并尽可能一举消灭卢埃林。截止到1210年，他已向威尔士发动了一系列突袭和进攻，到第二年便升级为全面入侵。

于是安全成为首要问题。卢埃林带领小股部队抵挡入侵。此时胡安娜又有身孕，行动不便，为了安全并便于照料，她被送到附近的白丝科勒修道院。英格兰的侵略者已逼近卢埃林的住所，于是他把家眷都送到附近的要塞，只把儿子达菲迪，即未来的王位继承人留在身边。在一座山脚下，随从发现敌人刚从附近走过的迹象，卢埃林决定迅速侦察以确定附近有无英格兰军队。可是山势极其险峻，需要手脚并用才能攀爬。卢埃林不想让达菲迪艰难地随军翻山越岭，经受旅途劳顿，决定把儿子留下。一个快速搭起的简易帐篷就成了临时的避难所。卢埃林决定把儿子留给与其他追随者一样忠诚可靠的护卫——他的爱犬齐莱特照看。以前也这么做过，齐莱特显示出自己是个称职的临时保姆。婴儿被牢牢地关在小床里，帐篷藏在露出地面的一块巨大岩石的后面，路人很难发现。小孩儿在被喂饱了羊奶后留给齐莱特。

原以为侦察在几小时便可结束，但因为与几名英格兰兵遭遇，当卢埃林在冲突及追亡之后回到营地时，夜幕已经降临。

他们绕到藏匿帐篷的大石背后，立刻发觉情况不对。帐篷已被打翻，枝条布片散乱各处。更让人心惊的是布片上的斑斑血痕和帐篷下方地面的一摊血。而此时的齐莱特让人无法不将它与这惨状联系起来，因为它的身上、嘴唇、牙齿满是将要凝固的黏黏的鲜血。见到主人时，它没有像往常那样跳上前去摇尾迎接，而是依旧坐在一片狼藉的帐篷边，耳朵耷拉着，看了主人几眼，尾巴无力地敲了一下地面。

卢埃林生性鲁莽，加上这一天出师不利，他的例行侦察变成了一场战斗，一个手下还负了伤，这些就足以让他恼怒烦躁了，眼前的情景加上齐莱特的反常表现让他顿生疑心并得出可怕的判断。他怒视并大吼："我的上帝！齐莱特，你这个魔鬼！你杀死了我的孩子！"盛怒之下，他一把抓过旁人手里的矛冲向那只狗。狗并没有躲开，这情形本应该意味着什么，但卢埃林已被悲痛和愤怒冲昏了头。随着一声呼号，齐莱特倒在了主人的矛下。

卢埃林随后走进帐篷，他以为已经死去的（或被吃掉的）婴儿发出一声啼哭。婴儿旁边是一只被咬死的狼，体形巨大，獠牙狰狞，死态也异常恐怖。现在一切都已明了，那遍地的鲜血是这只想要袭击婴儿的狼和保卫婴儿的齐莱特的血，卢埃林惊呆了。

只怪他下手太快，此时他急忙跑向垂死的齐莱特，用手抚摸它的身体，摸到了另外几处伤口，那是为了救他的儿子留下的。这些与狼搏斗留下的伤口解释了齐莱特的异常，它是因为太痛了，所以才无法上前迎接主人啊。这个无情的战神坐在爱犬蜷缩的身体旁失声痛哭。齐莱特最后一次抬起头，轻舔着那双它曾深爱却又愚蠢地要了它性命的手。

据记载，卢埃林对齐莱特之死极度悲伤，就像死了自己的兄弟一样。这只狗最后被葬在卢埃林家乡附近他最喜欢的一棵树下。

传说中的发生在1210年的这个故事就到此为止了。将近600年后，山羊旅店老板被扯进故事中来，这时齐莱特的名字因为一连串的误传已变成了盖勒特。在威尔士，这个地方因为年代久远的修道院而一直被叫做白丝科勒，如今这里被称做贝德盖勒特，译为"盖勒特之墓"。1794年，酒店老板有感于游客们的热望，于是对镇上的居民说应修建一个墓。今天，仍然可以在贝德盖勒特见到一座空墓和一块记载故事的石碑。斯宾塞的诗作就是来自这个版本。

然而，齐莱特的事迹给威尔士的历史带来的不仅仅是一首诗和一个旅游胜地。且不说它救了达菲迪一命并使威尔士王室得以延续，更直接的影响是使卢埃林后来的性格发生了很大改变。

约翰王入侵的那一年末，卢埃林被迫退向西部山区，但由于约翰王与教皇、法兰西国王菲利普，甚至自己的一些男爵都有矛盾，他已不再拥有更多优势，这就给了卢埃林收复失地的机会。

国王分封的诺曼领主们在战略属地驻扎下来，因而控制了大部分和威尔士接壤的领地。凭借近日的成功和威尔士王子的联盟，卢埃林认为打击小贵族的时机已到。他召开会议讨论作战计划，当他计划迅速果断地出击，让英格兰国王知道其所作所为必将受到报复时，马多格的格拉法德，也就是北部一个郡主说话了。自卢埃林强大之初，马多格就是他忠诚的同盟，在那次侦察之后，卢埃林把齐莱特的尸体带回归途中还遇到了他。

马多格严肃地站起来说："我的王，我听到你用了'迅速攻击'几个字，还说'要复仇'。你曾发动过快速攻击，以怨报怨，结果失去了对你忠心耿耿并救了你长子性命的齐莱特。想想这令人痛心的往事，我们是不是应该停下来，在行动之前考虑一下有没有别的出路。"

卢埃林接受了这个请求，没有袭击盎格鲁诺曼的领主们，而是寻求同盟。最后他通过联姻的方式巩固了自己的地位，在冲突频繁的时代保持了相对和平。后来，他的处事习惯发生了变化，在采取任何鲁莽或暴力的行动之前都要深思熟虑。这一改变成就了他，他开始渐渐融入英格兰贵族社会，并在约翰王的《大宪章》中写入了三项有关威尔士权利的条款。约翰王死后，卢埃林王子（此时已被承认为真正的王子）效忠年轻的亨利三世，生活平静，直到他 1240 年在阿伯科努伊修道院逝世。

据说卢埃林一生都在悔恨自己的鲁莽，使他痛失爱犬。或许因为这个缘故，齐莱特的故事至今流传在一个威尔士俗语里：*Yr wyn edivaru cymmaint ar Gwr a laddodd ei Vilgi*，大致意为：“我像那个错杀了爱犬的人一样懊悔难当。”

第 4 章

英国内战中的恶狗

狗确有其独特的方式将它们的影响贯穿人类的历史，微妙地改变着历史进程。如果你在正史和人物传记里寻找证据，也许里面很少有狗的身影。对于大多数历史学家来说，只有政治、军事和社会运动才是重要的事件（或者在涉及音乐、艺术领域时也是指其技术的层面），他们认为站在历史舞台上的只有人类。事实上，在他们看来，有一只狗就像有一双鞋一样平常。当然也有个别情况，比如狗在成为某种象征时，传记中就不得不提到它们——尽管如此，所占篇幅也一定是极短，历史学家们肯定会尽快回到重要的事件上去。然而，在忽略了历史中狗的作用的同时，也往往与那个时代的特征失之交臂，有时还会错过它们对某些历史事件的影响，而这些影响后来又被证实是极其深远和重要的。除此之外，对历史名人宠爱的狗视而不见，也就失去了窥探伟人个性的一条佳径。就让我们从一只引发革命的狗和一只输掉战争的狗开始讲起吧。

历史学家每每提及英国革命或者英国内战，往往着重于议会和国王在财政（税金和征收额）、军事指挥和宗教问题上的冲突；某些历史学家则将注意力放在了命途多舛的查理一世和其父詹姆斯一世的性格上。这父子二人都坚信国王对政府拥有绝对的权力，不允许任何其他政府部门对他们的统治指手画脚。显而易见，这种态度激怒了内阁大臣们。

历史学家们还指出了另一个引发了对君主制的反抗的根源。尤其是，查理国王坚信英国国教的绝对权威；作为教会的最高首脑，他还主张应该由他单独决定英国的宗教性质和仪式。比如说，他试图推行一种基于《公祷书》的新礼拜仪式，而苏格兰人认为这是对他们长老教的攻击。

所有这些事件都在很大程度上影响甚至导致了后来的内战。17世纪中叶，长期以来所积聚的对斯图亚特王朝的不满达到了顶峰，彻底的反叛不失为一个选择。然而，历史学家和政治学者却很少提到，狗也在其中扮演了一个重要的角色。

狗的影响开始于查理一世的父亲詹姆斯一世时代。在詹姆斯一世之前，大多数贵族的狩猎活动虽然“战果累累”，却很乏味。詹姆斯时代的贵族们要寻找更多有趣的娱乐活动，于是将平常的狩猎活动改造成了一个浏览风光、炫耀枪法的演试场。

这种新的狩猎盛会通常在属于某个贵族领地的森林中，或者在皇家保留地举行，这时会修造一个特别的射击台（被称为凉亭）以保护前来狩猎的朝臣远离那些危险的动物。侍从拿着喇叭，牵着猎狗，将猎物驱赶到射击台前一条狭窄的通道上，旁边还有仆人拿着上好镖、扣好扳机的弩伺候着，那种镖都带有锋利的金属尖。当鹿跑过射击台时，贵族老爷和太太小姐们就接过钢制弩准备射击。当猎犬把猎物赶到近前时，他们就可以一箭射中猎物的心脏或咽喉。糟糕的是，不是每个老爷太太都是神射手，因而射中的常常不是鹿，而是驱赶鹿的猎犬。

我们姑且不去讨论这种娱乐是否道德，它至少既消磨时光又不妨碍平民，狩猎的所有费用均由发出邀请的主人承担，而且一切活动都在私人领地上举行，远离乡下百姓的视线。

随着詹姆斯一世的登基，先前那种正式的狩猎盛会逐渐消失了。以前小范围的狩猎活动逐渐扩大到任何私人领地，甚至是农人的牧场。詹姆斯一世自幼学习狩猎，在其八九岁时的第一幅肖像中，他就是一副鹰猎者的装束。他从来没有中断过狩猎运动，直到 1624 年去世。他对法国式的狩猎很着迷（这就如同几个世纪前它迷住了后征服时代的罗马人一样）。法国式狩猎讲究的是策马扬鞭地疯狂追逐猎物。事实上，詹姆斯一世在接过伊丽莎白一世的权杖之后，所做的第一件事情就是组织一个庞大的狩猎团。因为想要享受法国式的狩猎，他认为首先应该引进一些法国原产的猎物，当然还要请法国猎手来指导自己的猎手如何追逐。为了满足他本人的特殊爱好，他甚至从法国国王亨利四世的枫丹白露皇家森林引进了近五十只马鹿。除此之外，詹姆斯一世还为他的王后、丹麦的安妮专门准备了一个猎手和一群猎物。这些新来的猎手、新的猎犬和新的狩猎观念彻底改变了英国传统的狩猎方式。

为了狩猎的乐趣，詹姆斯一世驯养大批猎犬，数量惊人。他的养狗场里有许多品种的狗，有些我们今天还可以辨认出来，包括灵缇、爱尔兰猎狼狗、猎鹿犬、猎兔犬、猎獭犬、野猿（常常与猎鹰同时使用）、水猿、塞特种猎狗、毕尔格猎犬和很多种㹴多种。另外，詹姆斯一世的猎犬中还有一些品种现在已经没有了，比如像利亚姆猎犬、斯鲁斯猎犬（寻血犬的祖先）和猎猪犬。

一些詹姆斯的对手坚持认为，詹姆斯之所以将大部分时间都消磨在马背上，是因为他本人在站着的时候其身材显得并不孔武有力。他步态蹒跚，可能缘于他幼年或出生时的先天残疾。为了保持平衡，手的动作就会变得奇怪。他还常常要靠在旁边的人身上才能走直线。不论他是否想借着马背让自己看起来更魁梧，抑或是他仅仅就是酷爱狩猎，重要的是詹姆斯一世几乎把所有的时间都花在了狩猎上。从这个角度来说，他和同时代的许多乡绅没什么不同，狩猎看起来是这些庄园主们唯一关心的事情。如果一个人给他的朋友写信却不说最近打猎的战果，他的朋友在回信时肯定要问："最近一切还好吗？你怎么对马匹、猎鹰和猎犬只字不提？"

詹姆斯一世与猎犬一起打猎的狂热最终引发了一些将改变历史的后果。包括征服者威廉、路易十一和查理八世在内的法国国王认为狩猎的权力是"皇室的特权"，也就是说只有贵族才能拥有、控制的特权。狩猎的目的早已不是为了寻找食物，而演变成为一种运动。狩猎作为正式的皇室活动，就要求臣民们，包括其他贵族、神职人员，当然还有所有的平民（包括地主、农民和猎人）提供协助和服务。这一点很重要，因为追逐猎物往往要跑很远的路。猎手们热情高涨地追踪猎物，一天下来忽然发现自己已经离出发地点二十到五十英里远了，这毫不稀奇。助手、猎狗和马都已经累得要死，离家又很远，这时候最需要的就是附近主人的热情接待。不久，对这种"强行借宿"的要求也越来越高，简单的饭菜和仅仅一块可供休息的地方已经不能满足他们了；这些不请自来的客人觉得自己理应享受到一顿丰盛的大餐，还有狂欢的夜晚。

詹姆斯一世在接受法国狩猎的同时，也采纳了法国贵族的态度，即希望他的子民也能给他提供支持与服务。每次皇室狩猎之前都要发布一串命令和要求。如果詹姆斯一世想要猎鹿，或者要放鹰和獚去捉松鸡，当地的农民就会接到不许把田耕成窄垄的命令，还要给猪戴上环，防止它们用鼻子翻地而留下坑，因为犁沟和地上的洞对纵马奔驰的国王来说都是一种危险。当地居民的围墙、栅栏或者篱笆也被勒令建得很低，太高则会有可能阻碍陛下已计划好的路线。他甚至还要求土地所有者给田野边缘的篱笆上锁，只有他的猎手才有钥匙。这些命令会因每次猎物的不同而不同。因此，在猎獭季节，詹姆斯一世就会下令让磨坊主关上他们的河道，以防水獭躲在里面。

然而，狩猎的费用远比这些条条框框糟多了。老式的狩猎涉及的范围有限，而这种新的狩猎方式就大不一样了。新式狩猎通常都在保留地和贵族领地之外进行。猎鹿的时候，皇家猎手们首先要集合二十到三十只猎犬，然后再从皇家鹿群里挑选出一只鹿。这只鹿一被放出，猎犬就要顺着踪迹追上去，骑手在后面紧紧跟随。这场追逐的速度奇快，免不了要把途经之地的财物毁坏许多。庄稼被踩烂了，栅栏被弄倒了，花园也被踏乱了，羊群和牛群都被冲散了——这些都加剧了农民、牧民和乡下小业主经济上的负担和生活的压力。

平民百姓不仅当财物受到毁坏时得不到赔偿，还要在狩猎过程中充当驱赶猎物的人，或者无偿地做其他协助打猎的工作。他们不得不放下手头的工作，而这总是发生在农忙时节。更糟的是，詹姆斯一世还要求平民为猎手和其马匹、猎犬提供食物和草料。这可不是件容易的事，因为他所带的狩猎队伍总是十分庞大，携隼狩猎的一天通常需要 24 个掌鹰人（还有数量相配的猎犬和马匹）和 12 个随从，还有客人及其随员若干。供应数量众多的一群人一天的食宿，对一个农民和他的邻人来说是相当沉重的负担。然而，这样的事情不时发生，因为一个星期狩猎多次已经是国王的习惯了。

每当有人试图向国王诉苦，即使不是要求付钱——至少让他们暂时逃离这笔庞大的支出——他们的信件不是被忽略，就是在中途被扣压而不让国王看到。有一次，一些深受其害的百姓在绝望中想到要用国王自己的猎犬将信送给国王。一次狩猎中，猎手发现国王最喜欢的一只叫做朱勒的猎犬在狩猎结束时不见了。第二天早上，当所有的猎犬准备出发时，朱勒出现了。国王注意到狗项圈上绑着一张字条。他接过字条展开，上面写着：

> 好心的朱勒先生，因为国王每天都能听到您的声音，却听不见我们的声音，恳求您代我们对陛下说。请陛下回伦敦吧，否则这里就全部被毁了。我们的食物都已经吃光，再也不能取悦他了。

不幸的是，詹姆斯一世只把这当成是一个玩笑，笑过之后还是纵马打猎去了。然而，对于那些百姓来说，这实在没什么可笑的。

也许詹姆斯一世为其狩猎运动而四处征集猎犬的方式，才是英格兰的子民所承受的最严重的凌辱。尽管詹姆斯一世有自己的狗场，但是他常常需要额外的猎犬来扩充自己的猎犬队伍，而这些猎犬则直接征于百姓。1616 年，他委任亨利·米诺斯为猎獭官，并赋予他极大的权力："以国王的名义，在英格兰全境内为国王征集……比如像猎犬、毕尔格猎犬、獚和杂种犬等亨利·米诺斯认为适宜猎獭用的雄犬和雌犬。"即使百姓的狗并不适合打猎（比如是看门犬或牧羊犬），也会被征走之后直接杀掉，因为委任状上还写着："国王在此特别授予亨利·米诺斯抓走所有猎犬、毕尔格猎犬和其他妨碍狩猎的狗。"也就是说英格兰全境的狗都要被没收。

也许，有些人因自己的爱犬作为御用猎犬中的一员而得到很好的照顾，尚感安慰，而更多的人则眼睁睁地看着自己的狗被带上一条不归路，只因为詹姆斯一世强迫所有人都支持另外一项与狗有关的运动。

早年，詹姆斯喜欢上纵狗斗熊和逗牛。斗兽应该算是罗马人留下的最后一种娱乐了，血腥的搏斗——常常当场毙命——被视为体育运动。在古罗马，通常由角斗士和猛兽搏斗。在英国，则是将人排除在斗兽场之外，让动物代替角斗士，显得更文明一些。比如说，逗牛游戏就是把狗放在低坑型场地里，和被拴住的公牛搏斗。如果狗能抓住牛鼻子或者喉咙，让牛跪下来，那么狗就获胜了。如果狗不幸死了，或者受了重伤，那么就是公牛赢了。有时也会用熊来代替公牛，或者就只是两只狗在斗。观众不仅观看这些搏斗，他们往往还投下高额赌注来赌哪一方能获胜，搏斗时间的长短，哪一方先流血等等。

詹姆斯一世沉溺于这种“运动”不能自拔，他总是想着怎么才能让搏斗更刺激一些。有一次，他看到16世纪游记作家奥特柳斯在其作品中提到，英国的獒犬像狮子一般勇敢。他命人找来关在伦敦塔里的几头狮子，然后把其中的一头和三只獒犬放在一起搏斗。獒犬一个个都败下阵来。前两只战死，只有最后一只狠狠地咬了那头大猫一口，伤势严重的狮子躲回事先准备的洞里去了。这只狗获得了最终的胜利，光荣退休了（因为国王认为任何低等的动物都不配与打败狮子的狗搏斗）。这只狗非常幸运，因为通常给胜出的狗的奖品是下一场比赛中更为凶猛的对手。几场比赛下来，没有哪只狗还能活着。

就像将亨利·米诺斯指派为国王的狩猎爱好征用民间猎犬一样，詹姆斯一世又任命爱德华·阿莱恩为“总领斗兽运动和斗兽用熊、公牛、雌雄獒犬首席长官、统帅和督察”。这个任命给了阿莱恩无限的权力，只要他认为合适的犬只，就可随便抓走。

国王为了狩猎和斗兽而四处搜罗犬只的做法使其子民们极其不满。许多人很不情愿地向国王上供自己的爱狗。由于征狗越来越频繁，前去抓狗的官员开始遭到公开的反对，甚至挨打。反抗行动如此广泛，以至于地方法庭都拒绝受理此类事件。有些城镇和前来征狗的官员勉强达成协议，城镇里同意送几只上好的狗给国王，但是前提条件是征狗的人从此之后不许踏进城镇一步。

另一个反对的声音也越来越明显。当时占议会多数席位的新教徒认为狩猎是一种犯罪。他们提醒詹姆斯一世，《旧约》记载上帝严厉斥责了宁录王。宁录王是一个优秀的猎手，因此新教徒认为他的罪孽就在于狩猎。上帝创造野兽是为了让人类感到快乐，让人类进步，而不是让人类奴役并残忍地对待它们。对于反对的意见，詹姆斯一世做出了回应，迫于强大的社会压力，他只好做出让步，然而仅仅是取消了星期天的斗兽活动，其他一切照旧。

1625年詹姆斯一世驾崩，他那注定要倒霉的儿子查理一世继承王位。查理一世登基之时，王朝已经陷入了巨大的社会、财政和宗教混乱之中。而且更糟的是，当时的他并不适合重整朝纲。像他的父亲一样，查理一世坚信国王对政府拥有绝对的权力。议会一旦试图限制他的娱乐活动，他就迅速解散议会，同时这一举动加剧了和下一届议会的矛盾。他不断变本加厉地推行斗狗征狗的政策，强迫民众支持皇室狩猎活动，使得他的子民对其统治愈发不满。

查理一世和他的父亲一样，对斗兽情有独钟，根本就不想废除这种残忍的消磨时间的娱乐方式。他仍旧不断寻找新的狗来充实自己的猎犬队伍，其做法与他父亲相似。仅仅过了三年，征狗就使查理和一个人陷入了直接冲突，而此人正是最后推翻他的统治、并将他送上断头台的那个人家族中的一员。他叫奥利弗·克伦威尔，既不是将军也不是革命家，只是一个信奉新教的乡绅。他是与他同名的侄子的教父，而他的侄子正是那位在英国内战中率领大军把国王拉下宝座的奥利弗·克伦威尔。詹姆斯一世统治期间，克伦威尔不止一次接到向国王提供“低沉地吠叫的敏捷猎犬”的命令，这些都要以“礼物”的名义献给国王。查理继位之后，发现这些“礼物”不再自觉自愿地上贡给他了，于是他下令强行征收。他指派康普顿男爵为陛下宠物总管，并且委任他去征收“灵猩和其他为陛下消遣运动所需的狗”。老奥利弗·克伦威尔成了他们的目标之一，只要康普顿男爵手下一小撮全副武装的队伍来到他的府上，他就会乖乖地把狗交出来而不是公开挑衅反抗。

你完全可以想象得出像克伦威尔这样的乡绅们的感受，他们很不情愿地资助着查理国王的狩猎。他们不断失去心爱的狗，那种辛酸可想而知。那些被强行征走的狗不仅是小型家庭狩猎必需的猎犬，它们更是家庭内重要的一员。

查理做出扩大皇家森林领地的决定之后，同样是这些乡绅们（还有他们的狗），又遭到了更为沉痛的打击和凌辱。尽管查理已经拥有 68 片森林了，但他还是想要恢复到几个世纪以前的规模。这样做的部分原因是为了增加收入，因为查理和议会之间的矛盾使议会收回了他许多征收赋税的权利。住在这些森林附近的人们就变成了“皇家的房客”，要直接向国王缴纳租金和各种费用。

这一举动严重损害了那些住在自家森林外面的狗主人的利益，因为皇家保留地受到法律的保护，规定除了国王本人，任何人和动物未经特许都不得在内猎取猎物。此外还特别规定，任何进入或靠近皇家森林的大狗都必须处以断肢的处罚，以剥夺它在皇家保留地内猎取猎物的能力。守林官有权砍断狗的三只爪子，或者挑断一条腿的后腿腱，或者是把爪子中间的肉球挖出来。这些都足以让狗只能慢慢地跛足前行，再也无法捉住像鹿一样敏捷的猎物了。

随着皇家森林的不断扩张，许多土地所有者发现他们不得不放弃在自家领地上狩猎的权利，虽然几百年来他们世代居住于此，但他们却不愿自己的狗因此被皇家的守林官弄成残疾。这项政策一出台就极不受欢迎，经常需要动用军队才能勉强执行。许多愤愤不平的狗主人随后加入了反对国王的革命大军，以示他们的不满。

1642 年 10 月，英国革命爆发了。支持议会的人被称为圆颅党人，因为大部分清教徒在剪头发的时候用碗作参照，头发弯曲的边缘刚好贴着脖子。支持国王的人被称为保皇党。保皇党（cavalier）本义是指骑手或骑士。尽管本义的引申含义有英勇的意思，但在革命期间，这个词被国王的反对者们当做贬义词，形容那些目中无人、贵族派头十足的人。国王这边还有一支小型的军队。原来用于狩猎的队伍现在都骑上马，放一群猎犬冲在前面，很有威慑力。

现在，让我们把目光从由国王对他的子民和狗的暴政所引发的混乱局面上移开，来看看一只狗和它对刚刚开始的这场革命战争的影响。狗在战争中常常被视为吉祥物，不仅能鼓舞士气，还能给军队将领带来安慰，陪伴在他们左右。然而，如果敌人对狗的这些作用不屑一顾的话，狗肯定不可能提高军队的士气。但是也有特例，帕拉丁的吕佩尔亲王的狗就是其一，它有个外号就叫做“保皇党的恶狗”。

在英国内战中，帕拉丁的吕佩尔亲王是公认的最智慧的皇家指挥官。在战争之初，作为一个骑兵指挥官，他在战术方面的才能和天生的勇敢使他在战场上所向披靡。1619 年，吕佩尔在布拉格出生，他的父亲是帕拉丁选侯，随后成为波西米亚国王腓特烈一世（应为腓特烈五世——译者注）。吕佩尔的母亲、查理最喜欢的姐姐伊丽莎白——使其具有了英国皇室血统。吕佩尔 1636 年前去拜访查理，这个英俊而活力充沛的年轻人很讨舅舅的喜欢。

吕佩尔从小就接受军事训练。因为过人的聪明才智、指挥才能和英勇无畏（当然，还有他的皇室血统），他在 18 岁那年就已跻身军官行列了。跟在一群身手敏捷的猎犬后面狂奔狩猎，使他成为出色的骑手，也使他更加适合指挥骑兵作战。上任的第一年，他就参加了“三十年战争”抗击皇帝军。在这场战争中，他勇敢的举动（也可以说是鲁莽）让他脱颖而出。他同样也表现了在战术上的不凡才能和重振旗鼓的能力。他很快就被提拔去指挥一个龙骑兵团。龙骑兵团是装备最精良的骑兵部队。在明斯特的莱姆戈，当皇帝军冲破包围，吕佩尔和残余部队接到命令撤退。由于情报不足，加上上级指挥官詹姆斯·金将军的错误指挥，吕佩尔的军队向着敌人大军到来的方向撤去。在靠近威悉河的弗洛托最后一场战役中，人数远远少于敌军的吕佩尔的军队被团团围住。吕佩尔被俘，在奥地利的林茨关了三年。

在那个时代，被俘虏的皇室并不是被囚禁在发霉的地牢或者野营地里。尽管他们行动的自由被限制，但是仍旧受到有礼貌的对待，并提供一定的娱乐项目。只要交纳足够的赎金，或者他们的国家做出一定让步，像他们这样的囚犯最后都可以重返家园。吕佩尔获准在监视下操练武艺，不时还可以骑马打猎。然而，大部分时间他被软禁在房间里，社交也受到了极大限制。就是在这儿，一只狗走进了我们的视线。

当时，阿伦德尔男爵是英国驻维也纳大使。在事情还没解决之前，查理请阿伦德尔尽力照顾吕佩尔。为了给吕佩尔找个伴，阿伦德尔给他带来一只名叫博伊的狗，据史料记载为一只白色大卷毛狮子狗。尽管从当时的漫画及后来路易丝公主给它画的画像里，博伊看起来的确是一只卷毛狮子狗，但事实上，它比一般的卷毛狮子狗要大很多。它的体型之大、力量之强，使它可以跟着主人的马一起奔跑。据多年后曾在白金汉宫陪吕佩尔打猎的苏塞克斯伯爵夫人说，博伊大概帮着捕获了五只公马鹿（这可不是一般卷毛狮子狗能做到的！）。

吕佩尔被囚禁期间，博伊给了他很大安慰。亲王花了很多时间训练它。从此，博伊和亲王之间建立起了密切的关系，这使博伊对吕佩尔的情绪和愿望总能够迅速地做出反应。

吕佩尔获释之后，马上动身前往英格兰协助他的舅舅查理，此时英国内战刚刚开始。虽然他只有23岁，考虑到他在选举人军队中的优秀表现，他被委任为骑兵指挥官。与此同时，他那只白色卷毛狗仍旧不离他左右。吕佩尔吃饭的时候，博伊也一起吃饭；吕佩尔和国王或者其他指挥官商议大事的时候，博伊也在他身边；吕佩尔去教堂，博伊也跟着去；吕佩尔探望他的士兵或者检阅部队的时候，博伊也跟着；它甚至就挨着主人睡在床上。

表面上看起来，博伊是只很讨人喜欢的狗。它就像个政客一样，能够分清楚谁才是大人物。除了主人吕佩尔，博伊发现查理王最值得它去讨好。查理非常喜欢狗，对博伊的示好热情地回应。人们发现国王“自己一口都不吃，但是会不停地喂它。你知道喂它吃什么吗？居然是阉鸡！”有时候，查理还会在自己大皇冠形状的椅子上腾出一个地方，让博伊与他坐在一起和周围的人说话。一个圆颅党人写道：“大家甚至都以为国王要封博伊作军士长。国王对它太宠爱了，以至于宫廷里有些人都开始妒忌了。”

博伊穿过平原的时候，它高大的身材和一身白毛在很远的地方就能被看到。因为它的出现意味着吕佩尔也在附近，对于爱戴亲王的保皇党来说，已经成了一种安慰。博伊跟随吕佩尔出征作战，行动快速的骑兵在布里斯托尔、伯明翰、纽瓦克和兰开夏郡接连取得胜利。不久，博伊就成了整个军队非正式的吉祥物。每次凯旋，举杯畅饮的保皇党士兵们都要为博伊祝酒。有时候“他们甚至跪在地上，为吕佩尔亲王的狗的健康干杯”。

保皇党人很喜欢时刻跟随在吕佩尔身边的博伊，而他们的对手圆颅党人却痛恨和惧怕它。他们传说这只“恶狗”有着超自然的能力。吕佩尔经常参加制定国会和军队行动的计划，圆颅党人就谣传博伊有超能力：“它能让自己和别人都隐身。”他们很怕博伊和它的主人在魔法的保护下，隐身悄悄潜入他们的营地窃取有用的情报。

虽然每次吕佩尔都冲在队伍的最前面，但是他从来没有受过伤，这使国会军又开始怀疑博伊还有别的魔法，保护它的主人在战场上毫发无伤。一个自称是 T. B. 的人，据说他是圆颅党的间谍，这样描述博伊：“它自己刀枪不入，很有可能也给它的主人带来这种能力。我本人，还有其他你们雇来谋害它的人都失败了。好像有强大的魔法时刻保护着它。”

爱德华·孛斯科特爵士在他的回忆录中写道，博伊甚至比吕佩尔亲王更让对手害怕：“圆颅党人甚至认为它就是撒旦，它是特地来对付他们的!”约翰·克利夫兰在他的诗《吕佩尔之歌》（*Rupertismus*）中就描写了这种恐惧：“他们甚至惧怕他的狗，它是有四条腿的骑兵。”克利夫兰还补充说，国会军坚信博伊“就是不折不扣的魔鬼”。

博伊的出现严重影响了议会军的士气，他们甚至高价悬赏它的脑袋。士兵们也接到命令：如果见到这只狗，要不惜代价地杀死它——即使是失去了袭击吕佩尔和其他高级指挥官的时机，也在所不惜。不是别人，正是圆颅党军队的最高指挥官托马斯·法尔法克斯爵士下令给他的部下：“只有除掉那只从地狱里来的猎犬，我们才能取得胜利。”

不幸的是，1644 年 7 月 2 日，吕佩尔的幸运星——博伊的性命，连同保皇党胜利的希望，都在马斯顿荒原终结了。尽管圆颅党人节节告胜，但他们并没有因此放弃继续斗争，而是将查理国王逼得无计可施。于是他写信给吕佩尔，直接命令他立刻赶赴约克城解围，消灭议会军的主力。尽管根据分析，吕佩尔认定这样凶多吉少，但是他对查理的忠诚使他绝对服从命令。

吕佩尔的聪明才智和英勇的确使他成功地战胜了包围军，约克解围。他在对形势做了大致分析后，认为应当就此打住，稳固战果；然而，查理王却命令他继续追击议会军主力。他们在追击了大约七公里后，来到马斯顿荒原，在托马斯·法尔法克斯爵士的率领下的议会军，连同由亚历山大·里斯里指挥的一支苏格兰军，刚入夜时就对吕佩尔发动了一个出其不意的袭击。奥利弗·克伦威尔指挥议会军左翼部队冲散了吕佩尔的骑兵队伍，随后又逐渐将右翼部队收拢，把骑兵围在中间。这不仅是骑兵的第一次重大军事失利，简直就是灭顶之灾。保皇党伤亡惨重，近四千人阵亡，四千人被俘，大部分大炮也被缴获了。查理国王不但失去了对约克城的控制，整个北部地区都失控了。

保皇党在马斯顿荒原的失利给双方的指挥官都带来了重大影响。奥利弗·克伦威尔因为在这一战役中的出色表现，荣升为议会军总指挥官；而这一次失利对吕佩尔亲王来说简直是场灾难，不仅他的军队元气大伤，他还失去了他的好伙伴博伊。

关于博伊的死，有很多种说法。一种说法是开战之前他们忘了把博伊拴好，或者是它挣脱绳子跑了出来，在混战中被打死了。还有人说因为博伊是吕佩尔的吉祥物，它也跟着上了战场，然而这一次它太靠前了。一名圆颅党军官经过深思熟虑，派出一队装备精良的士兵搜寻博伊的藏身之处，希望能将它活捉，以打击保皇党骑兵的士气。博伊没有能够回到吕佩尔的身边，而是被圆颅党人找到了，他们把枪口对准了博伊。不管究竟发生了什么——是它自己跑出来，还是被圆颅党人找到，有一点可以肯定，即袭击博伊的人肯定对它恨之入骨，因为它的尸体上有密密麻麻的弹孔和几处致命的刺伤。

吕佩尔得到消息后，泪水控制不住地夺眶而出。为了掩饰自己的悲痛，他试图把这个噩耗看做是这悲剧性的一天中的另一件倒霉事。他说："我情愿不要马厩里最上等的宝马。"这是一个骑兵指挥官所能够给予一个畜生的最高赞美了。可惜的是，说这话时，他的声音不禁开始颤抖，眼泪也簌簌地落了下来。为了不再一次在同行的指挥官面前流露出他脆弱的感情，他转身走开。

当马斯顿荒原战役胜利的消息传到议会，圆颅党人欢呼雀跃。街上散发的小册子里满是对将军的颂扬。最让清教徒高兴的还是博伊的死及吕佩尔的悲伤。一首名为《给一只狗的挽歌，或者吕佩尔的泪水》的小诗很快流传开来。诗里有几行写到圆颅党人当时的兴奋：

可怜的骑兵悲伤欲绝，哎，哀号痛哭，
只为失去了你们恶灵的保护，
它死了！它死了！它再不能，哎呀！
不能守护你们这群该死的家伙了，更不要提胜利了。
那个杂种听到这消息可真悲伤，
有人告诉他那位毛发蓬乱的骑兵死了，
他大声咆哮，他扯掉假发，他对天诅咒，
他再也无法战胜那些圆颅党了。

事实上，自从没有了博伊，吕佩尔就像是丢了魂儿似的。他几乎没有什么知心朋友，平日生活里博伊给他的安慰和陪伴无人能够替代。博伊的死也让这位年轻的指挥官感到了生命的脆弱，在以后的战斗中他不再像从前那般冒险了。在接下来为查理国王效力的日子里，他的情绪也时常低落、沮丧。吃饭的时候，他时不时拿起一小块食物，悲伤地往身边桌下的位置望去，以前博伊总是趴在那儿讨吃。吕佩尔的队伍也同样气馁，那些“我们卷毛的胜利旗帜”的小玩笑、为了“我们的英雄和我们英雄的狗的健康”的祝酒都永远消失了。

议会军坚信，吕佩尔“巫狗”的死也带走了支持保皇党骑兵的超自然力量。他们不再恐惧敌军的魔法，斗志昂扬。在纳斯比之战，也可以说是击败吕佩尔麾下保皇军的决定性战役中，圆颅党军聚集在一起高声喊着：“吕佩尔的白巫师死了！我们能打败他们了！”

吕佩尔亲王再也没能胜过议会军。保皇党军输掉了战争，查理最后被送上了断头台。这是一场至少部分是因两个国王对狩猎和猎犬的爱好所引发的战争，这也是一场因为——至少部分是——一只白色卷毛狗在马斯顿荒原的死而输掉的战争。

第 5 章

普鲁士国王的伙伴们

在人们心目中，普鲁士国王弗里德里克二世是位睿智的军事领袖。他指挥过的许多战役都扩张了德国的疆土以及影响力，他自己的军事才能也得以证明。他还是一位社会改革家，他所实行的宗教政策在当时的欧洲是十分宽容的。他除了撰写史书以及诸多关于政府、政治、军事战略的书籍外，还作曲、写诗。他还引入了重要的法律、农业、商业改革以及许多其他方面的知识，所有这一切最终都为他赢得了弗里德里克大帝的称号。法国作家、哲学家伏尔泰曾在 1772 年这样描述过弗里德里克：“他随时准备好打仗，就好像随时准备好谱写歌剧一样。他写的书比同时代的王公贵族们生养的私生子还多，而他打赢的战役比他写的书还要多。”弗里德里克在他的加冕礼上说过：“王冠只是一顶能让雨水渗透进来的帽子。”还有一次他说：“我从来没有遇到过一只让我一点儿也不喜欢的狗。”他早年的经历使他能够轻轻松松接过王位，但也同样是这段经历使他无法信任他人。他无法与人建立亲密无间的关系，但是这种缺憾却在他对狗儿们的长久的宠爱中得到了补偿（这种宠爱也可能是一种心理上的寄托）。在这段历史中，狗儿们并非连接各个事件的纽带，而是这个十分成功却几经创伤的男人的生活中必不可少的一部分。

皇室的孩子在其成长过程中也难免被打骂。从某种角度来看，一个王子在幼年所遭受到的打骂可能比平民还多。即便在那时，如果有孩子被虐待的情况发生，警察和法律系统也会立刻做出反应，即使只是警告或是公开谴责。但是当施虐者是国王本人时，谁又敢惊动当地警察呢？所以当时还年幼的弗里德里克就成了这些心理和生理折磨的受害者，而这些折磨也彻底改变了他。这段受虐期的始作俑者便是他的父亲威廉一世，和他的祖父弗里德里克一世。

弗里德里克于1712年出生于柏林附近的波茨坦，他的两个兄长在早年时即夭折。姐姐威廉明妮和他的关系甚好，但是他的弟弟妹妹们对他的喜爱和忠诚程度却不如他那样深厚。弗里德里克二世在28岁以前，他的父亲威廉也对他有着十分重要的影响。

弗里德里克二世的祖父弗里德里克一世，沉迷于浮华、时尚和皇家马饰中，热爱艺术文化，把法国国王路易十四的风格带入了自己的宫廷装饰中，而日常国事则由众多被授予了头衔、地产和俸禄丰厚的大臣们代理，这最终使国家的财政状况陷入混乱。威廉一世认为弗里德里克一世应为此负责，所以在他继承王位后，就立即开始了自己“有责任心的”执政。

威廉是一个严苛的军国主义者，一心致力于祖国争取胜利和疆土完整的事业中。他削减了各大臣的权力，从他们手中接管了各个部门。尽管在交流方面的能力尚有欠缺（他很少写诏书，所以这给每个人都带来了麻烦），但是他在财政和管理方面确有才能，对当时的外交事务也了如指掌。他说，一个国王不能只过轻松闲适的“妇人生活”，而是要完完全全地掌控生活。他宣称：“我是普鲁士王国的财政大臣和陆军元帅。”他的这些政策十分奏效。此外，他还制定了建立住房、工厂、军械库及医院的计划，把人们重新吸引到了因“三十年战争”而人口日益稀少的城镇中来。很快，经济复苏了，国库也充裕了，于是他开始重组军队，把军备人口的数量增加到了原来的两倍。他建立了两个团的骑兵，他们持枪佩剑，给军队增添了灵活性和进攻性，而这一举措在当时还是非常鲜见。同时，他还从重要的军事理论家那里引入了最先进的战法来教他的军队，让他们学会如何在行进的同时使用刺刀。

对于他父亲喜爱的东西，威廉王一律痛恨，尤其是那些和法国文化、传统甚至美食有关的东西。他也不相信法国式的教育，包括经典课程（如拉丁文、艺术、音乐等）的学习。皇室特权也被废除了。威廉对各种奢侈的生活方式都严加抵制，以至将皇室宫廷的银器全部变卖；他主张所有宾客及其他家庭成员在用餐时都要使用木质或是锡餐具。他的儿子们以及他自己从不穿华丽的服饰，因为他觉得衣服上的装饰品显得过于女人气。

小皇太子弗里德里克就是在这样一种严肃古朴的氛围中长大的。在对小王子怎样才能成为一个优秀的将军和统治者方面，威廉固执己见，并毫不留情地将这些想法付诸实践。现在看来，当时的威廉可能是患了卟啉症，即一种代谢紊乱的疾病，这种疾病会导致一种叫做卟啉的化学物质在体内的含量不足。这种病症会使一些人产生剧烈的腹痛，间歇性的瘫痪，排尿困难以及情绪烦躁。英国的乔治三世也罹患了这种疾病，这可能就要从英国王室追溯到苏格兰女王玛丽那里了。罹患这种疾病的人，在早期时常常脾气急躁，而在威廉身上则表现为对孩子的虐待。

当疾病使国王精神失常时，小弗里德里克就会饱受拳脚之苦，很快，小王子就变成了一个矮小虚弱、痛恨暴力的孩子。虽然他很喜欢和狗以及马待在一起，也喜欢骑马，但是他却很讨厌打猎，而在当时，打猎是少数几种男人们被允许从事的活动。相比之下，小弗里德里克更喜欢书籍和音乐。母亲索菲亚·多罗特娅想让他接受人文及艺术教育，于是她背着丈夫安排儿子学习法文、拉丁文以及长笛、琉特琴和钢琴。弗里德里克最信任的是她的姐姐威廉明妮。在母亲的帮助下，威廉明妮为弟弟提供了许多书籍，其中大部分是法文书。

每当父亲察觉出小王子的行为举止中带有书卷气，或是缺乏国王眼中的"男子气概"时，小弗里德里克就遇上大麻烦了。他曾经因为读法文诗、在寒冷的天气里戴手套、甚至是从马背上摔下来而遭到毒打。大多数的打骂都是公开的，在其他的皇室成员、王公大臣、军队士兵甚至是来访的宾客面前实施的。小王子根本别想和他的父亲沟通，因为这样只会让他的处境更加危险。有一天，威廉表现得很像一位慈父，对儿子做了一番关于未来的谆谆教导，他说："相信我，要摒除虚荣心，坚持正确的做法，要保持有一支精良的军队，国库要有足够的钱，这样才能心境平和，作为一个王子，地位不受威胁。"说完之后，他就忍不住打了孩子一个耳光，以使他加深记忆。

国王对小弗里德里克的管制十分严厉。小王子曾经有一个家庭教师，由于他允许弗里德里克阅读一本用拉丁文撰写的史书而遭到毒打，同时被解雇。新来的家庭教师叫雅克·德约登。他原本是一名胡格诺派的士兵，后来由于他在围攻施特拉尔松德那场战役中表现出色而引起了威廉的注意。德约登的父亲曾经担任法国将军蒂雷纳的秘书，所以，国王相信他也能成为辅佐一名伟大将军的合适人才。六岁那年，小弗里德里克就在另外131个男孩的陪伴下开始了他的训练。这一做法可不是闹着玩的，而是提醒小王子在他未来的日子里，军队、纪律和指挥制度将会成为他生活的重心。

弗里德里克在童年时期没有太多的社交活动，唯一一个能和他坦诚交谈的人就是他的姐姐威廉明妮。母亲也给他一些支持，但大多时间她忙于自己的社交或政治活动，打算让自己的孩子和最好的家庭联姻。但是小王子一直处于他父亲的严格看管之下，索菲亚·多罗特娅很少有机会和他相处，所以她就在剩余的时间里尽可能多地陪伴其他子女。就这样，除了在军事训练中结识的一些朋友之外，小弗里德里克就在一种相对孤立的环境下成长起来。

在这种情况下，一个孤独的小男孩以狗为伴并得到慰藉就不足为奇了。当弗里德里克还很小的时候，他被允许养了一只意大利灵猩。在他大约四岁时和姐姐威廉明妮在一起的画像中，这只狗就出现过。意大利灵猩是灵猩类中最小的一种，今天看来，这种狗站起来时从地面到肩膀大约有 12 到 15 英尺。虽然从这个品种的名字来看，它应该是来自意大利，但是这个品种看上去则更像是来自埃及，因为有人曾经在法老的墓穴中发现过类似的狗木乃伊，而其与意大利的联系显然是因为罗马士兵把这种迷你型的灵猩带回了家，不久，它们就成了富有的家庭之间很受欢迎的交换礼物。因为英国詹姆斯一世、俄国凯瑟琳女皇和彼得大帝及丹麦安娜女皇，像其他人一样也有这种猎犬，所以这种猎犬就和皇室有了联系。现在看来，弗里德里克养的第一只狗就是他叔叔英国的乔治二世送的。早年与这种犬类的相处，使弗里德里克一直对这种意大利灵猩十分喜爱。

但不幸的是，国王不允许弗里德里克长期和小狗待在一起，在他看来，这种小且不适于打猎的狗，只配做宫廷中妇女和小孩子的玩伴。所以，在弗里德里克只有六七岁的时候，父亲就告诉他小狗将被留在波茨坦他的一个姨妈那里。男孩十分沮丧，要求一个皇家侍从把小狗给他接回来。侍从照办了，就像往常一样，国王又一次勃然大怒。侍从被痛打一顿，并被扣去一个月的俸禄。弗里德里克也被痛打，而那只小狗只因和英国皇室还有一丝联系而得以幸免。但是小狗还是被送走了。现在，弗里德里克童年时唯一能够接触到的犬类伙伴就是姐妹和母亲的狗了。

在多次受到父亲的责骂体罚及社交限制后，弗里德里克最终学会了欺骗和逃避（有时候，姐姐威廉明妮也会帮他一起欺瞒）。然而到弗里德里克 18 岁时，家庭状况变得越来越糟，他开始计划逃跑，取道法国或是荷兰，最后逃到英国。他叔叔乔治二世当时是英国国王，所以弗里德里克想在那里暂时栖身，到父亲过世之后，在这个强大盟国的支持下，再返回祖国继承王位。

他在军队中的两个朋友，即中尉汉斯・赫尔曼・冯・卡特和彼得・查尔斯・克里斯托弗・凯特的帮助下，开始按计划行动。不幸的是，行动计划很快暴露。凯特因害怕而将他们的计划向威廉王和盘托出，甚至还把弗里德里克写给他的一封有关于逃离和重返国土计划的信也交给了国王。弗里德里克被逮捕，并带到了国王的游艇上，那里正在举行一场正式的接待仪式。当威廉看到儿子的时候，顿时怒不可遏，呵斥他是个叛国贼，并当场拔出了剑。亨里克・马格努斯・冯・布登波克将军立刻冲到弗里德里克前面，用身体挡住他，并高声叫道："除非你从我的尸体上踏过去。"威廉丢下了剑，随即又抓起了一根手杖——当将军和其他人把弗里德里克解救出来，送到另一艘安全的游艇上时，弗里德里克已经被打得满脸是血了。最后，弗里德里克被囚禁于科斯琴堡中，冯・卡特也被带到那里。当他的朋友被斩首的时候，弗里德里克还被强迫押去观看处决过程。

在某段很短的时期里，王子的确极有可能变成和他父亲一样的人。然而，他是一个聪明的年轻人，他开始尝试着和他父亲妥协。弗里德里克因背叛了国王及自己的王位继承人的责任而被剥夺皇室特权和军衔，并被强迫接受普通的工作，在地方行政机构做一名低级官员。失去地位和权力使他痛彻心扉。除此之外，那些和他一起工作的人都知道他的出身，担心任何亲近的举动都被王子或是旁人所曲解，所以，尽管他身处人群之中，却是孤立的。这种状况持续了一年之久，直到弗里德里克答应重新承担起军事职责和对皇家的责任，父亲才渐渐消了气。另外，王子还答应了一桩已经安排好了的婚姻。

要准确地衡量父亲的暴虐所产生的影响实属不易；而要了解那些社交限制及防止人们过分亲近的措施对这个年轻人所产生的影响，则更是难上加难。但是很明显，这桩婚姻仅仅被他看做是逃离父亲管制的一种手段，因为婚后他就可以搬出皇宫了。

事实上，弗里德里克根本就不想和布恩斯韦克的公主伊丽莎白·克里斯蒂娜结婚，她不过是出自一个与亲王沾点边的家庭。他认为新娘既枯燥乏味，又不讨人喜欢，所以从一开始这个女人就被忽视了。婚后他就马上离开，将她一人留在柏林，自己则前往莱茵兰德，去为当时正在那里和法国军队打仗的奥地利伟大的指挥官、萨沃伊的尤金亲王效力。回来之后，弗里德里克就在靠近柏林的莱茵斯贝格一座城堡住下。伊丽莎白·克里斯蒂娜身边有六个女士和一个牧师，但是他们中也没有人能够接近弗里德里克，或是讨他欢心。

然而，对于弗里德里克来说，在莱茵斯贝格的那几年仍是他生命中最快乐的日子，因为这是他人生中的第一次能够按照自己的喜好和品位来生活。他贪婪地阅读了许多有关军事战术、国际关系、经济等方面的书籍，每天都要读书六至八个小时。他在这段时期所吸收的思想，日后在他指挥的战争中都发挥了作用。也是在这段时期，他完成了自己的第一本书《反马基雅维里》。在这本因伏尔泰的鼓励于1704出版的书中，他理想主义地批判意大利政治家和哲学家尼古拉·马基雅维里的政治主张，赞成和平和启蒙思想。后来，弗里德里克还发表许多书籍、小册子和文章。他的文集共有30卷；此外，他还演奏长笛，为室内乐和整部的歌剧作曲。

他的社交生活非常少。虽然他和当时一些主要的思想家交往，但是来访者毕竟不多。在正式的场合中，陪同他的是一些军队中的军官，他们中的一些对王子忠心耿耿。尽管他有时也十分风趣幽默，但在与人交谈时却总是缺乏真诚和亲切感，这或许与他缺乏社交经验和童年受虐的经历有关。

虽然弗里德里克在童年时与外界的情感交流几乎为零，但他成年后的情况却不完全如此。在姐姐威廉明妮送他一只雌性意大利灵猩之后，他情感上的孤独稍有缓解。此后不久，姐姐又买了另一只灵猩给他做伴，这两只狗是他成年之后养过的 35 只狗中的第一批，它们一直陪伴着他。每天早晨，在他起床之后，狗儿们就会跑到他身边；他骑马时，它们也会跟在身边，边跑边叫；他阅读时，狗儿们会蜷缩在一边的沙发上陪着他；当他坐在椅子上的时候，它们就会躺在他的脚上。客人和助手都注意到，弗里德里克和狗说的话比和妻子说的还要多，他对它们的喜爱要超过在莱茵斯贝格的任何一个人。而这只不过是一个开始，他的这一特点在他此后的 48 年中越来越被人们所熟知。

威廉于 1740 年去世。弗里德里克刚一继承王位，就即刻让各大臣明白他将单独决定政府和军事策略。弗里德里克颁布的第一批正式法令是永久性地废除酷刑（杀人罪和叛国罪除外）。他允许部分言论及出版自由，宣布广泛的宗教宽容，甚至还欢迎耶稣会士到他这个新教徒占统治地位的国家来。他还建立了一套公平有效的宫廷程序，重新把现有的众多法律融合为一部单一的法典。不过他不是一个纯粹的勇敢大胆的社会改革家，他需要靠自己的贵族身份来指挥手下的官僚和军团，所以他还是保留了传统的等级制度和皇室特权。

他还重新安排了自己的个人生活。在得知威廉去世的那一天，弗里德里克就写了张条子给妻子，告知她“虽然你的存在仍然是必要的”，但是她应该去柏林的宫殿并在那里居住。从此他们便彻底分居。冬天，她待在柏林的宫殿里，夏天则在申豪申的宫廷，仍然享受着作为一个王后的荣誉。来自外国使节对她的任何致意，弗里德里克都会彬彬有礼地接受。即使新国王和王后偶尔同住家中，但是也从不同住一室。

但是，弗里德里克的卧室内却并不缺乏伴侣。在靠近床的地方铺着两张有着银色垫子的华丽睡榻，这就是他的狗儿们睡觉的地方。每个睡榻前面都放着一只脚凳，以方便狗儿们上下。后来，国王的床边也放上了这样一个脚凳，以便让他最喜欢的狗上床和他一起睡觉。

在他安顿好所有国内的事务，不管是私事还是公事时，离他上战场只有几个月的时间了。神圣罗马帝国的皇帝查理六世在哈布斯堡的奥地利宫驾崩了。女大公玛丽亚·特蕾莎成了他的继承人。弗里德里克要求玛丽亚把西里西亚省（现在是波兰的一部分）交给普鲁士，作为交换，他将签署一项协议，授予她掌控多数奥地利领土的权力。在遭到拒绝后，弗里德里克就凭借着父亲留给他的训练有素的军队和充沛的财政储备，发动了奥地利王位继承的战争。他的确是一位优秀的军事将领和战略家，普鲁士此后获得了全欧洲的尊重。弗里德里克虽然是一位出色的指挥者，但他对自己的盟国却表现得十分不屑。比如，他两次背叛了他的法国盟友，为达到为普鲁士获取西里西亚的目的而和玛丽亚·特蕾莎单独签定了和平条约（1742 年和 1745 年）。

在打仗期间，他所拥有的意大利灵缇的数量从两只增加到了四只，它们是他生活中的慰藉，因而他甚至将它们带上战场也就不足为奇了。狗儿们由另外一辆由六匹马牵引的马车携带着，他还命令马车夫在和他的狗儿们“说话”时要彬彬有礼。比如，如果狗儿们叫的声音太大，马车夫最正确的说法是：“小姐们，能不能请你们稍稍静下来，不要那么大声地叫呢？”

所有狗儿们大多是由弗里德里克的私人侍卫负责照料，另外还有两个男仆协助他一同料理，但是，弗里德里克还是喜欢一有空就尽可能自己来喂养狗儿们。有一次，在他住在莱茵斯贝格的时候，阿尔让斯侯爵应邀到国王的私人宅邸拜访。他看到弗里德里克正坐在地板上，腿上放着一大盘炸过的肉。他手里拿着一根小棍子，为的是让那一堆狗稍有秩序。他还用这根棍将小片肉戳起来喂狗吃。侯爵很容易就能找出弗里德里克最喜欢的那几只狗，因为它们享用的肉是最好的那几块。

就是在这段时期，弗里德里克建造了一幢雄伟华丽的宫殿无忧宫，其中有一个很大的露天花园，里面带有一座玻璃暖房，可种植热带植物。另外有一间音乐房，可以弹奏弗里德里克所作的曲子。还有一间专门为狗们准备的单独的走廊。有些狗儿刚刚生完一窝小狗，而那些正在出牙期的小狗们使里面的家具和窗帘惨不忍睹。每当看到这一幕，弗里德里克总是一笑置之，等家具和窗帘变得破破烂烂了，就把它们一换了事。

弗里德里克有一只叫做比什的狗，它在普鲁士战争期间还产生过影响。比什可能一直都是弗里德里克的最爱，无论他走到哪里，它一直都陪伴在身边。有时他在讨论国事时，它就坐在他的大腿上。尽管有些大臣觉得这个举动有些怪异，而弗里德里克却在给他姐姐的一封信中辩解道：“比什的感觉很准，领悟能力极强，我每天都能看到一些行为处事不如它理智的人。如果这只狗能够领悟到我对它的感情的话，它至少会十分感激地回报我，所以我就更加爱它了。”

然而，弗里德里克所面对的政治局势却越来越困窘。玛丽亚·特蕾莎想要收复西里西亚，并和俄罗斯建立同盟。法国左右摇摆，不知将站在哪边。就在这当口发生了一件事，使得普鲁士失去了它的盟友法国，而在这件事中，比什起了重要的作用。在无忧宫里有一个很大的餐厅，政治家、大使、哲学家和军官们常应邀到此和国王一起交谈，并共进晚餐。国王总是喜欢在和其他人谈论世界局势、艺术和文学的现状、哲学理论，或者仅仅是对有关本地和国家之间的时事与政要做闲聊及推测时，来做一番智力上的较量。事实上，这类的晚宴中，女性从未受到过邀请，除了弗里德里克的意大利灵猩们——因为所有这些灵猩都是雌性。

在一次会晤中，谈话的重心转移到法国国王路易十五的宫廷现状上来。路易十五和德·蓬皮杜夫人之间的关系早已成了人们闲聊的话题。德·蓬皮杜夫人，闺名珍妮·安托瓦妮特·普瓦松，是一个十分聪明的女人。她在政治方面非常精明，颇有修养，也很有野心，路易十五在凡尔赛宫中一条主要街道旁为她安置了一间楼上的房间，她就利用这个机会在那段时间里结识了每一个政界要人。在做路易的情妇五年之后，他又让她搬到了楼下一间豪华公寓中。不久，继国王为其购置了蓬皮杜庄园之后，她又被赐予德·蓬皮杜侯爵夫人的头衔。后来，路易十五又有了新的情妇，但是德·蓬皮杜夫人却成了宫廷生活中一个永久存在的人物。路易欣赏她那敏锐的思维和判断力，所以让她做自己的行政秘书。在近二十年的时间里，她在所有至关重要的国事中都发挥了重要影响，所有任命都需要得到她的同意，许多当政者都是她政治上的心腹。她还成了各大臣和国王之间的纽带，国王所能够得到的信息常常都在她的掌控之中。

在这次晚宴上，弗里德里克正在开心地谈论着法国宫廷的绯闻，他的玩世不恭和讽刺才能开始表现出来。他对正坐在身边的比什做了个手势，说道："这就是我的德·蓬皮杜夫人。她睡在我的床上，在我的耳边轻轻耳语，提着建议。我这个德·蓬皮杜夫人和路易的那个之间唯一的不同就是，他授予了她侯爵夫人的头衔，而我授予了她

‘比什’的名号。”所有人都放声大笑，因为比什在法语中意为“婊子”。即使在那个时代，这个词语还是具有母狗和淫荡放浪女人的双重含义。

此事传到了德·蓬皮杜夫人耳中，她觉得深受污辱，勃然大怒。作为报复，她下决心一定要让路易十五和弗里德里克及普鲁士作对。她也成功地做到了这一点，在很大程度上这也是因为她的影响。法国和其宿敌奥地利站在了一边。由于普鲁士这边只有英国一个盟国，而奥地利、俄罗斯和法国的结盟形成了一股强大的力量。在这股力量的支持下，玛丽亚·特蕾莎发动了“七年战争”。一开始形势对普鲁士还比较有利，1757 年在罗斯巴赫和柳登两次战役中都取得了胜利。然而，在接下来的战争中，普鲁士在库那斯多夫输掉了一场主要的战役。到 1760 年，玛丽亚·特蕾莎的军队实际上已经占领了柏林。在那一段暗淡时期，据说弗里德里克甚至走到了自杀的边缘。她姐姐为了让他开心起来，又从欧洲找来一些十分漂亮的意大利灵猩，扩充了他爱犬的数量。这至少减轻了他的忧郁，至少在他的信件中没有再提到自杀了。

然而，可能是上天要拯救普鲁士吧。讨厌弗里德里克的俄国女皇伊丽莎白去世了，取而代之的是十分敬仰弗里德里克的彼得三世。彼得三世很快就把俄国从战争中拉了出来，玛丽亚·特蕾莎收复西里西亚的希望破灭了。为了避免此类战争再次发生，弗里德里克与俄国签定了和平条约。

比什在战时一直陪伴在弗里德里克左右，甚至战争迫在眉睫时也和他同进同出。有时候，它会跟在他的马旁边跑，兴奋地叫着，但是在任何时候都不会离他太远。在其他情况下，弗里德里克会让它坐在自己身前的马鞍上。有一次，弗里德里克一个人骑着马跑在前面，远离了他的军队，突然他发现一队隶属于奥地利军队的匈牙利骑兵队正在向他靠近，他和他的伙伴立即藏到了一座木桥后面。国王将比什搂在身边。比什一直是只喜欢叫的狗，但是弗里德里克深知，此时此刻即便只是一声犬吠，都会给他们引来被俘虏的灾难，或者更糟。他在它耳边轻声说道："一定要保持安静，我的小姐，不然我们就死定了。"比什很听话地待在那里，一动不动，直到敌军离开。敌军完全从视野中消失以后，弗里德里克才回到忧心忡忡的将军们那里，对他们宣称比什是一个英雄，是他的伟大的朋友。

在 1745 年索尔战役期间，比什却给弗里德里克造成了很大的精神困扰。国王和往常一样不顾危险，远远地冲在前面，而小狗呢，也像往常一样，即使战争在即，还是自由自在地在他附近奔跑。敌军在进攻时，一个奥地利士兵看到一只狗，就抓住了它。狗脖子上的小银牌显示它是弗里德里克的狗，于是小狗马上就被带到了奥地利军队司令拉达斯基将军面前。拉达斯基知道弗里德里克很喜欢狗，但是他大概并不知道就是这只狗间接地导致法国转向他这一边。不过他想到，这是国王的财物，因而是一件可以用来炫耀一番的很好的战利品，于是他就把这只狗作为礼物送给了他的妻子。

弗里德里克几乎要发疯了，他在军营里大发脾气，嚷嚷着"一位皇室成员被绑架了"。他还提醒他的司令官们，这只狗并不只是他的一个朋友或是宠物，而是在木桥下救他一命的普鲁士英雄。于是，他派自己多年的好友弗里德里克·鲁道夫·罗腾堡将军去协商释放小狗的事宜。

罗腾堡不仅是一位受人尊敬的军事将领，还是法国驻普鲁士前任大使的侄子，所以他与这场战争的敌对双方有很多政治上的联系。在几轮会谈之后，罗腾堡终于成功地说服了奥地利将军释放小狗，而作为交换条件，普鲁士会释放一个俘虏。由于国王并不知道双方"交易"的确切时间，所以当罗腾堡把小狗带回皇宫时，对弗里德里克来说简直就是个惊喜。当将军把比什带入无忧宫侧翼国王居住的房间时，它认出了这个地方，立即从将军的怀抱中跳了下来，飞快地蹿进了弗里德里克的房间。此时，弗里德里克正坐在里面写信，这只健硕的小狗一跃跳上了弗里德里克的书桌，将爪子搭在国王的脖子上，开始舔他的脸。弗里德里克惊声叫道："比什，我的朋友，我的爱人，我的英雄!"顿时泪如泉涌。他双手抱着小狗，把它紧紧地拥在胸前，在大厅里一边奔跑着，一边大声宣布从前的美好时光又回来了。他的家又完整了。

1752 年，当比什患病时，弗里德里克所表现出的温柔、体贴、同情和关爱，即使对自己的同僚也未曾有过。他请了十几个医生来为它治病。这一幕令英国大使詹姆斯·亨利爵士十分震惊；一个国王竟能像慈母对最喜爱的孩子那样地对待一只生病的灵猩，而对人类却是如此冷漠无情，这使他非常感慨：他在自己的亲弟弟生病时都不闻不问，而是一味纠缠于两人之间曾有过的一些小过节。

不幸的是，尽管医生悉心照料，比什还是死了。弗里德里克在给姐姐的一封信中，道出了他深切的哀痛：

> 我遭遇的这个家庭损失彻底颠覆了我的哲学。我把我所有的脆弱和秘密都告诉你。我失去了比什，它的死重新使我想起了我所失去的所有朋友……我感到很羞愧，一只狗竟然能如此深地感动我的灵魂，它所受到的苦难我也感同身受。我必须承认，我很悲痛，很伤心。一个人一定要冷酷无情吗？一定要麻木不仁吗？我不相信一个对忠诚的动物也无动于衷的人会对自己的同伴忠诚。如果一定要选择的话，我宁愿选择敏感多情，也不选择冷漠无情。

比什死后，弗里德里克想学习一些兽医的知识和医学方面的技术，以便日后他的狗儿们生病时，他能够亲自照料。有趣的是，也就是在同一年，他发现自己患上了痛风，不得不卧病在床。他也需要治疗，除了去请一个医生没有其他选择。他选的那个人叫卡登尼斯医生，而请他来看似只有一个原因：在皇宫里的所有医师中只有他拒绝为当时濒临死亡的比什开方拿药。所以在弗里德里克的眼中，这一点就免却了他对自己最爱的狗的死所应负的责任。

战争结束后，弗里德里克除了关心自己身边的人外，对普鲁士百姓的疾苦也有了更多的关注，他开始尝试着重建因多年战争而已遭受严重破坏的国家经济。他资助许多传统行业的重建，包括金属加工业和纺织制造业，同时还鼓励新兴企业的建设，如瓷器制造业、丝织业和烟草业，还引进专家，将三叶草的种植和饲料庄稼的种植等现代农业技术和科学方法展示给农民们。他还为农民引进了一些便宜的食物，如芜菁和马铃薯。他还让人把奥德河和维斯图拉河谷的沼泽地抽干，并开始了重新造林的计划。他放宽移民政策，将 30 万农民迁移到人口比较稀疏的地区。虽然他还不能彻底废除奴隶制度，但是他还是鼓励艺术、音乐和科学的发展。弗里德里克最大的贡献应该是他为建立一个全国统一的初级教育系统所作的努力。

虽然弗里德里克还是继续举办正式的晚宴派对和宫廷音乐会，但是他晚年的大部分时间都是在相对孤独中度过的。在他长期操劳国事的同时，唯一陪伴在他身边的就是那一群狗儿们。每天的清晨都会举行同样的仪式：他在两个男仆的陪伴下出发，每个男仆的马上都坐着一只他最喜欢的狗。走到林荫道一半的时候，他就会把手掌高举过头，这样男仆们就知道到了将狗儿们放下马背的时候了。这时狗儿们通常会立即大声叫唤着，径直跑到国王身边，国王就会跟它们说："好样的，爱尔克米妮。好样的，戴安娜。让我们来看看谁会是今天的荣誉小姐呢？”两只狗好像听到了某个命令，一起开始大声吠叫，还试图跳到国王的马鞍上去。如果其中的一个的确做到了的话，弗里德里克就会宣布结果：“爱尔克米妮赢了！是的，爱尔克米妮是今天的宫廷小姐，戴安娜要做她的伙伴。”接下来的习惯是，获胜的“小姐”将一整天和国王待在一起。他会和它一起玩，带它去散步或是会见来访者，给它糖和精选的鸡肉块吃，而它的伙伴则要等它吃完才能吃它剩下的食物。

在弗里德里克的晚年，爱尔克米妮代替了他钟爱的比什，成了他最喜欢的伙伴，但是还有许多狗儿们也获得了弗里德里克的喜爱。弗里德里克把他最喜欢的 11 只狗——菲利斯、西比、潘、戴安娜、阿莫里多、苏泼波、帕克斯和露露等，都埋在了无忧宫周围的土地上。每一座简单的沙石制墓碑上都刻着一只狗的名字。埋葬的仪式对于弗里德里克来说也很重要，他亲自把自己钟爱的狗埋进它们各自的坟墓。

每失去一只狗，弗里德里克的情绪都很不好。爱尔克米妮衰老之后，弗里德里克写信给他的兄弟亨利：“我很伤心，我可怜的狗快要死了，为了安慰自己，我对自己说，如果连国王也难免一死的话，那么我可怜的爱尔克米妮也不能再活过来了。”但是，爱尔克米妮的死比预料得更早，那时弗里德里克正在军事演习。不知所措的宫廷侍卫认为应该尽快把它埋葬起来。国王知道后，让人把狗挖了出来，马上回到宫里。然后他轻声对狗说了几句话，声音很轻，没人听见。他把它的棺材放在一个敞开的坟墓中。随后他站了起来，看着附近那些狗儿们的陵墓说道：“不要觉得孤单，我的爱尔克米妮。有一天我也会躺在这里，我们会互相看着对方，直到永远。”

弗里德里克命令，将来他的尸体也被安置在地穴中，靠近他的狗儿们。最后一只和他一起睡过觉的狗也会被埋葬在国王的身边。他临终前只对这只狗说了几句话。弗里德里克临终时，看到他当时最喜爱的狗正躺在地板上。意大利灵猩身体上的脂肪很少，也很容易着凉，它正在那里瑟瑟发抖。他向他的贴身男仆做了个手势，指指那只狗，说道："在它身上盖条被子。"然后他突然一阵咳嗽，就去世了。

虽然就自己的丧葬做了遗嘱，但是将国王埋葬在皇宫的花园里并不妥当。所以，弗里德里克最终被埋葬在波茨坦的嘉里森教堂他父亲的身边。从1786年到1945年，他一直被葬在那里，后因担心俄罗斯军队进攻时破坏他的坟墓，人们才把他重又挖了出来，隐藏到伯恩特罗德附近的一个盐矿里。第二次世界大战结束后，他又被转移到了马尔堡的圣伊丽莎白大教堂，1952年再次转移到斯特加图的霍恩索伦堡，直到1991年，他的遗体才又重新回到了无忧宫。他被埋葬在他的最后一只狗的旁边——我们并不知道这只狗的名字，因为弗里德里克那时已经去世，没有能够在它的墓碑上刻上它的名字，后人也没有去记录它的名字。最终，在他去世了两百年之后，弗里德里克终于如愿以偿，实现了他对爱尔克米妮许下的诺言，现在他和他的犬类家庭成员们躺在了一起。

从某些方面来看，弗里德里克大帝把他对自己的伙伴和对整个世界的看法总结成了一句话，这句话也常常被人们所引用："我见的人越多，就越喜欢我的狗。"

第 6 章

西班牙征服者的狗

克里斯托弗·哥伦布在发现美洲的同时，也在政治、军事和经济上掀开了历史新的一页。对于狗在欧洲人征服新大陆的过程中所扮演的重要角色，大多数人也许并不知道。遗憾的是，这可能算是在人与狗相处的漫长历史中最残忍的一个章节了。然而也正因如此，我们才没有把这段历史从我们共同的记忆中抹去，我们并没有完全忘记曾经发生的一切。

对于现代人来说，尽管哥伦布的一生中有太多的断层和未解之谜，但是对于一点，大部分学者都有共识，那就是克里斯托弗·哥伦布 1451 年出生在意大利的热那亚。他的父亲是一名羊毛纺织工，同时也参与当地的政治活动。他经常把小哥伦布带在身边，这个小男孩很快就学会了怎样与权势人物相处。克里斯托弗和弟弟巴尔托洛梅奥一同在手艺行会开办的学校接受教育，在那里他们学习读书写字。随后他们又继续学习制图、天气预测和最基础的航海术。克里斯托弗曾经在一家书店当职员，正是这份工作使他有机会阅读大量地理书籍，了解过去那些曾经到过非洲和东方的探险家的经历。这同时也让他初次尝到了旅行冒险的乐趣，在他的脑海中，那些遥远的国度里有着无尽的财富等待发掘。

在那个时期，尽管子承父业天经地义，但是时代在变化。那时的热那亚是重要的经济贸易中心。纺织品、食品、黄金、木材、船只供给、进口香料、东方奢侈品，还有最重要的糖，都要在热那亚进行交易。然而，地中海地区的宗教冲突很严重。为了争夺信徒和土地，伊斯兰教和基督教势力之间的战争从未停止过。哥伦布两岁时，穆斯林控制了君士坦丁堡。随着爱琴海市场的失去，热那亚采取了一种极具现代意识的对策——输出知识人才。很快，里斯本、塞维利亚、巴塞罗那和加的斯等城市引进了许多热那亚航海专家，特别是经验丰富的水手和造船工程师。除此之外，热那亚的商人、银行家和其他金融经营方面的好手也参与其中，以保证新兴的航海业的成功。因此，哥伦布决定出海谋生并不稀奇。他先是在船上当了一段时间的普通水手，他的优秀的航海才能和绘图能力逐渐显露出来，很快就成为一名高级船员。

在一艘海盗船上的经历是他职业生涯的重要转折点。船主法国人勒内·安茹觊觎那不勒斯王位已久，这次出航是为了突袭一艘开往南非的大型西班牙帆船。每个参与的水手都能分到一份战利品。作为一名高级船员，哥伦布得到的那一份足以让他开创自己的航海事业。此后他又在其他船上做过各种各样的工作，最后他终于能够自己带领船只出航了。在这些年里，他从未间断对气象、洋流和航海术的学习，同时他也被来自异域的财宝深深打动了——那些财宝往往在偏远的地方被发现，运回来就能赚到很大一笔钱。

关于哥伦布的最主要的传奇，应该是他为证明地球是圆的而一直向西航行并最终抵达东方。事实上，这一说法是错误的，因为在古希腊和古罗马时代，关于地球是个球体的理论就已经形成。那时的第一位宇宙结构学家就提出，地球表面有一大片水域和一大片陆地。在这片陆地的一边是欧罗巴，而另一边则是亚细亚。如果这一理论成立，从欧洲到中国就不用向东穿越危险而广阔的大陆，而是直接取道海路向西就可以到达亚洲各国了。对于中间究竟有多远的路程，早期的地理学家也没有统一的观点。比如，在古罗马时期托勒密绘制的世界地图上，围绕已知的大陆外是海洋的轮廓，而在靠近中央的地区则标上了“无法通航”的标记，因为海是无边无际的。哥伦布很认同托勒密对于世界基本轮廓的描绘，但是他并不认为海是没有尽头的。很快他就得到了证明自己这个想法的机会。

因为葡萄牙统治者亨利王子（随后他被誉为“航海者”亨利王子）的关系，哥伦布来到了葡萄牙。在亨利的鼓励下，葡萄牙人成了极为活跃的探险家，与非洲沿岸贸易往来密切。哥伦布在葡萄牙停留期间，他和出自葡萄牙贵族之家的费莉佩·佩雷斯特雷洛·莫尼斯结为夫妻。尽管这个家庭并不富裕，但却与葡萄牙宫廷和国王有着直接的联系。正是利用这层关系，哥伦布才得以接近那些重要的地图和文献。大西洋上一个葡属小岛的总督有一笔可观的宝物，里面有大量珍贵的资料文献，其中就包括详细记录洋流变化的图表。此外还有当时水手的笔记，里面详细描述了他们随着从西而来的洋流漂浮，这也就间接说明在海的西方有大陆的存在。哥伦布开始与已上了年纪的佛罗伦萨的保罗·德尔·波佐·托斯卡内利通信交流。托斯卡内利是宇宙结构学家和物理学家，他认为如果向西一直航行三千多海里就能够到达东方（部分根据哥伦布所提供的信息）。

哥伦布强烈地渴望西行探险。谁能开辟一条更快捷的通向东方的航线，谁就能获得无上的荣誉和无尽的财富，而这荣誉和财富也将属于给予他支持的国家。那时候的欧洲人已经知道亚细亚盛产名贵香料和贵重织物，遍地黄金的传说也广为流传。而更加诱惑人的或许是获得更大权力的可能性，因为很多人相信那片土地的占有者并不先进。通过让或许是更文明并且掌握着先进技术的欧洲人进行殖民，能够提供大量的廉价劳动力，或许还有现成的、可供消耗的步兵来保卫自己的家园。

最后还有宗教问题。那时是宗教紧张时期，而哥伦布是虔诚的天主教徒。教皇庇护二世在他的著作中曾经详尽论述，教会要不断引导（和操纵），让众多不信上帝的异教徒信仰耶稣。这也大大激发了哥伦布的宗教热情，他的名字也被赋予了新的意义——克里斯托弗（Christopher），也就是"高举基督的人"。他决心不仅要寻找财富，还要完成更神圣的使命。1500 年，哥伦布回想当时的探险时写道：

> 上帝用一只我能够感受到的手引领着我的思绪，我明白这（向西航行到亚细亚）是可能的……上帝坚定了我完成这项任务的决心……上帝决定了去印度群岛的航行必将有奇迹发生……是上帝让我成为新天国的送信人。

哥伦布还常说，《圣经》里的话语一直指引着他，这些话好像就是为了他而写下来的，如同某种预言。他还特别引用了《以赛亚书》（60：9）中的一段：

> 众海岛必等候我，首先是他施的船只，将你的众子连他们的金银、从远方一同带来，都为耶和华你　神的名、又为以色列的圣者，因为他已经荣耀了你。

从他把自己远航的目的看做是同时为了金子和上帝来看，我们就不难发现《圣经》中这段话何以如此吸引他。

哥伦布的当务之急是找到一个资助他的航行的皇室。对一个 15 世纪的探险家来说，皇室的资助是必不可少的，因为只有君主才能对新占领的土地宣布主权，使所有新发现合法化，并协调外交关系。如果要建立新的殖民地，君主的支持也是不可或缺的，因为新开辟的殖民地也只有君主才有能力保护，如颁布法律及监管财富的开发和分配。任何个人，即使那些有权有势、家财万贯的商人或者银行家，也不可能同时拥有这些权力。要启动并将新的探险和发现继续下去，不但要有强大的经济后盾，还要有强有力的政治和军事基础。

哥伦布首先找到葡萄牙的皇家资助人，希望能从他妻子的家庭关系以及葡萄牙历史上自航海者亨利王子以来的探险传统中获得帮助。葡萄牙国王把哥伦布的计划转交给他的地理学委员会处理，他认为哥伦布低估了航距，并且高估了可能的收益。哥伦布后来又带着他的计划去了法国、英国，最后来到了西班牙。尽管西班牙女王伊莎贝拉对于向西横跨大西洋的计划很感兴趣，但是此前她一直忙于在卡斯蒂尔地区同穆斯林的战争，因此她和国王费迪南德专门召集专家，请哥伦布将他的大西洋计划在专家委员会上做一陈述。那些所谓的萨拉曼卡的智者们最后得出结论："哥伦布船长的主张和承诺是徒劳无益的，应当予以拒绝……西海是无边无际、不可通航的。对跖地（也就是在地球另一端的陆地，哥伦布航行的目的地）是不存在的。他的想法太不切实际了。"

然而哥伦布并没有就此放弃。1491 年，他又开始了新的尝试。这一次出现了戏剧性的转折。费迪南德和伊莎贝拉刚取得了格拉纳达一战的胜利，将穆斯林人赶出了西班牙。国内相对平静的局势恢复了，使他们可以腾出精力着手其他的事情。相比于行军打仗的花费，他们觉得哥伦布的冒险花费甚小，但却可能得到巨大的回报。关于伊莎贝拉女王变卖珠宝购买船只的故事只不过是个传说；皇室的财政顾问提议让帕洛斯城提供远航所需的两艘船，以抵偿他们所欠的债务。除此之外，意大利也同意承担部分费用。这也就意味着西班牙皇室并不需要从自己的腰包里拿出很多钱。

1492年9月，哥伦布开始了他的航行，目的地是东方。传说他的大部分船员是监狱里的囚犯，然而事实恰恰相反，他们都是平松兄弟招募到的经验丰富的水手。平松兄弟是船队中一艘船的船主，也在船上工作。船上有几名政府官员，但是没有牧师、士兵、移民，也没有狗。这是一次规模很小的探险航行，除此之外别无其他目的。出航的船只都很小，长度不及一个网球场，宽不到30英尺。哥伦布身材高大，在他的隔间里根本就直不起腰。船队只有90个人——“圣玛丽亚号”有40人，“平塔号”26人，其余24人在“尼娜号”上。甲板上堆满了可供一年的给养，哥伦布根本没有想过还需要几只狗。

尽管第一次出航花了一个月的时间，但他们却一无所获。船队停靠在圣萨尔瓦多，这些欧洲人看到“像刚出生时一样浑身赤裸”的人带着许多水果和树木朝他们走来。哥伦布和他的船长们全副武装地上了岸，但是当地的人们给了他们最热烈的欢迎。当他展开皇室的旗帜、并宣布从现在起天主教将接管这片土地时，当地人对这突如其来的西班牙统治竟然没有一丝一毫的反抗。用他自己的话来说：“我发现用爱而不是武力，把他们（从他们原来的异教信仰和不开化的生活中）解放出来，让他们皈依我们的神圣信仰，那样会更好。”在新大陆，他也遇到一些本地狗，但是这些狗并不会叫，看起来只是作为食物饲养的。因为这没有给哥伦布留下什么深刻的印象，所以在他带回西班牙展览的奇珍异宝中没有加上几只这样的狗。

当哥伦布继续前往古巴和附近岛屿探险时，他遇到了麻烦。“圣玛丽亚号”搁浅了，根本无法修复。他认为那只是个小问题，不管怎么说，他们因此而有了搭建堡垒的木料，多余的船员也可以在此开辟第一个殖民地。他把一批船员留了下来，叮嘱他们好好对待当地人，不许“伤害”妇女。他们的任务就是寻找金子，还有一个能够长期驻扎的合适地方。他向当地酋长瓜卡纳加利保证自己怀抱着和平的愿望而来；他还将这个新殖民地命名为拉纳维达德（意为“圣诞弥撒”——译者注）。

1493年，哥伦布开始第二次探险，这一次与上次大不相同，规模庞大，共有17艘船，1200人（包括水手、士兵、殖民者、牧师、官员和宫廷里的人），许多马匹和20只狗。带上狗的建议是唐·胡安·罗德里格斯·德·丰塞卡提出的，他是塞维利亚副主教，同时也是国王和王后的私人牧师。唐·胡安负责保障给养和提供航行所必需的设备。在他看来，这些獒犬和灵猩就是武器，和火枪、佩剑没什么区别。

西班牙军队刚刚认识到，在与几乎没有盔甲防护的人肉搏时，狗的作用很大。当西班牙从葡萄牙手中抢来加那利群岛之后，当地土著关契斯人进行了顽强的抵抗。关契斯人聪明勇敢而又骄傲，葡萄牙人也始终没能征服他们。这一次，西班牙人放出大型战犬来对付他们，这就给当地人带来了灾难，死伤不计其数。西班牙军队意识到了狗在战斗中的重要作用，于是决定在和格拉纳达的摩尔人较量时也放出战犬。身体防护甚少的穆斯林战士根本不是獒犬的对手，那个时代的獒犬重达250磅，站起来肩膀离地的距离近3公尺。即使是隔着厚厚的皮质盔甲，它们强有力的爪子也能穿透敌人的骨头。那个时代的灵猩体重也超过100磅，站起来肩膀离地30英寸。即使是小型灵猩都能轻易将人掀翻在地，它们猛烈的攻击能在几秒钟之内使敌人开膛破肚。此次哥伦布的航行队伍中，就有几个曾在格拉纳达驯养犬只帮助打败摩尔人的驯犬师。

丰塞卡之所以提议带上狗，是因为他预感到此行将会困难重重。国王和王后都希望善待印第安人，当然，还要这些印第安人迅速皈依基督。他们还希望哥伦布一行尽快定居下来，建立社区和贸易中心，把原材料和值钱的货物装船运回西班牙。丰塞卡意识到这两个目标根本无法同时实现，必须在传道和利益之间折中。为了满足皇室对利益的追求，殖民者势必要用武力逼迫当地人做工，甚至将他们变成奴隶。即使印第安人真像哥伦布所描述的那样平和，但是要建立一个专门压榨劳动力的新政权，恐怕不会被接受。进一步说，如果要摄取资源和财富——当然还包括土地——这些都要有武力来支持。考虑到当地人只有轻武器而且没有盔甲，狗是最合适的高压统治工具。哥伦布带去的20只狗，以及随后运来的一些犬只，最终在新大陆的土地上留下了斑斑血迹。

回到美洲大陆，哥伦布所做的第一件事就是到他建立的第一个殖民地看一看。船上所有人都跃跃欲试，他们热切地期盼着上岸去寻找黄金，建立新的殖民地。当接近拉维纳达的时候，船员鸣炮示意他们的到来。然而，岛上没有任何回应——没有人鸣礼炮，也没有人挥舞旗帜回礼。当他们来到驻扎的地方，惊恐地发现驻守在拉纳维达的人全都被杀，就连原先的堡垒也被付之一炬。他们进而寻找同胞的踪迹，发现了一个大冢，里面埋葬着几个西班牙人；哥伦布的好友瓜卡纳加利酋长的村子也被完全摧毁。当时的情形也无从知晓，但是村里流传的说法是，那些移民后来变得愈加贪婪，不断索要财物和食品。之外，他们还强奸了若干印第安妇女，残酷地对待当地人。作为报复，印第安人把他们的居所夷为平地。更重要的是，他们开始变得对欧洲人充满敌意，并且把消息传给各个部落。如此看来，丰塞卡要带上狗的主意是对的。

印第安人和欧洲人第一次武力交锋，也就是狗在新大陆作为军事工具的第一仗。1494 年 5 月，哥伦布靠岸牙买加，也就是后来的波多布伊诺。船只需要木料和淡水。他看到了一群聚集起来的当地人，身上画着五颜六色的花纹，手中拿着武器。哥伦布还沉浸在愤怒中，时刻在寻找机会，为拉维纳达报仇。他认为西班牙军队的绝对优势或许足以将印第安人吓倒，从而避免引起更多的敌意。三艘船先靠了岸。士兵们剑拔弩张，徒步涉水上岸，挥舞佩剑与印第安人搏斗，留在船上的人则继续射箭掩护。欧洲人的攻击是如此凶残，这令印第安人大吃一惊；而当他们看到一只战犬被放出之后，就完全陷入了恐慌。这只疯狂的大狗撕咬着他们裸露的皮肤，他们很快身负重伤四散而逃。舰队司令随后登岸，宣布这里已经属于西班牙皇室。哥伦布在他的航海日记中写道，这件事情证明了在和印第安人打仗时，一只狗可以抵上 10 个士兵。不久他又重新做了估算，认为在这样的战斗中，一只狗足以抵上 15 个士兵。

此后欧洲人的登陆攻占基本都采用了这种模式。真正要掠夺和控制领地的时候再使用武器，而狗就用来威慑当地的印第安人。当哥伦布深入伊斯帕尼奥拉岛（西印度群岛的一个岛屿，包括海地和多米尼加共和国）内陆探险时，他放出战犬追逐印第安人，根本就没有遇到抵抗。当地很多印第安人被狗咬死，活下来的则被抓到塞维利亚的奴隶市场出售。

有一群印第安人被狗围困在海湾的岸边，等待西班牙士兵将他们带走，其中就有那个叫做瓜卡纳加利的印第安酋长和他的两个同伴。西班牙人决定在第二天清晨吊死瓜卡纳加利酋长等人，然而当晚他们咬断了身上的皮带逃跑了。瓜卡纳加利酋长决心将西班牙人从自己的家园赶出去，开始组织大规模的抵抗运动。这些印第安人先是不再种植玉米，接着又弄走了他们所有的牲畜，以此削弱侵略者的力量。哥伦布对这种饥饿战术大为火光，召集队伍准备在酋长发起攻击之前行动。但大部分人因为食物短缺而生病或者变得很虚弱，最后哥伦布只凑齐了一支两百人左右的队伍，但是他们却配有20只训练有素且凶残的战斗犬。1495年3月，欧洲人和当地印第安人的第一场激战在维加雷亚尔爆发了。

瓜卡纳加利的队伍有数千人，在数量上远远胜过西班牙人。哥伦布把战犬交给阿朗孛·德·奥赫达。他身材矮小但勇气十足，性格非常残暴。他常常将自己那些令人毛骨悚然的行径标榜为向圣母玛丽亚致敬，并且他总是将一幅小圣母像带在身边。奥赫达是在与格拉纳达的摩尔人作战时学会使用战犬的。他首先将战犬集中在右侧翼较远的地方，一直等到战斗进入白热化之时才大喊一声："Tómalos!"（意为"咬他们"或者"抓住他们"），将20只獒犬全部放出。狂怒的战犬给当地战士来了个突袭。它们攻势密集，疯狂地扑向赤裸着的印第安人，撕咬着敌人的喉咙和腹部。只要有印第安人倒下，战犬就迅速将他们开膛破肚并扯成碎片。一个接一个的敌人变成了血淋淋的尸首，这些战犬撕裂了整个印第安队伍。那场战斗的一个观察员——传教士巴托洛梅·德·拉斯·卡萨斯回忆说，在不到一个小时内，每只狗至少撕碎了100个印第安人。考虑到他的读者可能不相信这一点，拉斯·卡萨斯还解释说这些战犬最初是被训练去狩猎的，对它们来说，撕碎那些裸露的人类肌肤远比鹿和野猪的皮毛要容易得多。除此之外，正如丰塞卡所预料的，战犬已经开始噬食人类的血肉了。

维加雷亚尔一战让哥伦布充分意识到，他的这些狗完全可以被当成对付新领地上敌人的一件利器。原来他要独自一人在乡间开辟新领地，现在他有了狗的帮助。最后，通过武力威胁和这些战犬的恐吓，哥伦布将伊斯帕尼奥拉岛上所有的部落首领都置于自己的控制之下。

在那之后的每次美洲之行，这些西班牙征服者都会带上更多的战犬，他们已经完全把战犬当做强有力的武器了。那些人们熟知的名字，比如彭德·德莱昂、巴尔沃亚、贝拉斯克斯、科尔特斯、德·索托、托莱多、科罗纳多和皮萨罗，他们在镇压当地印第安人时都用到了狗。他们给这些狗喂食印第安人的尸体，刻意培养它们对印第安人血肉的嗜好。很快，这些狗在追踪印第安人的踪迹时变得异常灵敏，它们甚至可以分辨出欧洲人和印第安人行踪之间的不同。

这些西班牙统治者所做出的最为残忍的事情，莫过于用狗来执行死刑了。放狗撕咬各个部落的酋长或部落高级成员，这种刑法被称为"狗刑"。眼睁睁看着他们的首领被活活撕碎，让印第安人极度恐惧。他们最终只好听命于西班牙人，以免遭受如此酷刑。

残忍的侵略让士兵也变得暴虐成性。有些士兵纵狗撕咬印第安人，只为了看他们被折磨致死，并以此为乐。有时他们还要为此而赌注，看究竟狗会先把哪里抓出血来，或者致命的一击会落在哪个部位、过程是怎样的，或者这印第安人要多久才会死。尽管对于如此野蛮的行径的谴责也传回了西班牙本土，但是无济于事，根本无法制止残暴的继续。

就在这些狗被当做单纯的武器和折磨人的工具时，它们中的一些渐渐开始小有名气，它们的名字也因此被写入了当时那段历史：阿米戈，它的主人努尼奥·贝尔特兰·德·古斯曼在征服墨西哥的过程中扮演了很重要的角色。布鲁托，它的主人埃尔南多·德·索托是夺取佛罗里达的关键人物之一。事实上，布鲁托死的时候，它的死讯是被严格保密的，因为仅仅是提到它的名字，就足以让印第安人闻风丧胆，乖乖就范。还有贝塞利奥，胡安·彭斯·德莱昂的爱犬。贝塞利奥的儿子，里昂西索（意为"小狮子"），则是瓦斯科·努涅斯·巴尔沃亚的得力战犬。里昂西索能够主动判断形势，然后做出恰当反应。当它接到出击的命令之后，能立刻扑上去狠狠咬住那个印第安人的手臂。如果被咬住的印第安人不反抗挣扎，而是听从命令，它就会松口把他完好地带给巴尔沃亚。如果遭到反抗，它则会毫不犹豫立刻杀死他，撕成碎片。里昂西索是如此难得的得力助手，因此它被授予下士头衔，享有津贴并且有权分享黄金等一切战利品。

当人们回顾侵略美洲时犬只所上演的那段血腥历史时，都不禁会怀有几乎相同的感受。我们对那些狗的行为感到羞耻，惊讶于竟能将如此凶残的生物作为自己最亲密的伙伴。然而，有一点我们无法否认的是，勇气、智慧和忠诚是狗与生俱来的特点——而不是道德感。是这些狗的人类主人将自己的是非观念灌输给它们；在冷酷的士兵手里，它们被训练成致命的武器。别忘了在审判一桩谋杀案时，被送上审判席的不是谋杀所使用的凶器，而是使用凶器的那个人。那些指挥战犬的西班牙征服者才是罪魁祸首，而狗只是勇猛地尽职效忠而已。

狗除了带来那个时代的残酷之外，还引发了一次意外，让侵略者们开始反思他们所作所为是否道德，尽管这样的反思只持续了一段很短的时间。这只狗就是贝塞利奥，胡安·彭斯·德莱昂的爱犬。贝塞利奥体型庞大（它的名字的意思就是“小公牛”），历次战斗在身上留下的疤痕让它看起来显得更加可怕。因为它的主人彭斯·德莱昂身为波多黎各总督而公务繁忙，所以经常负责照看它的是迭戈·德·萨拉扎上校。萨拉扎上校目无法纪，为人凶残，常常恐吓、镇压印第安人，让他们听命于西班牙人的统治，而贝塞利奥就成了制造恐怖威胁的绝好武器。一旦有人对征服者表现出一丝不满，萨拉扎就指使贝塞利奥把他撕碎，而这一切都要公开进行，以达到杀一儆百的作用。

战场上的狗极具毁灭性。一次，当地人决定联合起来消灭所有基督徒，他们推选出酋长瓜隆内克斯，准备组织一次突袭，目标即是萨拉扎所在的村子。那天午夜，悄悄潜入的印第安人准备纵火烧毁所有的草屋。然而就在那时，贝塞利奥突然狂吠，惊醒了西班牙士兵。萨拉扎大喝一声，从床上一跃而起，浑身赤裸，除了手中的佩剑和盾牌外。他带上贝塞利奥就冲出门去加入了战斗。印第安人的棍棒和标枪根本不是西班牙利刃火炮的对手，而他们裸露在外的皮肤更不能抵抗贝塞利奥锋利的牙齿。尽管战斗只持续了半个小时，结束后西班牙人还是惊奇地发现，竟有 33 个印第安人死在贝塞利奥的利齿下。随后的几个月中，萨拉扎带着贝塞利奥追杀瓜隆内克斯和其他逃跑的印第安人。印第安人是如此惧怕这只怪兽，以至于宁愿单独对抗 100 个基督徒，也不愿意和 10 个带着贝塞利奥的欧洲人交手。

有一次，离彭斯·德莱昂在卡帕拉总督府不远的地方，萨拉扎和贝塞利奥粉碎了一次印第安人的反抗行动。战斗结束后，总督还要几个小时才能到来，那些在等待中的西班牙士兵无所事事。萨拉扎决定搞一次野蛮的娱乐活动来解闷。他叫来一个印第安老妇，给她一张折好的纸，并吩咐她沿着这条路把这封信送给总督。如果她不按照吩咐去做的话，就把她拖去喂狗。印第安老妇听了这话非常害怕，但也同时希望这个差事能让她的人民获得些许自由和喘息之机。然而她还没有走出多远，萨拉扎就狞笑着放出了贝塞利奥，大喊一声："Tómalos!"给它发出出击的命令。大狗向她扑了过去，一旁的士兵开怀大笑，等着看贝塞利奥把这老妇人撕成碎片然后再吞下肚去，就像它从前对付那些印第安人一样。

这个不幸的老妇人看到大狗龇着獠牙冲她扑过来，吓得跪在地上闭上眼睛，然后轻声地用她自己的语言卑微地恳求道："求求你，狗大人。"有人听到她说，"我在去给基督徒送信的路上。求求你，狗大人，请不要伤害我。"

谁也不知道那时贝塞利奥在想什么，当时在场的人都说这只狗表现出了像人一样的智慧和怜悯。也许是因为那个老妇人做出了没有任何威胁而谦卑的动作，也许是她轻柔的祈求平息了贝塞利奥的杀气，让它感到她毫无伤害它的意图。贝塞利奥紧紧盯着老妇人的脸，她小心翼翼地用双手捧着那张纸在胸前——证明她说的都是真的，又仿佛是把这张纸片当做盾牌躲在后面。然后这个无畏的杀手从惊恐的老妇人面前走开了，抬起后腿冲她撒了一泡尿。贝塞利奥走到一旁，看着老妇人颤抖着站起来回到西班牙士兵那里，他们本来是要杀死她的。

萨拉扎和他的队伍对贝塞利奥太了解了，他们早已看惯了从它嘴中滴下受害者鲜血的场面，然而这一次的情形让他们大吃一惊。在他们看来，唯一的解释只能是神灵的介入。这些凶残的恶作剧者在一只猎犬的仁慈与宽厚面前无地自容。毋庸置疑，这件事使他们羞愧难当。不多时，彭斯·德莱昂来了，有人告诉了他刚才所发生的一切。

总督惊异地摇了摇头。“放了她，”他命令道，“把她安全地送回到她的人们那里。从现在起，我们离开这里吧。我不会允许一个真正的基督徒的怜悯宽恕之心竟还不如一只狗。”

第 7 章

苏格兰作家的狗

对于狗之做伙伴、卫兵，甚至是武器，人们很容易理解。然而谁又能想到狗在文学中也占有一席之地呢——除了作为小说描写的对象，比如《灵犬莱西》、《野性的呼唤》、《巴斯科维尔德猎犬》，在我们的文学和文化史中，狗因其对作家的激发和鼓励而扮演了重要的角色。

一提起骑士和盔甲，很多人马上就会想到那个经典场面：年轻的骑士艾凡赫身受重伤，躺在比武场上，看起来他失去了一切。然后，不知从哪里冲出来的黑衣骑士，前来挑战邪恶的约翰王子的诺曼冠军，挽救了被压迫的萨克森人的荣誉。《艾凡赫》中这扣人心弦的一幕屡屡被搬上电视和电影荧幕。人们很难相信这部经典著作的诞生——像很多其他经典一样，比如《罗布·罗伊》、《昆廷·达沃德》和《护身符》——是与狗有所关联的。然而事实上，这些书，这种被我们称做历史小说的写作风格，恰恰是源于作家对狗的热爱。我们这个故事中的关键人物就是瓦尔特·司各特爵士。

1771年，瓦尔特·司各特生于爱丁堡。他还在很小的时候生了一场大病（很有可能是小儿麻痹症），他的右腿跛了。当时普遍认为，如果能在乡下住上一段时间的话，对他的康复会很有帮助，因此他被送到了位于苏格兰边界的祖父的农场，以便早些康复。就是在那段时间里，司各特学会了如何与人及与狗轻松愉悦地相处。

司各特的祖父养了许多牛羊，他也是个养马的好手，这就意味着整个农场里充斥着各种工作犬，比如放羊用的柯利牧羊犬和驱赶家鼠等害兽用的㹴。还有几只灵猩和追踪犬，偶尔打猎的时候用。牧羊人和农场工人让小司各特到处跑，随心所欲地去任何地方，遇到崎岖不平的路，他们还常常背着小司各特走。小司各特和工人们说话，看他们干活，很快彼此成了好朋友。这段早年的经历使司各特掌握了一系列技巧，在今后的日子里和不同阶层的人相处融洽。这种能力使司各特受益一生，无论是做一个律师，还是在乡间收集民谣和故事时。同样，他在动物身边也感到舒适安逸。他很喜欢动物。知道农场里所有狗的名字，他甚至能通过身上的标记认出大部分绵羊。他的叔叔送给他一匹小马，他很快就学会了驾驭它。他还时常模仿大人，骑着小马，带上狗，在乡间狂吠奔跑，假装打猎。

司各特主要由祖母和姨妈简来照顾，她们还会花很多时间读书给他听。小司各特经常带一只狗进屋，在她们读书的时候，他就倚着那只狗。有时候，他还会把狗当做枕头，他能一只耳朵听着史诗和经典故事，一只耳朵听着狗的富有节奏的心跳声。因为他是整栋房子里唯一的孩子，他总是吃得太多，后来他说那时自己就是个“乳臭未干的坏小子”。童年时代，小司各特像他的长辈一样，对故事和苏格兰边境的历史产生了浓厚兴趣。因为不能总是读书给他听，姨妈在他很小的时候就教他认字了，这样当他独自一人时就不至感到沉闷。少年时期的司各特学东西很快，不久便开始贪婪地阅读一切含有情节和故事的书，包括历史、戏剧、童话、小说和史诗。

司各特到了上学的年龄时又回到父母家中。尽管这所房子里有六个孩子，但由于他身体孱弱，需要特别照顾，因而成了母亲最宠爱的孩子。这段时间里，他一直睡在母亲的更衣室内，那是主卧旁的一间小屋。这间屋子有几个特别之处：一组书架，上面有莎士比亚的几部戏剧，还有些其他经典著作；房间有一个分开的门，能让司各特藏一只狗在里面。他在后来写道："我怎能轻易忘记那时的喜悦，穿着长睡衣、借着壁炉的火光熬夜看书。小黄狸灵敏的耳朵探测到家人吃完晚饭时的嘈杂声，它在提醒我该爬回到床上去了。按规矩，9 点之后我就应该乖乖地躺在那里。"

以那个时代的标准来说，司各特的家人都是受过良好教育的，极富修养。他的父亲是一名律师，他的母亲是医学教授的女儿。父母的理性和在诗歌及故事中所了解到的那些苏格兰人特有的浪漫传统，最终在司各特的身上形成了高度统一。他依然是个贪婪的读者，很快他的阅读范围就扩大到了所有的文学领域；然而，他最钟爱的还是在祖父的农场里听到的历史民谣和苏格兰传说。

司各特的两个哥哥所从事的职业使他们成为当时令人尊敬的绅士——一个是海军军官，一个是陆军军官。他的两个弟弟看起来都难成大器，因此他的父亲决定由他来继承自己的事业，学习法律。司各特在爱丁堡完成学业之后，便在父亲的律师事务所里做了五年的学徒。

司各特开设了自己的律师事务所之后，发现自己更擅长文学而不是法律。比如说，他十分擅长写报告，其中有起诉官要用到的正式指控和犯罪描述（区别于大陪审团提交的正式指控）。尽管他的客户大多是贫穷的囚犯，付不起很多钱，但他还是能勉强维持律师事务所。

但他在杰德堡巡回工作时，发现那里的客户基本上都是当地的偷猎者和盗羊贼。对于他的客户来说，糟糕的是，尽管他的辩护词幽默风趣，富有文学气息，但是通常都不大成功。比如说，有一次他为一位牧师作辩护，那位牧师被指控“玩弄情人”、并且醉酒后唱可疑歌曲。司各特将辩护重点放在词语的含义上，他试图把偶尔醉酒和习惯性醉酒严格区分开来。尽管当庭法官、起诉官员和那个倒霉的牧师都一致认为他的辩护词引人入胜，但是他最终还是输掉了官司。

年轻时的一件事，给晚年的司各特挑选狗种带来了深远的影响。当时，司各特被指派为一个夜贼辩护，虽然这个家伙的确是有罪的——不仅是这一项指控，还有许多其他指控，但是这一次他成功了。作为一个罪犯，司各特的客户根据自己犯罪的经历，告诉他以下经验：“一定要在家里养一只会叫的㹴，而不是一只大狗。你也许觉得大狗更具威慑力，但是它们大部分时间都在睡觉。体型不是最重要的，关键是要声音大。”司各特听取了他的建议，此后总要养几只㹴在身边。只要有人靠近房子，这些警觉的小狗就开始大声地吠叫。

虽然司各特最喜欢文学，但他仍然希望能在法律生涯中有所建树，希望有朝一日能够成为一名法官。他交游甚广，跟许多人有接触，最后他终于接到了塞尔扣克郡郡长的任命。这是一个良好的开端，此后的生活便有了保障。几年后，他获得了爱丁堡高等民事法庭庭长的职位，这给他带来了更加丰厚的收入和更高的威望。然而他对文学的浓厚兴趣总是将他从法律事务中转移，使得他在法律界的升迁停滞不前。他花了大量时间阅读意大利文、西班牙文、法文、德文、拉丁文和希腊文作品，甚至还出版了几本翻译作品和修订本。

出于对苏格兰遗产的热爱，司各特成了他自己所说的“民谣收藏家”。在这个方面，他的工作给他提供了极大的便利。许多民谣就是他作为郡长在乡下巡视时采集的。司各特超凡的能力使乡下人对他敞开心扉，从而为他提供了许多宝贵的资料。许多乡下的百姓对一切跟法律有关的官员心存芥蒂，受过教育的人在身边会使他们感到不安，此外，他们对从爱丁堡这样的大城市来的人极不信任，而瓦尔特·司各特具备了所有这一切，看起来最不可能赢得乡民的喜爱，而正是这些乡民才是知道他所需要的那些晦涩民谣的人。在这种情况下，司各特和普通人交往的技巧以及他和狗的特殊关系，给了他莫大的帮助。

在乡下，几乎没有哪座农场和房子没有狗，通常还会有许多狗。罗宾·肖特德被指派为司各特巡视期间的向导和伙伴，他后来描述了司各特是如何通过狗而获得狗主人的接纳的。有一次他们到了一个农场，农场主正在家中等待他们的到来。虽然主人答应给他们提供住宿，但是他对在家中招待“如此上等的城里人”还是心存疑虑。当肖特德走到门前时，农场主正在一脸狐疑地打量着他们，而司各特从马上跳下来，很快就和前来迎接陌生人的一群㹴和猎犬混熟了。不管什么品种的狗都好像对司各特有特别的好感，而他只要和身边有四条腿的动物一起玩耍，总是很快就忽略了旁边的人。农场主看到了这一切，摇了摇头，笑着打开了门。他转向肖特德小声说：“我说，罗宾，我要是再害怕他我就被魔鬼抓走。我觉得他和我们一样，都还是个孩子。能跟狗如此亲近的人，我们农民才能跟他谈得来。”

这一次，就像多次发生过的一样，在和狗玩耍之后，司各特被诚挚热烈地邀请留下过夜，第二天他就会带着几只特别的民谣和故事离开，这些都是前天晚上，他在昏暗的小屋里和主人一起饮酒谈天时得来的，当然那时总有几只狗卧在椅边。

司各特很快就发表了一些收集的民谣。最早的一批是由其他语言翻译过来的，不久，他对边区民谣的热爱就结出了丰硕的成果：《苏格兰边区歌谣集》。这本书不仅仅是司各特对听来的歌谣进行逐字逐句地誊写，他对其中的场景也做了重组（那些场景往往在一遍遍传颂中有所丢失），使其恢复了原貌。这种尝试有时带来的是有震撼力的诗篇，充满浪漫丰富的情调。随后，他采用收集来的民谣中一些题材和故事结构，重新创作了长篇叙事诗（比如《湖上夫人》），这些作品在原创文学中占有一席之地。所有这些，使司各特成了一位有名的诗人，事实上，他的确被授予英国桂冠诗人的称号，但是他拒绝了。

书的持续畅销，不仅让司各特的文学声望不断攀升，也给他带来了丰厚的收入。这为他最终在阿伯茨福德的家完成梦想提供了条件。阿伯茨福德庄园给司各特夫人提供了足够的场地和摆设，充分满足她招待客人的热情，还给这对夫妇提供了生儿育女的空间。对司各特来说，狗的重要性仅次于家庭，他的一生都离不开它们。比如说，司各特的工作室总要设计得使狗能够陪着他。有一次他跟朋友说，他发现如果没有一只狗在他脚下趴着，他什么都写不出来。

当时房子里有好几只狗，其中包括一对灵猩——道格拉斯和珀西，它们常随司各特外出打猎，十分擅长捉野兔。它们都是一刻不得安静的家伙，常常在司各特写字台旁边休息。不过司各特发现最好是始终将书房的窗户打开，方便它们随时进出。

另一个更可信赖的写作伙伴是坎普，一只斗牛㹴。司各特描述它“力气极大，长得很漂亮，对人类有极为敏锐的判断力和挚诚的感情，但是对自己有一点凶”。司各特在书桌边工作的时候，坎普几乎从不离开书房半步；司各特跟它讲话的时候，它也会殷勤地抬起头看着他。这种事情常有，因为司各特习惯于把狗当做人，跟狗说话。也许正是由于不断接触到人类的语言，坎普有了很强的领悟力。因此在几年后，它的后背受伤，再也不能像新来的狗那样陪着主人骑马打猎时，这只老狗还是会躺在地上，等着有人告诉它主人将从哪条路回来。如果家里有人对它说：“坎普，我的好伙计，郡长从水路回家，”它就会挣扎着爬起来走到河边；如果“郡长要从山那边回来”，坎普就会转身朝另外一个方向去等待。

华盛顿·欧文曾经详细记述过司各特和他的狗之间的相互影响。欧文是一位美国作家，他的作品《李伯大梦》和《沉睡谷传奇》家喻户晓。有一天他去拜访司各特，“我们一起散步的时候，他时不时地要打断谈话看看他的狗，跟他的狗说几句话，就好像它们也是懂得理性的伙伴一样。并且事实上，这些人类忠实的伙伴看起来的确从与他亲密交往中获得了相当多的推理能力。”

后来，一只名叫布兰的灵猩有幸坐在司各特身旁，让弗朗西斯·格兰特将它画入主人的肖像。有一次正在画像的时候，布兰觉得这一次持续的时间已经足够长了，于是就站起身来，用鼻子去碰司各特握笔的那只手。

“你看，格兰特先生，布兰觉得到了该去山上散步的时间了，”司各特说，当画家要求他再保持一下刚才的姿势，让他把手的部分画完时，司各特转过身，很认真地向他的狗解释道：“布兰，我的好伙计，你看到那位先生了吗？他正在给我画像，他想要我们忍耐一小会儿，这样他就能把手的部分画完了。所以你再躺一下，等会儿我们就去山上。”

布兰十分认真地看了看司各特，看起来它好像听明白了，听话地蜷缩在毯子边上。司各特对画家说：“你瞧它，如果人们能把话说得慢一点，用强调的语气与狗说话，它们其实能听懂很多，比我们想象的要多。”

司各特的爱犬坎普生病以后，他一直尽心尽力地照顾它。当坎普不能吃东西时，瓦尔特·司各特爵士就一勺一勺地喂牛奶给它，直到它康复为止。几年后，坎普死在爱丁堡。司各特把它埋在花园里，这样从他的书房里就能看到它的墓。全家人围在它的墓前泣不成声。那天晚上，瓦尔特爵士本来要去参加一个很正式的晚餐，但是他没有去，理由是“一个最亲爱的老朋友去世了”。

为了获得对自己作品更大的支配权，司各特和詹姆斯·巴兰坦，还有他那不负责任的弟弟约翰，合伙开办了一家出版公司。一开始还很成功，然而正是如此的成功使司各特债台高筑。他迫切地希望能拥有一处庄园地产，成为“一位慷慨的庄园主”，因此他在购买阿伯茨福德的时候预付了一大笔钱，而不是等手里真正有钱时再买。他和他的出版商总是处于复杂的资金运作之中，一笔费用刚结清，就马上又有新的账单寄到。最重要的是，这些账单都要用将来写书赚来的钱才能还清。这种情况几乎已经成了惯例。迫于银行的压力，债主不得不要求他马上用现钱结清欠账，司各特和他的合伙人发现他们正面临破产。

尽管司各特在经济状况好的时候办理了托管，孩子们都还衣食无忧，但他还是预感到不久他就要失去乡下的房子，失去一切。即将身无分文地回到阿伯茨福德，他要面对的是痛苦和羞辱，这一切对他来说都太过沉重。在一生最困窘的时刻，他想到了些什么？他想到了他的狗。他在日记里写道：

> 星期六，我满心欢喜地去接我的朋友——我的狗要白等我了，这可太蠢了——但是一想到要和这些沉默的小东西分开，我就很难过，比任何痛苦的回忆都来得强烈——可怜的小家伙们。我一定得给它们找到好心的主人。那些爱我的人也许会喜欢它们，因为它们是我的狗。不能再这样下去了，否则我就失去理智了，人必须要面对困境的。我发现我的狗把爪子搭在我膝盖上——我听到它们哀伤地叫着到处找我——都是徒劳，但是只有这样做，它们才能知道究竟发生了什么。

苏格兰检察总长亨利·托马斯·科伯恩勋爵说，就在这不幸事件发生的几天后，司各特便回到法庭工作了。他一来，朋友就提出借钱给他还债，但都被他礼貌且断然地拒绝了，因为他已经承担起自己和巴兰坦的所有债务。“不！我要用这双手还清所有债务……我的家人和我的狗都不要奢望有一个家。”

司各特唯一的资本就只有他自己了，因此他决定要写最赚钱的题材。首选是小说，而不是民谣和诗歌。就像现在一样，小说虽然好看，但与诗歌和历史相比，却不值得严肃对待。换句话说，那个时代的小说就像现在哈勒昆出版社的那些浪漫畅销小说一样受欢迎。这些小说很赚钱，但是不值得再去读第二遍。比如说，《爱丁堡评论》（重要的文学批评杂志）在其出版后的前 12 年里，仅仅评论了 10 部小说，而且总是要为之所以评论这些作品而道歉和解释。那个时候，几乎每篇文章都是在评论诗歌，尽管那些诗人都不值得一提。

司各特的第一部小说就取材于不算太遥远的事情。那是苏格兰的一段历史，在司各特的时代就能激励起苏格兰的民族热情，那就是 1745 年詹姆斯党人的叛乱。他给这部小说起名《威弗利》，这是一部关于一个已经消失的苏格兰高地的忠诚和习俗的传奇。整部书的内容看起来是如此栩栩如生，因为司各特生来就是讲故事的好手，他知道怎么把众多人物放在激烈躁动的历史背景中去。司各特又是对话大师，苏格兰乡下的日常俗语和贵族骑士们的字斟句酌，他都驾轻就熟。因为有做郡长、律师和法庭庭长的经历，他接触到了形形色色的人，这使他对苏格兰的社会结构了如指掌。所有这一切使司各特满怀同情而准确犀利地描写了整个社会人群：乞丐、农民、中产阶级、专家，一直到贵族。对于普通百姓的关注使得这部小说不同于以往的历史小说，那些作品的主角永远只有王公贵族。天赋让他把事件描绘得生动而扣人心弦，普通人和古怪的人都被他刻画得惟妙惟肖，他向读者展示了一幅引人入胜的壮丽画卷，那就是17世纪和18世纪苏格兰人生活中所发生的激烈的政治及宗教冲突。《威弗利》的读者们都有一种感觉，仿佛他们就置身于历史的激流中，通过他们所熟知的人物的眼睛看到历史完整地呈现在面前。一种新的文学形式诞生了——历史小说——原创而有力的作品能够迅速被大众认可、喜爱和支持，这是在文学史上少有的境遇。

这本书在极短的时间内就完成了。司各特每天都要在法庭待上五六个小时，每星期五天，他却只花了一个月的时间就写完了这本书。他的工作日程中还包括早晨起床后的至少三个小时的写作。有时法庭休庭，他就可以写上整整一上午，直到中午才搁笔。

《威弗利》另外一个惹人注目的地方是，司各特的名字根本没有出现在书上。原因是司各特知道小说难登大雅之堂，他仍旧期望能够在法律事业上有所发展。他这样解释道：

> 我不应该拥有《威弗利》，最主要的原因是它会再次让我无法体会写作的乐趣……事实上，我也不大清楚写小说对于一个法官秘书是否得体。如果说法官是僧侣的话，那么法官秘书就应该是修士，言行举止都应该庄重。这一次，无论我在小说写作方面会有什么成就，我都该让其随风而去。

他甚至还和出版社签定了一份两千镑的合同，要求出版社保证绝不泄漏他的真实身份。在随后的15年里，司各特创作了大量小说。因为所有作品都是匿名出版，只注明“《威弗利》作者著”的字样，所以这些小说统称为威弗利小说。最早的作品，比如《威弗利》、《盖伊·曼纳令》、《修墓老人》和《罗布·罗伊》的故事背景基本上都是17世纪和18世纪的苏格兰。《艾凡赫》，他最受欢迎的作品，则是写的 12 世纪的英格兰；《昆廷·达沃德》是 15 世纪法国的故事；而《护身符》的故事则发生在十字军东征时的巴勒斯坦。

这些作品的成功给司各特带来了丰厚的收入，他不但能够供养阿伯茨福德的庄园，还开始逐渐将欠债还清。这也就意味着司各特又可以养狗了，而且养了很多。在灵猩道格拉斯和珀西离开司各特之后，还有另外的几只灵猩（布兰、赫克托和哈姆雷特），和几只指示犬，其中就有他的最爱朱诺。斗牛㹴坎普死后，陪在他身边写作的伙伴变成了马伊达。马伊达是一只猎狼犬和苏格兰猎鹿犬的杂交种，站立的时候肩膀离地 4 英尺，身长从鼻尖到尾根有 6 英尺。司各特写作的时候总要和马伊达说话，给它讲正在写的作品中的那些精彩部分，然后再继续，就好像马伊达给了他深刻的见解并解决了大问题似的。

马伊达是司各特身边一个安静的好伙伴。它很少表现出躁动兴奋，除非家里的猫汉斯在旁边。汉斯喜欢在书房的梯子顶上睡觉，那部梯子是司各特用来取书架上部的书时用的。司各特最终也开始喜欢汉斯了，他试图做出解释。他在日记里写道："我对这只猫的喜爱也许是衰老的征兆。"马伊达成了司各特真正的心心相印的伙伴。马伊达寿终正寝后，司各特请当地的石匠刻了一尊它的雕像，上面写道：

> 雕像是你昔日的容颜，
> 安睡吧，马伊达，就在主人的门前。

司各特后来的伴侣犬是尼姆罗德，一只猎狼犬。司各特非常喜欢尼姆罗德，因为它总是跟在他身边，关注着主人，即使是为拿一本参考书而从书桌到书架的短短几步路，它也时刻注视着他。尼姆罗德在身边给司各特带来了极大的慰藉，他在日记里写道："在这里我感到好幸福，一切都是那么友善，从老汤姆（一个朋友，他不在阿伯茨福德的时候照管庄园）到年轻的尼姆。”

当然还有其他狗。司各特养了很多㹴犬，全都是长背短腿，都是用调料的名称起名；因此，就有了马斯塔德（芥末——译者注，后同）、佩珀（胡椒）、斯派斯（辛香料）和卡切普（番茄酱）。司各特夫人还养了许多猎犬，但是它们好像更喜欢司各特。还有一群猎犬和几只塞特种猎狗。司各特时刻都记挂着这一切。他不断写作，供养他的家人、他的地产和他的狗，还要把自己从沉重的债务下解放出来。他在他的日记里提到，如果能登上从负债中解脱出来的自由的高峰，他一定要带上他的狗，而且只带它们。

狗在司各特的心里有着很重的分量，因此他的作品中出现狗的踪影也就不足为奇了。《皇家猎宫》中多个英雄场面中都出现过的勇敢的贝维斯，不但救了女主人公爱丽丝的命，还挽回了她的名誉，其原型就是马伊达。在《护身符》里，马伊达又一次以无畏的罗斯瓦尔的形象出现，为它的主人苏格兰王子肯尼思保全了荣誉。虽然在诗歌里司各特几乎从来不会提到狗，但是在小说中却比比皆是，而且总是给故事里的狗起和自己的狗相似的名字。因此在《威弗利》中，我们迎来了欢乐大结局，在男爵重获自由时，司各特也没有忘记让书中的布兰（他也有一只同名的狗）和布斯卡尔（与他的一只猎狗同名）饱餐一顿，就像它们向往已久的那样。在《古董家》里，司各特还详尽描写了另外一只同名的狗朱诺，从它的体态到毛色巨细无遗。

也许司各特作品中最广为人知的狗应该是在《盖伊·曼纳令》里的那只了。司各特在书中塑造了一个名叫丹迪·丁蒙特的农民，他养了一屋子的狗，其中就有被叫做“不朽的六人组”的。这几只㹴狗分别是老佩珀、老马斯塔德、中佩珀、中马斯塔德、小佩珀和小马斯塔德（佩珀和马斯塔德分别指这几只狗的毛色，同时也是司各特两只㹴犬的名字）。书中的这几只㹴是小短腿、长背，而且皮毛粗糙。这些狗在小说中被描写为“坚韧勇敢”的动物，一旦被激怒，它们便是所有㹴犬中最为凶狠的。丹迪·丁蒙特用他浓重的苏格兰方言说道：“一切披着皮毛的东西它们都不怕。”

丹迪·丁蒙特是个虚构的人物，但是在现实生活中的确有与之相像的人存在，他就是霍伊克的詹姆斯·戴维森，就住在司各特笔下的丁蒙特农场附近。他还养了一群狗，书中的狗几乎都能在其中找到原型。不久，人们就开始叫他丹迪·丁蒙特勒，来找他买小说中写到的那些狗。后来这些狗便成了丹迪·丁蒙特种㹴犬，现在很多世界名犬大赛中都可以见到它们的身影。

就像我早些时候提到的一样，司各特不想让人们知道他就是这些小说的作者，所以所有的书都是匿名出版。司各特继续隐姓埋名地写作，不过最后还是被他的狗暴露了。他的历史小说获得了巨大成功，揭开“《威弗利》的作者”的真实身份成了当时文学界的一个重头戏。人们开始在书中寻找线索，和其他作品做比较，而且因为民谣和诗歌上的成就早已让司各特声名远扬，文学侦探追踪着这位匿名作者在小说里的踪迹，最后得出结论：他就是司各特——他对历史和民谣有着浓厚的兴趣，同时还是一个孜孜不倦的读者（也许是个书痴），一个诗人，一个从事法律工作的人，至少接受过正规法律方面的教育，热爱户外运动，名副其实的爱狗专家。能有几个人符合这些条件？一个评论家骄傲地宣布，“除了《玛米恩》和《湖上夫人》（司各特的诗集和民谣集——作者注）的作者外，还有谁能写出那些匿名小说里的贝维斯、罗斯瓦尔、方斯、瓦斯普、朱诺，和著名的马斯塔德和佩珀㹴犬，还有那一打吠叫、跳跃、打斗的狗？”

这些文学侦探一旦将目光集中在司各特的身上，只需再做一点侦探工作即能揭开真相。他们很快就发现司各特养了许多狗，这些狗和《威弗利》里那些四条腿的英雄同名，而且连体型、毛色和外貌都惊人地相似。秘密被揭穿了。在 1827 年 3 月的剧院基金晚宴上，梅多班克男爵在演讲中说到，他已经收集到了所有有关《威弗利》匿名作者的信息。司各特坐在一旁听着，当梅多班克男爵指出一个又一个证据的时候，他不停摇着头说“不”。然而，当梅多班克男爵拿出了一系列与狗有关的证据时——名字、外貌和司各特的狗的特点，以及《威弗利》作者在小说里所描写的，司各特忍不住笑了。他把头伸向前，摊开手臂，掌心向上，从椅子里站起来，深深地鞠了一躬。自己的狗把他的秘密嗅了出来。

他就是这些极度畅销的历史小说的作者，身份的暴露也给司各特带来了很多好处。当然，他的法律职业也不会更有作为了，不过那也只是因为他根本没有像投入于写作那样地投入到他的法律工作中。不管怎么样，被人们认出自己就是那些伟大作品的作者，并由此带来了名声，这令他很高兴；人们对他作品的尊重与赞扬也令他十分欣慰。不幸的是，尽管他还希望能一如既往地工作，然而健康状况却每况愈下。他的医生建议他到意大利南部做一次旅行，那里温暖的气候和闲适的生活节奏也许能帮助他尽快康复，而他临走时说的最后一句话却是：“照顾好我的狗！”

司各特的病情迅速恶化，但还是从意大利回到家中。回家的时候，他的狗给了他最热烈的欢迎。他把所有的狗都聚在身边，收拾妥当后停下来休息。直到司各特生命的最后一刻，他的狗都始终围在他的身旁。

第 8 章

歌剧院里的狗

狗不仅对文学有所贡献，对音乐也是如此。在歌剧《齐格弗里德》中，当男主角穿过丛林，走向龙形巨人法夫纳隐匿的洞穴时，鲜有观众能听得出在那一刻管弦乐中一只狗的脚步声。舞台上并没有狗，剧本中也没有提到。然而，在作曲家创作这段剧情时，他心中确有一只狗，就像他在谱写其他传世之作时，也有许多狗的影子浮现在脑海中一样。正如狗可以成为瓦尔特·司各特的心灵慰藉和创作灵感，它们对理查德·瓦格纳也有着同样的意义。

瓦格纳是音乐史上最杰出、也最受争议的人物之一。毋庸置疑，他也是历史上最著名的德国歌剧作曲家。他的许多史诗剧作，如四联剧《尼伯龙根的指环》，皆以德国和北欧古代神话中的世界为背景，围绕着上帝、侏儒、龙形巨人、英雄、仙女和魔法一一展开。正是这部《指环》留给我们一个胸部丰腴，身披铠甲，头顶带刺头盔的一成不变的歌剧女神的经典形象。瓦格纳一生创作了 13 部完整歌剧和其他的一些音乐作品。他的歌剧形式新颖，自出机杼，故而也常常受到抵制。

在音乐创作之外，瓦格纳同样备受争议。作为一个政治激进分子和社会活动家，他曾自诩为“最富德意志精神的男人”（更为冠冕堂皇的说法是“德意志之魂”）。他的封号倒不少，人们称他是无政府主义者，社会主义者，民族主义者，原法西斯主义者，反犹主义者，江湖骗子，自我中心主义者，动物权利支持者，素食主义者，偷妻者……所有这些称谓或许都不无道理，但即便他的诋毁者也不得不承认他是一个天才，他除了作为一个作曲家及脚本作者之外，还著有230本书及文章。这些文章所涉及的话题甚广，从歌剧的理论和音乐到时事评论，还有一些社会评论及两卷本的自传。纵然如此，他居然仍有闲暇写了上千封书信。他是论战之源，据有关统计显示，迄今为止，已有超过14000本有关瓦格纳的著作诞生。然而，很少有传记作家注意到这样一个事实，瓦格纳一生与狗为伴。狗启迪着他，也困扰着他；狗是他欢乐与哲思的源泉，却也有至少两次让他身处险境。

瓦格纳1813年出生于德国莱比锡，在家中排行第九。他的父亲卡尔·弗里德里克·瓦格纳是一个警界精算师。母亲约翰娜·罗西纳·瓦格纳颇具艺术天分，一生渴望成为一个出色的演员。瓦格纳的父亲去世后，约翰娜和路德维希·盖耶在波希米亚特普里兹同居了几个月，并于1814年8月喜结连理。童年的瓦格纳曾名理查德·盖耶，继父将他视如己出。事实上，曾有人怀疑盖耶就是瓦格纳的亲生父亲，因为他和约翰娜的风流韵事始于瓦格纳出生以前。后来盖耶一家搬到了德累斯顿，瓦格纳在那里完成了他的大部分学业。在瓦格纳八岁那年，盖耶就去世了。

童年时期，瓦格纳就对小动物，尤其是小狗情有独钟。他和姐姐塞西尔自命为秘密援救小分队队员，以挽救居民区中落水的弃犬。他们曾几度成功解救了那些可怜的小狗，使它们免遭厄运，而且不止一次试图收容这些幸免于难的小家伙。但因为母亲不允许他们养狗，这些尝试往往没有结果。不过，考虑到孩子们的心情，母亲仍会尽可能为这些小狗寻找合适的主人。

由于盖耶和约翰娜的艺术天赋和戏剧造诣极高，在此熏陶下，孩子们也对表演艺术产生了浓厚的兴趣。瓦格纳的几个姐姐相继成为歌剧演员。而瓦格纳早年即对戏剧与音乐颇感兴趣。尽管在校期间他并非一个勤勉的学生，但课余时他听了无数场音乐会，并自学钢琴与作曲。他还博览群书，通览莎士比亚、歌德和席勒的作品。

瓦格纳在莱比锡大学就读时，他的前途并不为人们所看好。他没有完成大学预备阶段的课业，因为他的社交生活过于广泛。然而一旦他对作曲产生浓厚兴趣，并跟随克里斯蒂安·戈特利布·米勒学习创作，便开始显现出他所特有的自制力以及高效率创作的特点。那几年里，他至少完成了四部钢琴奏鸣曲，四部序曲和一部交响乐作品。他尚在负笈求学时期，其中的两部序曲便由海因里希·多恩指挥了公演。此后，他又师从克里斯蒂安·特奥多尔·维恩里格。维恩里格身兼数职，是作曲家、音乐理论家、管风琴演奏家、唱诗班领唱者和托马斯奇治的音乐指挥。然而瓦格纳对传统乐理教学相当反感，因此他的学业在相当程度上是他自己在悉心研习大师们作品的过程中完成的，尤其是贝多芬的四重奏及相关交响乐作品。维恩里格也为学生的音乐天赋所惊叹，由此免除了瓦格纳的学费，并且帮助他出版发行了多部作品。此外，出于维恩里格的大力举荐，瓦格纳还获得了指挥公演他的 C 大调序曲及 C 大调交响曲的机会，正是这些表演机会使初出茅庐的瓦格纳一举成名。

瓦格纳身上总有一种吸引人们全力支持他作品的感召力。他的作品感动了维恩里格和多恩，他们为瓦格纳的早期音乐创作的成功奠定了基础。此后他又赢得了作曲家弗朗兹·李斯特、巴伐利亚国王路德维希和饱受非议的政治哲学家弗里德里希·威廉·尼采的资助与提携。其实，瓦格纳能够成功获取创作与生活所必需的资金并非偶然。首先，他的非凡禀赋使他受到广泛的承认与赞赏。同时他本人魅力超群，善于社交。当资金充沛时，他过着奢华而潇洒的生活，热衷于大宴宾客。而且他总是能说会道，音乐、政治、哲学、文学、艺术，话题无所不包。此外，他的英俊帅气和十足的幽默感也赢得了女士们的芳心。但另一方面，瓦格纳脾气急躁，生性多疑，常常臆想自己遭遇其他民族与种族的暗算（尤其是犹太人），始终为间歇性抑郁症和不安全感所困扰。令他宽慰的是这些族群也不为多数公众所接纳。他运用自己精湛的社交技艺巧妙地掩人耳目，使这些消极的情感倾向不为人知，除非是他最亲密的家人和朋友。这种情况至少一直持续到他功成名就足以抵御外界批判的时期。

瓦格纳最初打算创作一部名为《婚礼》的三幕歌剧。瓦格纳因文学素养及音乐技巧兼备，便从撰写歌剧脚本着手，他日后的所有歌剧很可能也如此撰写，然而他的姐姐罗莎莉对他的文本并不满意，于是，瓦格纳放弃了，只是将几个角色的名字在他的第一部歌剧《仙女》中保留了下来。正如他此后的许多作品一样，这部处女作以民间传说为题材，讲述的是众精灵和仙女的统治者奥伯龙的故事。令人沮丧的是，瓦格纳发现要使一部剧作投入制作困难重重，他根本无法筹集到足够的资金将他的处女作搬上莱比锡歌剧院的舞台。

正当他的事业遭遇巨大的阻力时，瓦格纳得到了马格德堡剧院的音乐指导一职。由于该公司正处于萧条期，瓦格纳起初拒绝了这份聘书。然而当他遇到演出团的女演员克里斯蒂安·威廉明妮·普拉纳时，他立刻就反悔了。瓦格纳初坠爱河，他喜欢叫她明娜。

上任之后，作为音乐指导的瓦格纳的首演剧目是《乔瓦尼》。与此同时，瓦格纳还为根据莎士比亚的《一报还一报》改编的歌剧《爱情的禁令》进行词曲创作。这部剧作以罗曼蒂克的形式融合了早期音乐剧的怀旧氛围与时兴的法兰西意大利风情。然而由于创作太过仓促，小公司中资源又极度匮乏，甚至连彩排预演也是敷衍了事，事实上，演出团对首演根本就准备不足，主要角色大都是即兴发挥，整个演出过程乱作一团，这部作品的首演即告终结，公司也关门大吉了。

瓦格纳失业后陷入了严重的财政危机。不过他的朋友们此时纷纷雪中送炭，正如后来他们多次给予他支持一样。明娜作为一名备受推崇的演员，很快就在科尼斯堡剧院找到了工作。她一到那儿就竭尽所能地为丈夫谋得了一份指挥的职位。两人在剧院团聚之后很快就结婚了。不幸的是，科尼斯堡剧院未及给新来的指挥以小试牛刀的机会就破产了。剧院倒闭后，另一位朋友向瓦格纳伸出了援手。在瓦格纳求学期间就指挥公演了他首部作品的海因里希·多恩，为他在里加的一家剧院找到了一份音乐指挥的职位。瓦格纳上任后一边指挥其他作曲家的作品，一边自己创作了一部根据英国作家爱德华·布尔沃-利顿的小说《黎恩济，罗马最后一位护民官》改编的歌剧。然而瓦格纳的财政问题并未得到缓解。他的薪金微薄，还要自掏腰包购买乐谱等相关用品，而这些支出项目原本应由剧院来负担。

或许在里加剧院期间，瓦格纳最幸运的事就是与一只名为罗伯的狗相遇。他初遇这只巨型纽芬兰犬是在一家他常常光顾的小店，在那里他总会和这只狗热情地打招呼，而罗伯一见到瓦格纳，就立刻狂热得冲向前和他套近乎。罗伯对作曲家一见钟情，死心塌地，瓦格纳对此也无能为力。这只狗始终如影随形，一路尾随到他家的门口安营扎寨，直到作曲家被它感动，最终敞开大门接纳了它。每当瓦格纳进城排练，罗伯总是一路护送。偶尔它会走上岔路，为的是在水沟中洗个冷水澡。这是罗伯的一大嗜好，只要能在冰面上找到可供凫水的小洞，即使在隆冬它也乐此不疲。

罗伯常常与瓦格纳一同出席排演。在管弦乐团排演时，它总是端坐在与指挥席相邻的位置上，保持着它那一贯肃穆可敬的作风。不巧的是，与它毗邻的是一位低音提琴手。这位音乐家演奏时，琴弓直指罗伯的眼珠，罗伯于是对此人怒目而视，因为这对它而言无疑是极大的威胁。突然，音乐家猛拉了一下，罗伯一怒之下咬断了琴弓。音乐家见状惊呼："指挥先生！这狗……"瓦格纳立即应道："这只狗是一位极富鉴赏力的乐评家。它这是在告诉你，演奏这一段时，你最好再优雅一点。"

生活异常拮据时，瓦格纳依然梦想着去巴黎上演他的音乐剧。但为实现这个梦，他需要资金支持。他向伦敦爱乐乐团的负责人乔治·T. 斯马特寄了一部自己的作品《统治吧，大不列颠》的样本，以期获得一些赞助，或者至少能与潜在的投资方建立一些联系。在里加期间，他还说服了剧院演出团举行数场义演，以筹集足够的资金供自己和明娜去巴黎游说，获得财政支持。然而，瓦格纳最终还是得自掏腰包，预支义演所需的先期资金，而且义演并不成功。演出时机不佳，天气又糟糕，此外，一些知名度更高的演出公司也在同时演出相应剧目同他们竞争。最终，义演以亏损告终，瓦格纳也因此债台高筑。里加是拉脱维亚的首都，当时隶属于俄国，而俄国从不善待负债者。一旦司法系统认定瓦格纳不具备偿还能力，他将很有可能被判监禁。而且根据瓦格纳当时所欠的巨额债款，即便判他流放西伯利亚也并不为过。事实上，他的债主们已经纷纷采取行动，扣押他的护照以确保他不会逃离出境。

当时，瓦格纳很快卖掉了他的家具及大多数家居用品，企图换取足够的现金来买通边境官员，使他和明娜、他的写了一半的尚未出版的歌剧以及那条硕大无比的纽芬兰犬全部得以顺利逃离俄罗斯。

这时，又有一位朋友出手相助了。这一回是商人亚伯拉罕·莫勒，一个音乐剧迷。他同意协助瓦格纳一家偷越国境。想象一下，这是紧张刺激却又十分滑稽可笑的一幕。一个亡命天涯的家伙，之所以对他的出逃计划再三斟酌，只为了能带上他那只160磅的巨型犬。越境的一刹那，这只大黑狗哪怕只是轻轻地叫上一声，枪林弹雨就会从卫兵那儿朝他们袭来。正因为这只大狗，在普鲁士时他们曾一度无法坐上火车和马车，于是去往巴黎唯一的方法只能是先乘船去伦敦然后再转航。一旦被警察或卫兵拦截，他们没有证件的事实必然招致被捕的命运。为了避人耳目，他们决定把罗伯偷偷拉上陡峭的船舷，随后藏匿于甲板之下。在这个过程中，罗伯始终一声不吭。于是，这艘小船载着七名船员、三名乘客（包括两个人和一只狗），安全地驶离了码头。

这趟旅程并不愉快。海浪汹涌，明娜和罗伯刚好又都晕船。瓦格纳日后把他在海上的经历写进了音乐剧《漂泊的荷兰人》。这是一个关于一位不朽而且不幸的水手，终其一生注定在海上漂泊、寻求真爱的故事。

到达英国之后，更多的烦心事接踵而至。瓦格纳自己曾这样写道：

> 我们到了伦敦桥，到达了这座恢宏而拥挤的都会中心。海上长达三周的非人折磨结束后，我们终于再次踏上了陆地。因为已习惯了船上的终日颠簸，我们始终头晕目眩，罗伯也头重脚轻的。它在每个拐角处都摇摇晃晃，随时都有失去方向的危险。最后是一辆的士拯救了我们仨，载着我们直奔船长推荐的水手酒吧：马蹄酒馆。在车上，我们盘算着日后如何在这座怪异的小镇立足。逼仄的车厢里只容得下两个面面相觑而坐的乘客。我们的

大胖狗只好坐在我们身上，头和尾巴都露在车窗外。

在伦敦小住了一段日子，平淡无奇。这对夫妇开始向巴黎进军。这座城市就像当时所有的政治文化中心一样，名流荟萃。这一点对瓦格纳而言不失为好事，因为作曲家对巴黎生活最感兴趣的就是获取资金和人际关系的可能，而这两者也正是当时瓦格纳最需要的，这也就意味着他想跻身上层社交圈的希望十分渺茫。他在巴黎的两年最终成了一段苦涩而又不堪回首的记忆，而当年他是满怀憧憬开始这段生活的。他在邂逅了法国极负盛名的贾科莫·迈耶贝尔后，后者向他承诺，他将凭借自己的影响力为其打开通向巴黎歌剧圈的大门。遗憾的是，巴黎艺术圈是一个相对封闭的圈子，所有为老一辈作曲家打开的大门都通往一条死胡同。瓦格纳和明娜最终沦落到终日与一帮德国的穷酸艺术家混在一起。他还得时不时地为一些杂志撰写音乐评论维持生计。他也写过一些流行音乐，并为一个出版商做过兼职秘书。

瓦格纳在巴黎期间的职业生涯的亮点，在于完成了整整两部歌剧的创作：《黎恩济》和《漂泊的荷兰人》。他的灵感源于他那只喜欢在大街小巷欢蹦、在水池中畅泳并向每个路人示好的罗伯。事实上，罗伯比他的主人更“臭名昭著”。然而，所有这些闲情逸致却被另一些失意的挫败抵消了。首先，瓦格纳无法筹措到足够的资金来投入音乐剧的制作，而且他的爱犬也失踪了。瓦格纳向来对他的狗的行踪不够留心，因此这只大型犬很有可能在街上闲逛时遭遇了车祸。此外，他的社会观点总是不合时宜，加上他的固执己见，因此得罪了不少人。任何与他意见相左的人都有可能绑架了罗伯，因为它的主人如此著名。或者另一种可能是，罗伯只是厌倦了和一个饥肠辘辘的作曲家在一起的清贫生活，就像当年它抛弃里加的店主人而追随瓦格纳一样，如今它也抛弃了瓦格纳，这无疑给瓦格纳的心理带来致命一击。于是，瓦格纳离开巴黎，重返德累斯顿，因为他和这里的音乐圈尚有联系，故乡的亲朋好友和他过去的学生也都鼎力支持他的新作。瓦格纳在他 1841 年出版的小说里塑造了一个不朽的罗伯的形象。这部名为《巴黎的结局》的小说向人们讲述了一只音乐家的爱犬的故事，娓娓道来，感人肺腑。这只一直守在主人墓前哀号的狗，极像现实中的罗伯。

德累斯顿给穷途末路时的瓦格纳带来了一线生机。他很快找到了愿意资助他制作《黎恩济》的投资人。尽管在今天看来，这部歌剧并非瓦格纳最好的作品，但在当时却广受观众喜爱。在 1842 年的德累斯顿，此剧首演即一炮走红。由于这次成功，瓦格纳获得了宫廷剧院指挥的职务。这是瓦格纳一生最平稳的时期。这份稳定的收入使他得以继续创作并尝试所谓的“音乐戏剧”的新形式。第二年，《漂泊的荷兰人》的成功，进一步巩固了他在宫廷剧院的职位。物质上的保障也使他终于可以供养整个家庭，包括一只新买来替代罗伯的小狗。他和明娜膝下无子，这只小狗几乎就成了他们的孩子。他曾经给姐姐塞西尔写信道：“我们暂时与这只狗为伴，因为到目前为止，生育的可能性仍然渺茫。我们这只小狗是一个才六周大的小家伙，它的名字叫佩普斯或斯特里埃兹尔（因为它看上去就像是来自姜饼铺）。比起罗伯来，它可谓有过之而无不及。”信的结尾有点伤感，他写道：“其实我宁愿养的是马克塞尔。”马克塞尔是他姐姐的儿子。瓦格纳把他的新宠描述成一只长毛狗。从瓦格纳其他作品的描述中，我们可以推测，它是一只英国玩具长毛犬或者是查尔斯长毛犬。

佩普斯（或者佩普斯塞尔，瓦格纳在心情愉快时喜欢这样叫它）立刻成为作曲家生命中不可或缺的一部分。这只狗不再拥有罗伯那样可以四处逍遥的自由，主人在家时要求它不离左右，并以同它聊天作为奖赏。有时主人也会躺倒在地上和佩普斯一起打滚，口中念念有词，说的全是狗言狗语。

那时，瓦格纳已经形成了自己独特的歌剧创作，作品往往以德国和北欧神话为题材。他深信在古代神话中传达着一种关于人类生存状态的永恒真理。以神话为蓝本的歌剧拥有一种直入人心的力量。第一部这类的歌剧、也是瓦格纳在德累斯顿创作的第一部作品——《汤豪舍与瓦尔特堡的歌咏比赛》，这也是他和佩普斯首度合作的作品。每当瓦格纳写这部歌剧时，他总是让佩普斯陪在自己身边。他为佩普斯准备了专座，但有时小狗为了获得更佳的视野，会自己爬到家具顶上。有时，瓦格纳也会一边自弹自唱，一边静观佩普斯的反应。所有这些对于佩普斯的过分关注似乎把这只小狗给宠坏了，因为它很快就发现在每个客人那儿博取欢心是它的一项特权。

费迪南德·海涅（剧院的服装设计，也是瓦格纳的密友）的女儿玛丽曾回忆说，佩普斯在瓦格纳的创作生涯中功不可没。玛丽常常拜访瓦格纳夫妇，并总是受到他们的热情款待。她后来追忆道：

> 那是一段友好而愉快的日子，至今仍历历在目。那时，身为皇家剧院指挥的瓦格纳，正处在一生的辉煌时期，我们一起共度了无数美好的时光。但我很怕他的那只狗，那个白底带着褐色斑点的小怪物，它占据着所有的家具，而且总是幻想着一旦失去了自己，他的主人就会江郎才尽。大家都知道，钢琴旁边那个装有垫子的凳子是佩普斯陪伴主人创作时的专座。如果小狗失踪了，全家人会集体出动，四处寻找。好几次，明娜还亲自出门，把小家伙从附近的公园里揪回来。每次经过瓦格纳的家，我都战战兢兢，小心翼翼地绕道而行。一旦佩普斯看见我，它就会冲上前来，绕着我一边转圈，一边低声嗥叫，引得路人纷纷驻足观看，这种关注对我一个女学生而言，实在是“受宠若惊”！当我事后

向瓦格纳抱怨时，他却总是兴高采烈地大笑不止，“亲爱的玛丽，它呀，是认出了我们的好朋友，所以就要向你们致敬啊！”

佩普斯天性十分敏感。瓦格纳在与它交谈时（他常常这样做），有时语调会突然变成一种对假想敌的猛烈抨击。在主人激动高亢的嗓门刺激下，佩普斯就会边跳边吠，同时不断地转圈，仿佛在搜寻主人的仇敌一般。佩普斯对感伤的乐曲似乎也很有领悟力。瓦格纳注意到，当他在钢琴上进行创作或者哼唱小调时，佩普斯会根据曲调起伏和旋律的变化而做出不同的反应。它的反应往往是可以预见的，因为这些强烈的反应总是伴随着特定的音符而出现。比如，每当乐曲中出现降 E 大调，佩普斯就不时地摇头摆尾；而乐曲中的 E 大调则常会让它兴奋地站立起来。这一点启发了瓦格纳去实现将歌剧中特定的音调与人物的喜怒哀乐结合起来的可能性。在《汤豪舍》中，这种关系体现为用降 E 大调来传达圣洁之爱与灵魂救赎，而 E 大调则寄寓着感官之爱与纵情声色之意。这些似乎与佩普斯的反应也恰好吻合。

现在，正是佩普斯使瓦格纳意识到，音乐因素与歌剧中反复传达的情感完全能够协调一致。这时再来重新审视自己的作品《漂泊的荷兰人》，他发现原来自己在早期的创作中竟已下意识地运用了这种关系。然而，在他更清楚地认识到自己可以通过音乐因素来引导观众的情感及对歌剧的理解时，他开始思考强化作品中情感冲击的效果。在佩普斯的帮助下，他在自己的下一部作品中成功地做到了这一点。

在《罗恩格林》中，传统的戏剧因素（比如咏叹调、二重奏和和声）依然有迹可寻，但瓦格纳在运用佩普斯为他带来的灵感时，已不再满足于仅仅将人物性格与特定音符的简单结合，还辅以配器选择及主题表现等多方面因素的糅合。于是罗恩格林，这位圣杯骑士出场时，采用了 A 大调弦乐配器；而恶毒的妖婆现身时，采用了升 f 小调低音弦乐与管乐配器；在剧作中，女主角埃尔莎出场时则采用了降调高音木管乐器和降调；而亨利国王的出场则伴随着 C 大调铜管配乐。还有一些作为音乐动机的特定主题，这些用来区别主要角色及戏剧的其他部分。

在巴黎期间，瓦格纳结识了作曲家兼指挥弗朗兹·李斯特。李斯特很快就成了他的好友和赞助者。事实上，李斯特也在《罗恩格林》日后的首演中担任了指挥。李斯特在德国指挥演出时，一有机会就约见瓦格纳，两人总是就音乐话题侃侃而谈。渐渐地，李斯特发现自己和佩普斯一样，也成了瓦格纳的音乐顾问。两人在交往了一段时期后，李斯特曾写信给瓦格纳："上帝保佑我很快回到你身边。……比你的多佩尔－佩普斯/强壮一倍的佩普斯。"李斯特甚至把自己的昵称也改为佩普斯，在他写给瓦格纳的乐谱上，他的署名就是佩普斯。这听来不免有些滑稽，这位创作了世界上最美妙的钢琴曲、并彻底革新了奏鸣曲概念的伟大音乐家，竟然自甘沦为与宠物狗平起平坐的音乐助手。

然而瓦格纳在德国平静的好日子并不长久。由于他热衷于社会活动，被卷入了当时的反君主制的运动中，继而卷入德国 1848 年革命。他撰文支持革命，并积极投身 1849 年德累斯顿起义。革命失败后，当局签发了一张通缉瓦格纳的逮捕令。他和明娜、佩普斯，还有一只名叫帕波的灰色鹦鹉一同逃离了德国。由于无法回到德国，瓦格纳错过了他的《罗恩格林》的首演，而这场在魏玛的首演正是由弗朗兹·李斯特指挥的。

流亡在苏黎世的瓦格纳结识了当地一些富有的赞助者，比如奥托·维森东克和他的妻子玛蒂尔德。他们夫妇不仅资助他，还为他买了房子。在生活终于稳定下来之后，瓦格纳开始恢复他的正常创作。他正准备展开他最雄心勃勃的创作计划，一部以《尼伯龙根的指环》

为题的、以上帝，英雄，侏儒，龙形巨人，魔环为题材的神话史诗四联剧。瓦格纳为佩普斯买了一张皮制的新座椅。在他写第一幕《莱茵的黄金》和第二幕《女武神》的开始部分时，佩普斯始终以一个批评家兼创作伙伴的姿态端坐一旁。然而不幸的是第二幕剧尚未完成，佩普斯就病倒了。瓦格纳第二次从伦敦回来，不出一周，佩普斯的病情就迅速恶化。作曲家为此忧心忡忡，寝食难安。他甚至尝试着划一叶小舟勇敢地横渡卢塞恩湖（对岸住着离这里最近的兽医），以求挽救佩普斯生命的药品。

佩普斯平时睡在瓦格纳床边的篮子里。每天清晨，它会试着用脚爪轻轻挠醒睡梦中的主人。佩普斯是瓦格纳的掌上明珠，面对它，瓦格纳可以敞开心扉，倾诉衷肠。佩普斯经常将他从对获得敬重的固执的努力以及总是被视做天才的需要中拉出来。李斯特曾亲历了佩普斯如何使瓦格纳恢复自知之明。那天瓦格纳正在阅读与他的作品有关的东西。佩普斯走近他，用爪子轻轻蹭他的裤腿。见瓦格纳毫无反应，它便更加使劲地一边挠一边嗥。瓦格纳抬起头怒目而视，并高声呵斥道："你竟敢打扰伟大的理查德·瓦格纳吗?"话音刚落，他突然忍俊不禁，仿佛被自己自命不凡的语气给逗乐了。于是他放下乐谱，把爱犬捧到膝盖上，轻声地说："亲爱的佩普斯，你这是在向我推荐一段新的咏叹调吗?"

而今，他的音乐助手，他心中《汤豪舍》一剧的唯一合作者，他心爱的佩普斯却已是奄奄一息了。瓦格纳万念俱灰，取消了原定的行程和所有的约会，夜以继日地守候在爱犬的病榻前。他在此后的几天里这样写道，佩普斯向他传达了"一份至死不渝、令人肝肠寸断的爱。在它弥留之际，哪怕我稍稍离开几步，它的脑袋都会转向我；最后，当它连挪动脑袋的力气也用尽了，它那乞求的目光依然还追随着我，没有呻吟，也没有挣扎。10日凌晨，它在我们的怀抱里安静地走了。第二天中午，我们把它葬在了屋外的花园里。我号啕大哭，不能自已。每当想到朝夕相处了整整 13 年的挚友，这个开导我、使我终于明白了世界只存在于我们的心灵与直觉中的伙伴终将离我远去时，一股难以抑制的悲恸与伤感就会涌上心头”。后来，瓦格纳还被迫写了许多道歉信，以请求人们宽恕他为一只狗所做的公开的哀悼。

与此同时，瓦格纳与妻子明娜的关系却每况愈下。起初，夫妇俩只是小吵小闹，后来当声名远扬的瓦格纳不得不在事业上投入更多时间时，两人的关系更趋恶化了。玛蒂尔德，即他在苏黎世的赞助者奥托·维森东克的妻子，一直在暗恋着瓦格纳。佩普斯死后，她又送了一只和佩普斯同种的小狗。瓦格纳对它一见倾心。这只小狗名叫菲普斯。此后在瓦格纳创作时，它就端坐在佩普斯曾经坐过的座椅上。瓦格纳也常常带着菲普斯外出散步。一个秋日，他们在附近公园散步时，菲普斯似乎发现了什么，也许是嗅到了松鼠的气味，它于是兴奋地又蹦又跳，在地上铺满了的枯叶底下搜寻目标，不经意间，落叶就在它的来回跑动中被聚成了堆。瓦格纳见状笑着调侃道：“你这副若有所失的模样，简直就是在丛林中寻找龙形巨人的圣杯骑士的翻版。”话音至此，瓦格纳突然怔住了，侧耳倾听小狗踩着枯叶来回奔跑，四下嗅着猎物的声响：“啊，菲普斯！”他突然高声喊道，“今天早上你谱写了一段美妙的乐章，让我们马上回去记下来吧！”

这段时间，为了避免和夫人无休止的争吵，调养身心，治愈自己失眠、精力衰竭及消化不良等症状，瓦格纳几次离开苏黎世去度假。这几次旅途中，他唯一的伴侣就是菲普斯。瓦格纳在可以远眺布朗峰的凉亭里安家，小住几周。他孤身一人，菲普斯是他的唯一。一有闲暇，瓦格纳就会和他的现任创作伙伴菲普斯一起创作《齐格弗里德》。明娜开始对丈夫心生猜忌，怀疑他度假的真正目的是为了和玛蒂尔德偷情。于是瓦格纳每次度假回来，她总是仔细审查丈夫和那个比自己更年轻貌美的女子间的通信。明娜妒火中烧，最终甚至确信瓦格纳和玛蒂尔德间存在性关系（但事实并非如此）。一怒之下，她离开瓦格纳独自前往巴黎，还带走了菲普斯，那个让她恨之入骨的女人送给她丈夫的狗。或许她这样做只是心存侥幸，以为或许能与丈夫破镜重圆，因为她知道改编版的《汤豪舍》即将在巴黎剧院上演，作为创作人的瓦格纳届时一定会在巴黎出现。

这些事情令瓦格纳伤心欲绝。与其说是明娜的不辞而别让他难过，倒不如说是失去菲普斯令他心碎。这些年来，这只小狗已经取代了明娜，成为他生命中最好的伴侣。他无法理解明娜的做法，认为她这样做就是为了伤害他，剥夺他的精神寄托。当他不久获悉菲普斯的死讯时，瓦格纳坚信是明娜出于对自己的怨恨和对玛蒂尔德的嫉妒而毒死了菲普斯。这是他绝不能容忍的。瓦格纳决定从此和她势不两立。正如他在日记中写的那样："这只活泼可爱的小动物死去的噩耗突然传来，无疑令这段没有子嗣、早已名存实亡的婚姻雪上加霜。"

那一年，也就是1861年，唯一使瓦格纳感到宽慰的是，菲普斯死后不久，当局就签发了特赦令，准许瓦格纳重返德国。于是他先回到威斯巴登创作《纽伦堡的名歌手》。他十分思念他的小狗。为了能重温狗朋友的温存，他开始尝试接近他的房东饲养的一只雄性小猎犬。这一举动显然不大明智，因为猎犬利奥对音乐家的回报是狠命的一咬。这一下可伤得不轻，我们伟大的音乐家为此几周的时间不能工作，不能弹琴。

然而，那时的瓦格纳再度陷入财政危机。《汤豪舍》在巴黎遭遇滑铁卢。瓦格纳的社会观点也常常遭致非议，甚至引发一系列示威抗议，导致剧组不得不停工，演出公司亏损严重。在维也纳逗留期间，瓦格纳第一次在剧院听到自己创作的《罗恩格林》。他以一个指挥的身份在欧洲巡演。多年养成的挥霍无度的生活方式（向人借钱，并且依靠他人的接济度日）再次引发了他的财政危机。为躲避因负债而锒铛入狱的命运，他又一次颠沛流离。他从里加出逃时带了一只巨型犬，这使他的旅途更为艰险。

音乐家的新宠是一只名叫波尔的圣休伯特犬。它是一只杂色的大型侦探犬。这只狗是瓦格纳在维也纳的房东借给他的，房东注意到瓦格纳始终渴求与狗为伴，而且这位音乐大师又常年在外，因而这项出租交易看起来比较划算。瓦格纳逃离这座城市时，不仅留给了房东先生一屁股的债，并且决定带着波尔一同远走高飞，因为他们俩早已难舍难分。当身无分文的瓦格纳带着波尔踏上斯图加特的土地时，他已经是一个年过半百、前途渺茫甚至可以说是穷途末路的垂垂老朽了。他唯一拥有的是一只重达 90 磅的猎犬。此时的瓦格纳若要峰回路转，除非是天降奇迹。然而，奇迹真的就这样发生了！

1863 年，瓦格纳发表了《尼伯龙根的指环》的诗歌文本。这一举措一是为了缓解资金的紧缺；同时也是为了宣传他梦寐以求的四联剧巡演计划，吸引潜在的投资者和赞助方。实际上，在这个出版物中就已包含了一份加盟赞助此剧目的投资要约，并呼吁读者鼎力支持此剧的公演。在此书的前言部分，瓦格纳甚至提出，是否有哪位德国亲王愿意并有远见资助像他所创作的这类戏剧。幸运的是，瓦格纳命里确有吉星高照。早在巴伐利亚国王路德维希二世 18 岁登基那年，他就已经是瓦格纳音乐作品的忠实拥护者。在读完《指环》后，路德维希暗下决心助音乐家一臂之力。他邀请瓦格纳到慕尼黑完成歌剧创作，帮他还清了所有债务，把他安顿在一座豪华的小别墅中，并提供音乐家一份不菲的薪金。波尔始终陪伴着他，在主人创作的时候一直趴在他身边。有时它也会缠着主人陪它一起散步，这无疑有助于音乐家劳逸结合，保持良好的身心状态。

在慕尼黑住了不久，柯西玛·冯·彪洛，瓦格纳的挚友弗朗兹·

李斯特之女及汉斯·冯·彪洛的妻子也搬来和瓦格纳同住。彪洛是一位出色的钢琴家、作曲家和宫廷剧院的指挥。父亲与瓦格纳的深交使柯西玛结识了这位伟大的音乐家，并对其一见倾心。于是他们之间开始了一段闪电式的恋爱关系，并于次年喜得贵子。一时间，瓦格纳同已婚女子公开同居成了丑闻，在路德维希宫廷引发了轩然大波。人们纷纷视瓦格纳为过街老鼠。事实上，瓦格纳确因此事而被从慕尼黑驱逐。他回到了瑞士卢塞恩湖的住所，波尔一如既往地陪伴左右，不离不弃。但是由于这只猎犬患了咳嗽，于是瓦格纳在去法国指挥他的作品期间，波尔被寄养在日内瓦。然而，还没等音乐家谢幕赶回，波尔已然辞世。它几乎是与回到德累斯顿定居的瓦格纳的前妻同时去世的。瓦格纳再一次心力交瘁，不是因为他的前妻的死，而是为了爱犬的离去。他回到日内瓦，掘开了爱犬的墓，亲手为死去的波尔戴上一串项链（上面刻有它的名字和一首颂歌），然后把它葬在了一具精致的棺木中。瓦格纳在波尔的安息之处竖起了大理石墓碑。相反，瓦格纳从不曾追悼自己的前妻，或者压根儿就没想到要去。

柯西玛很快到瑞士与丈夫团聚。在与丈夫汉斯·冯·彪洛解除婚约之前，她和瓦格纳已有三子。1870 年，柯西玛刚和汉斯离婚就嫁给了瓦格纳。“陪嫁”的还有一只叫科斯的小猎犬。小东西的到来终于缓解了音乐家失去波尔的痛苦。虽然科斯原本是柯西玛的宠物，瓦格纳却立刻将它据为己有，同小家伙如胶似漆起来，与科斯建立了难以割舍的感情。而为了这只小狗，瓦格纳也曾险些葬送了自己的性命。瓦格纳夫妇曾在铁轨旁的公路上步行前往邮局。主人没有在科斯脖子上套绳索，就让它跟在身后。当科斯看到另一只小猎犬时，立刻冲上前去，那只小狗也朝科斯跑来，两只狗就在铁轨中央扭打厮杀起来。就在那时，瓦格纳看到一辆火车正朝两个小家伙疾速驶来，他立刻跑上前去想要挽救他心爱的科斯。他边跑边喊，但两个“斗士”无动于衷。在这千钧一发之际，只见瓦格纳上前一把抓住科斯的脖子，拽着早已打成一团的两只小狗，猛一抽身，刚巧与呼啸而过的火车擦身而过。瓦格纳用尽最后一点气力救了两个小生命。小狗被重重地抛在了地上。这时，早已魂飞魄散的柯西玛爬到了瓦格纳身边，看到一瘸一拐、踉踉跄跄的丈夫正为自己成功的拯救行动而欣慰地笑着。他转过身来，略带调侃地对妻子说道："既然现在我救了科斯的小命，它是不是也该像菲普斯一样为我贡献一首好曲子呢？"科斯究竟有没有为音乐家带来锦上添花之作，我们不得而知，因为瓦格纳的随笔与日记中都未有记载。

下一只走进瓦格纳生命中的狗，是一只叫卢斯姆克的白色纽芬兰犬。瓦格纳的女管家弗雷内莉·魏德曼见音乐家念念不忘的还是第一只纽芬兰犬罗伯，便把卢斯送给了他。瓦格纳并未提及这只狗是否曾给予他音乐创作的灵感与帮助，但每逢他创作时，卢斯总在他身边。在他的几个孩子尚年幼时，卢斯就一直守护着他们。在孩子们划船时，它就在小船后面紧跟着游泳。正是卢斯挽救了瓦格纳的女儿艾娃的生命。那次，艾娃不小心从小船坠入水中，卢斯见状，立刻把孩子从水中托了起来。

柯西玛从未有过和卢斯这样庞大的狗同处一室的经历，而且这只大狗常常毛发蓬乱，邋里邋遢的，因为它习惯于游泳之后就在大草地和树林间穿梭游荡，弄得一身污泥。柯西玛认为与其让它在屋子里乱逛，不如让它在屋外院子里好好待着。对于夫人的这个主张，瓦格纳颇有微词，他抱怨道："如果它睡在室外，恐怕我也得在室外过夜了。"为了不再烦扰伟大的音乐家，柯西玛终于妥协了，唯一的要求是：卢斯在进屋前需得先去厨房，让人把这只大家伙洗净刷干后才能登堂入室。

卢斯对主人的安危十分警觉，有时甚至会紧张过度。它常常阻挠主人坐上马车，为此，瓦格纳不得不步行好几英里才能到家。瓦格纳有时带孩子一起去溜冰，当他看到孩子们一个个快乐无比时，他自己也会跃跃欲试，租上一套溜冰鞋，颤颤巍巍地向溜冰场挪去。这时，只见卢斯一下子冲上前去，咬住主人的冰鞋，企图把它拽下来。当有人想要制止卢斯的行为时，卢斯就会一口咬住他，于是人们只好躲开，感慨地说："你的狗如此忠心耿耿，看样子你是不能溜冰了。"这时，孩子们会为瓦格纳的窘境而大笑不止。瓦格纳自己则高举双手，缴械投降，可惜由于他欠缺平衡感，这个姿势又差点让他跌倒。满脸窘态的瓦格纳自我解嘲地说道："看样子还多亏了卢斯，才把我这个鲁莽冲动的家伙的性命捡了回来。"

《指环》大功告成的日子已近在眼前。瓦格纳认为这部系列音乐剧并非适合在当时任何一座剧场里上演，于是他试图说服路德维希资助自己设计并建造一家新剧院。新剧院在巴伐利亚的小镇拜罗伊特落成，这家剧院日后成为瓦格纳歌剧及音乐理念的传播中心。瓦格纳的封笔之作是《帕西法尔》。这部歌剧被安排在1882年宗教节日期间首演。在音乐家过世后，拜罗伊特瓦格纳音乐节的主办权归柯西玛所有，此后由瓦格纳的子嗣代代传承，直至今日。

在拜罗伊特剧院破土动工之日，路德维希赠送给瓦格纳一座豪华舒适的别墅，瓦格纳将它命名为"万弗雷德"，寓意为"走出幻想"。卢斯成为这栋别墅的"君王"，而瓦格纳则退居为"伴君者"。然而，在瓦格纳即将赴维也纳演出时，卢斯突然死去了。为了安葬卢斯，瓦格纳的行程被迫延迟了一天。卢斯葬在了主人亲手制作的墓碑下，碑石上刻有它的墓志铭："安息于此的是瓦格纳的守望者——卢斯。"

一个牧师曾就此事当面质问瓦格纳，谴责他厚葬一只狗的行为有辱神圣的教堂墓地。瓦格纳愤怒地驳斥道："难道人类只有到了所谓的'来世'才能为自己谦卑的动物朋友送别吗？难道说这些有血有肉的动物朋友根本就无足轻重吗？难道你觉得动物的存在就是自生自灭，而人类的同样是从无到有、又复归于无的存在，倒能永垂不朽吗？这简直是天大的荒谬！”

在万弗雷德，伴随着瓦格纳度过余生的还有几只狗。其中一只是名叫布兰克的圣伯纳犬，两只是纽芬兰犬。莫利原本是为卢斯的配偶买来的，而那只大型雄性纽芬兰犬的名字叫金·马克。在一次受孕失败后，莫利病故。布兰克和金·马克依然自由出入于万弗雷德，并且成为主人剧院的常客，但它们两个的叛逆行径却总让瓦格纳头痛。布兰克咬死了邻居家的小猫，而两只狗此前都有咬杀家禽的前科。不过瓦格纳认为这仅仅是他的狗一时情绪亢奋所致，他如此深爱他的狗，以至于他无法相信自己的爱犬是出于恶意。然而村民们可不这么想，他们对瓦格纳的宠物如此肆无忌惮极为恼火，甚至因此到万弗雷德和剧院门口示威抗议。瓦格纳一一赔偿了村民的损失，而路德维希也发布了一份书面保证：“瓦格纳必须对自己的狗严加看管，以免再惹事端。”

在所有瓦格纳的爱犬中，只有马克最终得以为主人送别。

瓦格纳这一时期的财政状况非常稳定。但与之相反，他的健康却每况愈下。在别墅中，马克总是不离瓦格纳左右，但路德维希的一纸禁令限制了马克的活动范围，它再也不能陪主人出远门了。冬天，瓦格纳一家决定去维也纳度假一两个月。临走前，瓦格纳对马克说：“我恐怕自己再也赶不回来见你最后一面了，你要永远像现在这样忠贞无畏。”

当时瓦格纳对爱犬忠贞的要求可谓是意味深长，柯西玛那时已经觉察到丈夫对《帕西法尔》一剧中饰演卖花女的姑娘卡丽·普林格尔一往情深。在 1883 年 2 月 13 日，当得知这个姑娘将被邀请到他们在维也纳的住所时，柯西玛一怒之下与丈夫争吵起来，吵闹声惊动了左邻右舍。几小时后，瓦格纳被发现死于心肌梗死，临终时手里拿着的是一篇未完成的散文《女人一成不变的特性》。

瓦格纳的遗体被运回万弗雷德安葬时，马克，瓦格纳一向忠心耿耿的爱犬守候在灵柩前哀号不已。根据遗嘱，瓦格纳被葬在卢斯墓边。马克片刻不离地守在主人墓前。柯西玛说，不出几日，马克就因悲痛过度而追随主人远去了。它被葬在主人墓旁，它的墓志铭上刻着这样一句话："安息此地的是瓦格纳的卫士和伙伴，美丽而忠诚的马克。"

与佩普斯、菲普斯合作，在罗伯、波尔、科斯、卢斯、布兰克和马克的共同见证下诞生的瓦格纳的音乐作品至今仍上演着，并回荡在无数人的耳畔与心灵深处。请仔细聆听，在齐格弗里德穿越丛林寻找龙形巨人的片段中，你会听到瓦格纳的爱犬菲普斯踏着枯叶一路奔跑的足音。

第 9 章

会说话的狗

根据最近一项对狗主人的行为调查显示，约有五分之一的狗主人承认，有时当他们不在家的时候，曾经尝试通过电话和他们的狗联络。有一部分人承认自己曾让家庭成员把电话拿到狗的耳边，好让他们对它说话；另一部分人说他们留下了表示问候安慰的电话留言，希望狗儿靠近电话机的时候能够听到。这侧耳倾听的犬科动物能否接收到从电话中传来的信息，想必会是个能引起热烈讨论的话题。不过，狗在电话发明者亚历山大·格雷厄姆·贝尔的生活中曾扮演过重要的角色，对这个事实的讨论则少之又少。

关于亚历山大·格雷厄姆·贝尔的一个重要事实是，虽然每个人都知道他一生的功绩，但遗憾的是，大部分人低估了他对现代生活的贡献。每个人都知道他发明了电话，但事实上贝尔所做的远不止这些。他靠发明电话赚来的钱很重要，因为那些钱使他能够自由地投身到其他项目的研究中，并创造出很多其他重要的发明。例如，贝尔发明了用在船上的水翼。为了证明水翼船的速度，他建造了重达一万多磅的 HD –4 号，它的速度可以达到每小时 70 英里。它在 1919 年创造了世界纪录，并将这个纪录保持了 10 年。

贝尔还发明了铁肺，那是第一个人工呼吸器，救了很多人的命。另一个救命的发明是磁力计，它使医生能够精确地找到病人身上子弹和金属碎片的位置。X 光机则是在它很久以后才问世的。他还改进了托马斯·爱迪生发明的照相机，使它们成功地走向了市场（同时出现的是平板照相机的概念，取代了爱迪生的圆筒照相机）。另外，贝尔还发明了光线电话，证明了光可以用来携带声音信息。正是基于这个理论，有声电影最终才成为可能。他申请过一些同飞行器有关的装置的专利，其中一个蒸汽飞行器可以飞起来，但却没有流行。他发明的另外一种装置是副翼，它作为飞行器上可移动的一部分来控制飞行器的翻转，在今天的每架飞机上都可以看到副翼。同时，他还培育了一个具有高繁殖能力的绵羊品种，它们长了更多的奶头，用来喂养它们生出的许多小羊。

除了发明之外，贝尔还在其他方面为科学作出贡献。他创办了《科学》杂志，它后来成了美国科学发展协会的官方出版物，而且一直是世界上最受关注和尊重的刊载独创性科学报告的出版物之一。他还是国家地理协会的创办者之一，正是在他的建议下，原本严肃刻板的《国家地理》办成一个有着丰富的图片资料的在今天为众所周知的杂志，他相信，作为“视觉教育”的一种形式，那些图片非常重要。

贝尔的另外一个贡献是听度计，一种能让医生测出一个人的听力损失程度的仪器。这个仪器很重要，因为它反映出贝尔一生对失聪的关注及对聋人教育的热情。正是在他的这项活动范围内，我们找到了一种有趣的犬科动物，它可以对这个如今仍然困扰着聋人教师的问题有所帮助。

1847年，贝尔出生于苏格兰的爱丁堡，不久他们全家搬到了伦敦。语言教育是他们家族的传统，他的祖父是个演讲教师，父亲亚历山大·梅尔维尔·贝尔，是公认的演说家，他的书《标准演说家》，在他死后仍被改编出版，实际上，它已经用英文出版了近两百个版本了。老贝尔还作出了一个重要贡献，就是发明了一种叫做“可视语言”的语音符号。这套系统的重要性在于，它使用的符号代表了嘴唇的形状和动作，以及舌头在嘴里的位置，这就意味着一个知道如何读这些符号、并学会了用嘴做出设想中的动作的人，便可以发出所指示的任何声音，即便是没有语用价值的毫无意义的声音。亚历山大和他的兄弟们受到了这个系统的训练，并将其运用到他们的父亲身上以证明它的有效性。在求证过程中，孩子们离开房间，让听者来诵读听到的段落、声音组合（比如亲吻和笑声）甚至是非英语的单词，从法语到盖尔语。他们的父亲将使用“可视语言”的字母把声音写下来，然后孩子们回到房间，根据写下的重新发音。一个观测者对这个场景做了如下描述：“我清楚地记得，我们对此兴致盎然，渐渐地，兴致变成了惊讶，因为那些小伙子……如实地复制出声音——但是那就像是鬼魂在他前世的骨骼和肉体间游离的时候发出的声音。”

亚历山大·格雷厄姆·贝尔对教聋哑人说话的兴趣，来自他母亲伊丽莎·贝尔。亚历山大和他的母亲很亲近。她是个非常出色的钢琴家，这个男孩也继承了她的天赋。然而，在他12岁的时候，他母亲开始丧失听力。虽然其他人尝试着通过向橡皮耳管的叫喊来和她交流，但亚历山大却发现他如果凑近她的脸，清晰地放慢速度说话，是仍然可以和她用低声交谈的。他开始明白她正学习如何阅读他的唇语，至少在某种程度上是这样的。他还发现让她练习适当的说话技巧，使用他父亲的可视语言系统的嘴唇移动模式，她就可以保持清晰的、能够被理解的说话方式。年轻的亚历山大由此看到了一丝曙光，他父亲对唇舌位置的分析或许可以帮助教导聋人说话。然而他父亲本人却对此持有怀疑。在亚历山大离家去做音乐和辩论教师的几年内，这件事便没有了下文。

贝尔在当时还不知道，他正站在一个争论的中心，正在开始形成自己的看法。从那时候至今，关于对聋人的教育问题一直存在着两个极端不同的观点。第一种观点认为，聋人应该学习通用的语言技巧以适应普通的社会交流，因而，当聋人在一个说特定语言的社会里就应该学习阅读唇语，这样他们才能理解周围人所说的语言；他们还应该学习尽量清晰地说这门语言，使他们周围的人能够在不需要掌握什么特殊技能的情况下理解他们。贝尔声称："聋人教育的终极目标，就是让他们能够轻松自如地与有听力者进行沟通，或者说为聋人和有听力者的交流提供便利和保障。这也是'让聋人回归社会'的含义。"这个观点现在被称做唇语教法，因为他强调了聋人在口语语言技能方面的发展。

和唇语教法观点相左的是手语教育。既然使用的是手势，这一方的观点常被称做手势教法。为聋人设置的手语在 18 世纪首先流行于法国，其发起者是阿贝·查尔斯·迈克尔·德·埃佩，他也是巴黎第一所聋哑儿童公立学校的创办者。他重视手语的理由和他信奉的天主教有关。他认为通过教导聋哑儿童用某种方式进行交流，他们就可以通过某种神父和上帝都可以理解的方式宣誓了，他们的灵魂也可以得到拯救。这是个寄宿制学校，孩子们能够一直沉浸在聋哑文化氛围中，他们得学会准确流利的手势。学校成为一个手势教法的大环境，德·埃佩不久便开始相信手语是聋哑人交流思想的自然方式。

美国人爱德华·迈纳·加劳德特完全认同德·埃佩的想法。和贝尔一样，他也是受了他父亲的影响，其父托马斯·霍普金斯·加劳德特是一名聋人教师，他在巴黎期间学习了那里的教学方法，包括手语。然后他把手势教法理论带回了美国（现在的美国哈特福德聋哑学校，康涅狄格州）。加劳德特也因为受到了他的聋哑母亲的影响而为贝尔所熟知。他母亲从未学会很好地讲话，而只能通过手势来交流。加劳德特经常把聋哑人的手语称做是“自然赋予他们的语言”，并认为在这些手势中没有一丝随意性，因为它们是聋哑思维自发自然的表达。E. M. 加劳德特创办了第一所聋哑人的高等教育学府，那就是如今在华盛顿特区的加劳德特大学。

贝尔认为手势教法的观点在任何意义上都是不成立的。“手语是天生聋哑儿童唯一的自然语言，这个命题就像在说英语是有听力的儿童唯一的自然语言一样，它的自然程度应该相当于英语之于美国的孩子。它是周围的人所使用的语言。”

这两种观点——以及它们的支持者——的冲突是不可避免的。最终导致了公共辩论，杂志和报纸上带着敌意的相互诋毁，甚至是美国国会和参议院前气氛热烈的立法委员会听证会。在某些方面，这个战斗会分化众人的观点，在今天的“聋哑文化”的辩论中，我们仍然可以看到这种分化。一些鼓吹者声称聋哑学生只应该学习手语，另外一方则称，排他的、单纯的手语教学将会导致聋哑人无法和大部分有听力者交流。

加劳德特的论据是一些天生的聋哑人不可能学会如何发出连贯的语音，而贝尔为什么仍然如此坚持唇语教法的观点呢？简单来说，贝尔认为手势教法的观点是错误的，是因为一只狗的缘故。

贝尔和动物的关系一直有些复杂。他在自己的后半生中，在加拿大的家里（位于新斯科舍半岛的布雷顿角岛）养了很多动物——马、山猫、鹰、蛇、羊，当然还有狗。据他的女儿黛西说，她的父亲喜爱“所有动物，但还没有喜欢到为它们负起一切责任的程度；他知道母亲总会负起那些责任的”。

贝尔对狗的喜爱常会成为一个问题，特别是他和玛贝尔·于巴尔结婚初期的时候。那时经济拮据，玛贝尔总是担心他会将他们原本不多的钱浪费在昂贵的狗身上。她当然理解贝尔需要一只狗做他的伙伴，因为他习惯于一个人不定时地工作。当他是个聋人教师时，常常工作一整天，然后将整个晚上用来改进他的发明。在他的后半生，他有时需要独自一人处理一个技术难题，那时他就会离开华盛顿特区的家去加拿大的住处，以便把更长的时间用来工作。当贝尔坚持要有一只狗来陪伴时，玛贝尔就知道他想要离开一段时间了。

贝尔很清楚狗在人们心中的重要性，以及它所能带给人的安全感。有一次，贝尔不在家，玛贝尔在写给他的一封信中提到他们的小狗贝姬把屋子闹得鸡飞狗跳，就因为它看到了“鬼”。事实上，这只狗半夜醒来就“在屋里蹿来蹿去，扰得我不能睡觉。它狂吠并跳到我身上。我想方设法安抚它，但无济于事。它一直在叫，朝我飞奔。于是我起床，发现当时是半夜 12 点，大家都睡了。那么到底发生了什么事？那些入室盗窃的恐怖情节立刻浮现在我的脑海中。我跟在贝姬后面，它奔向我的卧室，哦，天哪！它惊恐地绕着我的床狂叫不止。”

贝尔好像懂得狗的感情，他的回答给了玛贝尔一些安慰：

> 我那小鸟依人的妻子真是个喜欢猜疑的家伙！我不在的时候，她居然想到了小偷、强盗还有鬼的闯入。这真让我自豪。我以前从不知道自己在家里那么重要。现在我明白了，我不在家的时候，整个家就会被一只狂叫的可怜的小家伙扰乱。根据我的经验，我才不管小狗的叫声呢，它连敌友都还分不清楚；我也从没兴趣弄清楚它到底为什么叫。不过如果你关注它，就会觉得它是你身边的一个小保镖，它那不分敌友的叫声也许真的有用。这叫

声意味着“附近有人”。不过如果它叫得太起劲，你就懒得去关注它了。有时我要睡的时候，我的狗还会欢蹦乱跳地吠叫着迎向我，但这很少会影响我。现在，你只需要两只狗，把它们都带上床，让它们躺下，这样一来，它们叫的时候你就不会那么惶恐了。

贝姬叫起来是“汪－汪”那样，但安静的老幽晚上就会蜷缩在一边，比贝姬安静多了。别怕，贝姬如果叫的话，一定是因为内莉、帕尔默小姐、埃尔西或者是黛西在附近。

但如果老幽也跟着叫了，那你就得仔细听听有没有陌生的脚步声，或者不寻常的声音。它从来不会单独叫的，尽管有时候它也会跟着贝姬凑凑热闹。

好好照料我的狗狗，给它准备一个铺满干草的篮子，好让它舒舒服服地躺在里面。

贝尔的动物知识和他与狗的相处，对他此后的一项重要实验产生了影响，这项实验有助于聋哑人读唇语的训练。当时贝尔只有20岁左右，还不曾教过任何失聪者如何说话；他在这个领域内所了解的，只是父亲对于唇舌运动和发声的一些理论可以被运用于教导失聪人群开口说话的训练中，因为这些理论为聋哑人的唇语教学奠定了基础。对此，手语专家则难以苟同，他们认为失聪者无法听到他们自己发出的声音，因而他们无法得知自己的发音是否准确。此外，手语教育者根本不相信一个丧失听力的人能够学会控制口型并发出声音。

但对于贝尔而言，这一切很简单：你所需要做的只不过是教会那些失聪的人如何按照一定的提示发出连贯的声音。他们发出的声音质量如何无关紧要，关键是在此基础上，你就可以教他们通过唇舌的运动塑造语调，接着就念出所有的单词。他们的发音也许并不像正常人那样清晰，但只要懂得这门语言便能明白。

为了试验自己的理论是否可行，贝尔决定找一个比彻底的聋人更难训练的对象进行试验，于是他选择了自家的宠物狗——思凯㹴犬。这种犬体型娇小，身披长毛。关于这个品种的来源有这样一个说法：从前有一艘船在苏格兰西部的赫布里底群岛触礁，当时船上的马耳他犬奇迹般地存活了下来，并和苏格兰当地的狗交配生出了思凯㹴犬。这类㹴犬往往脾气倔犟，又很独立，但尽管如此，贝尔还是称这只狗“很有灵气”。显然，贝尔是明知不可为而为之，他竟然打算让这个一身黑色鬈毛的小家伙学说话。

实验刚开始，贝尔在他的记录上写道：“我认为教小狗按指挥发出叫声是有些难度的。”于是他对狗的食物供给做了限制，这样一来，食物就变成了很有用的奖励。没过多久，这只狗就会为了食物而开心地叫了。

下一步计划是教狗坐在地上发出连贯的叫声，直到贝尔发出停止的信号。每次成功完成之后，贝尔就给它一些食物作为奖励，而之所以要让狗后腿坐在地上，其实是为了方便控制狗的口型。

基于父亲的研究，贝尔知道了如何控制狗的嘴唇，如此一来，当狗发出持续的叫声时，控制其嘴唇的开合就能让它发出“妈，妈，妈”的声音来。为了使这声音听起来更像词语，贝尔就需要让狗明白，当自己的手松开时，它就必须收声。这一点很容易做到，因为只要给狗吃东西它就会收声，而贝尔也从不拖欠小狗的食物。稍作训练之后，贝尔的狗便发出了“妈妈”这个词。它的发音十分清晰，并且重音落在第二个音节上，这是标准的英式语调。

接下来的一个发音就比较难了。贝尔将他的大拇指伸到狗的下颚处，用力推动数次，让狗发出了“嘎，嘎，嘎”的声音。这时候，他那跟随母亲多年的钢琴学习的好处便显现出来了。他灵活的手指控制着狗的口型，仿佛狗的嘴巴就是某种乐器一般。贝尔动一下拇指，然后再连续两次收拢狗的嘴部，就能让狗发出“嘎，妈，妈”的声音来。练习数次之后，贝尔就根据这几个音形成了“Grandmama”（奶奶）这个单词，尽管从狗嘴里发出的声音实际上还是“嘎－妈－妈”。因为这个语言突破，小狗也得到了双倍的奖励，贝尔在实验报告中写道：“小狗对语言课产生了浓厚的兴趣。”

然而贝尔也确实遇到了狗的品种所带来的限制。思凯㹴犬是一种小型犬，它的嘴也很小。后来的实验表明，贝尔很难操控这张小嘴里的其他部分，这就意味着他能控制狗的嘴唇已经很不错了。但贝尔并不气馁，他仅凭控制狗的吻部就能让狗发出“啊”的音。接着，贝尔又设法让它从“啊”音转向“哦”。这么一来，贝尔就成功地让狗发出了双元音“奥”，就像在“闹”这个词中的发音一样。

这一切进行得非常顺利，小狗几乎达到了它语言学习的巅峰。贝尔的最高目标是要让狗说出一句清晰而完整的话“How are you, Grandmama?”（你好吗，奶奶？）不过说实话，真实的发音听起来更像是“奥啊呜，嘎－妈－妈”。

如此一来，贝尔的狗就在他父亲的朋友中声名远播了。不久许多人慕名而来，想要看看贝尔家的狗是如何靠着贝尔的一点帮助就能坐在地上，说出“你好吗，奶奶”这句话来。

这只小狗的确很出色，不久，当地就盛传小狗会说话。渐渐地，小狗的能力就被说得越来越离谱了。很快，贝尔就听到了一些毫无根据的传言，比如小狗说了某些它其实根本没说过的话，最后，这些流言飞语使贝尔感到困扰，因为有不少人认为，是贝尔自己编造了小狗说人话的离奇故事。贝尔自己很清楚，他所说的不过是小狗可以在他的控制和食物的诱导下发出可以辨析的声音而已。贝尔的实验报告是这么总结的：“我尝试过很多次，也经历了很多失败，为的是让狗能够自己说出一句话。在实验中，它只对黄油面包感兴趣，而从不能独立说任何话，它所能做的不过是叫唤罢了。”

对于贝尔而言，这项实验到此结束了。如果一只狗都可以学会根据提示发出持续的声音，那么失聪的人显然也可以，更何况人可以主动控制口型，摆准舌头和嘴唇的位置。此外，他父亲发明的可视语言系统能够帮助失聪人士学会这些口型。

贝尔从小狗学说话的实验中总结出了不少经验，那么如何将其用于实践呢？伦敦南肯辛顿聋哑学校的苏珊娜·赫尔女士为贝尔提供了一个与失聪儿童合作的机会。事实上，此时的贝尔完全处在理论阶段，此前他完全没有聋哑儿童教育经验。1868 年 5 月，贝尔开始与两名失聪的小学生合作，从他详细的记录来看，此次合作几乎很快就获得了成功。仅仅一节课过后，这两名学生就发出了他们从不曾发出过的声音，而到了第五节课时，贝尔的记录显示他们已能清晰地说出整句话。

基于教狗说话的实验以及失聪儿童的成功教育案例，贝尔这样写道：“现在，试验阶段已经完成，所有的聋哑人都有可能已学会说话，但这还并不为人所知。”尽管贝尔的这些经验对于聋哑人来说是福音，但是加劳德特对此将信将疑，并仍旧极力主张维护教聋哑人手语的传统。教手语还是教说话？这个话题争论至今仍然没有结果。当代的主流观点是兼顾二者，即对失聪者同时教授发音技巧和手势动作。但在实施的过程中，人们总是不自觉地强调其中之一。当然，人们已逐渐发现两种能力对失聪人士的作用都不可或缺，因而现在这场争论的重心也转移到了究竟哪种能力更为重要上来。

其实，如果贝尔不曾做过教狗说话的实验，或者他不曾真正教育过丧失听力的人，那么也许他永远也不会发明电话。在搬到波士顿后，贝尔为失聪儿童办了一所学校，从此开始了一段双重生活：白天，他教那些丧失了听力的孩子们说话，培训学校的教师；到了晚上，他常常是通宵地做科学研究，思考如何解决一些技术上的问题。乔治·桑德尔和马贝尔·于巴尔是贝尔教的最成功的学生，这两个孩子已经学会了如何说话。他们的父亲都很富有，贝尔的努力令其非常感动，并决定资助贝尔完成科研项目。有了这个资金来源，贝尔买了他所需要的设备，并请托马斯·沃森做他的助手。沃森年轻且聪明，能修理机械、制作模型。贝尔擅长于设计，但制作手艺并不好，所以沃森也许是真正意义上的做出了世界上的第一部电话机的那个人，他也是在 1876 年 3 月 10 日第一个接听到无线电报的人。当然，史册上并未将那个孤独的宠物主人第一次尝试通过电话线和他（或她）的小狗通话的日子记载下来。

贝尔去世半个世纪后，在狗的协助下，失聪人群（也是贝尔最为关注的一群人）渐渐用上了贝尔最重要的发明——电话。对于听力有缺陷的人来说，电话也可以是一种重要的通讯工具。如果一个人还有一丝听力，并且能够说话，那么只要提高电话的音量就能使他顺畅地与人交流了。当然，现在将电脑键盘、显示屏和打印机连到电话线上，无需开口，只要键盘输入就能够实现互动和实时通话了。但有一个问题仍然存在，那就是既然丧失听力的人听不到铃声，又如何知晓是否有人打来电话呢？也许闪光提示来电信息是一个不错的提议，但除非主人在家里并且盯着电话的方向看，否则这种提示将毫无作用。

这一问题在 1974 年得到了解决，这也就意味着丧失听力的人从此能够在家里或是工作环境中得知来电信息了。阿格尼斯·迈格拉斯住在明尼苏达州的怀特贝尔湖边，他是一名职业驯狗员。有一天，一名聋女问他能否训练出一只“助听狗”。其实，她原本有一只狗，这只狗就像是她的耳朵，每当电话铃或门铃响起的时候，它总会在主人身边又拉又蹭，然后在主人和声源之间来回奔跑。很可惜，这只不平凡的小狗已经寿终正寝了。于是迈格拉斯开始尝试训练“助听狗”，不久之后丹佛的美国人道主义协会就设立了第一个正式“助听狗”训练计划。如今，此类驯狗项目已多达十几个，经过训练的狗都能辨听出生活中最基本、也最为重要的声音，例如：电话铃、闹钟、门铃或敲门声、烟雾警报、婴儿啼哭，甚至门把手细微的旋转声、玻璃窗推起或玻璃破碎等入侵的声响。但有意思的是，多数“助听狗”在为主人传递了电话铃响的信息之后，还会饶有兴致地跑过去研究那个打来的电话是不是找它们的。

第 10 章

临床医学家躺椅上的狗

几年前我目睹了一个奇迹，至少就当时的心理学医疗方面来讲，算是件不可思议的事情了。我的一个朋友参与了一个宠物辅助治疗计划，她登记了一只金色寻回归猎犬，名叫桑迪。桑迪接受过一定的训练，是具备相关资质的探望犬，这就意味着我的朋友弗里达可以把它带进医院，或者是带到那些老房子里去探望病人。对于一些远离了自己家庭的病人来说，一只小狗的到来会是件美妙的事情，这有助于排解寂寞和沮丧。在某些情况下，宠物实际上是心理疗法的一部分，而且这种疗法非常有效。一次，我们来到一家医院，在医院的病房外，一个护士告诉了我们关于病人的一切。

"这是一个令人悲伤的故事，"她说。"她的名字叫埃娃，六十多岁，一个月前她经历了一生中最惨痛的一场车祸，她所乘坐的小汽车被一辆大卡车撞到。她身受内伤和多处擦伤，这些都是可以康复的，但是她的丈夫还有她唯一的儿子，以及她的儿媳妇和小孙子都在这场灾难当中丧命了。她得知这些后便开始与世隔绝，再也不和任何人说话；她甚至看都不看大夫一眼，经常需要别人帮助她进食。大夫说她的问题不是身体方面的；心理医生则说这是由一种创伤导致的心理压迫的反应。我们听说她喜欢狗，所以大夫建议她接受一次宠物辅助治疗法。”

这位护士看上去对这种疗法显然没抱多大希望。她轻轻地打开了病房门，我们面前是一位瘦小的头发灰白的老太太。她穿着一件法兰绒女式睡袍躺在床上，两眼惘然若失地凝视着屋顶。她一动不动，对我们的到来毫无反应，我怀疑她是不是已经死了。桑迪冲在我们前面，朝她的病床走了过去。

弗里达介绍了我们的狗：“您好，我给您带来了一个看望者，它的名字叫卡桑德拉，但是我们都叫它桑迪。”埃娃还是没有反应，眼皮都不眨一下。

大金毛狗桑迪慢慢地靠近了床边，然后轻轻地把它的鼻子压到了埃娃的手上。桑迪试探性地舔了舔，然后用头轻轻地蹭了蹭她僵硬的手指。接下来，桑迪跳了起来，把它的爪子搭在床边，凝视着埃娃的脸。它满怀希望地呜呜着，把头贴在了埃娃的胸口。

几分钟之内什么都没有发生，然而接下来埃娃的眼睛移向了桑迪。她虚弱的手在桑迪的头上轻轻拍了拍，然后她的手指滑至狗的耳朵。这个瘦小的女人眼睛里充满了泪水，四个月来她第一次开口，温柔地说道：“你长得就像我的戈尔迪，你和它有一样的耳朵，当拉尔夫不在的时候，它总爱爬到床上去。”

她将双手放在这只大金毛狗的头上，一边盯着桑迪的眼睛，一边说：“我伤心的时候，戈尔迪也总是会知道。”

这正是我们所需要的突破。以后的几周里，桑迪每天都来看望埃娃，而埃娃也终于开始接受心理治疗以排除内心的创伤。最终她将回到家，带着她的哥哥给她买的玩具猿，开始新的生活。然而若是没有另外一只狗的话，她那神奇的跨向康复的第一步，也许永远也不会开始。这只狗就是一只红褐色长毛狗，70 年前，它喜欢躺在维也纳贝加斯街 19 号一位正在进行治疗的心理学家的桌边睡觉。

当被问起谁是历史上最伟大的心理学家时，十之八九的人会立刻说出一个人的名字，那就是西格蒙德·弗洛伊德。可以说，弗洛伊德通过将对于行为的解释从简单的生理机械论转向心理机械论，从而重新定义了人类。他的理论支配了整个 20 世纪的前半期，尽管他的某些精神动力学理论引发了争议、挑战甚至是被摒弃，但他引介的一些观念即使在今天来看还是十分有价值的。他对于无意识的观念与理解，对于被抑制的记忆的认识，对心理防卫机制的示范，以及关于童年经历对于成年后的心理所带来的细微且广泛的影响的论点，时至今日仍旧为心理学界普遍采纳。

在弗洛伊德生命中最后的 20 年中，他对狗的喜爱与日俱增。这种喜爱一直支撑着他，使他即使在最艰难的日子里也感到快乐。他与爱犬的这段感情也给后人留下了一份宝贵的遗产，那就是一个新式的心理治疗方法（宠物协助治疗方法），这种疗法与他主张的心理分析系统完全不是一回事。然而，由狗引发的一次小小事件，还是给弗洛伊德的心理分析思想带来了不小影响。

1856 年，弗洛伊德出生于弗赖堡一个小城镇，那个镇子在摩拉维亚地区，当时是奥地利的一个省（现在是捷克共和国的一部分）。他的父亲雅各布是一个羊毛商，其工作仅仅够维持整个家庭的日常生活。40 岁时，雅各布的第二个妻子去世了，他娶了 20 岁的阿马莉。不久之后西格蒙德·弗洛伊德出生。西格蒙德更像他那聪明活泼的母亲阿马莉，而不像他的严厉而又冷漠的父亲。西格蒙德家是一个大家庭，雅各布与他的前妻有两个儿子，跟着是另外两个儿子和五个女儿。大家庭带来的压力和当地反犹运动所带来的恐惧感使父亲惊恐不安。他们先是举家迁往莱比锡，没过多久又搬到了维也纳。正是在这里，西格蒙德度过了他一生中的绝大部分时间。

或许在当时维也纳典型的犹太家庭中，至少让一个儿子当上医生是一大目标，因为在维也纳，只占总人口 4% 的犹太人却占到医科学生的 48% 。小西格蒙德是家里最聪明的男孩，且成绩总是在班级名列前茅，所以他也被期望成为这个家庭里事业最成功的一个。他 8 岁时就开始读莎士比亚，受到良好的教育，了解希腊、拉丁、法国和德国的历史和文学。最初，小西格蒙德更倾向于学习法律，但是对科学、精神病学和医学的兴趣，使他最终成为维也纳大学医学系的一名学生。

在读大学的第三年，弗洛伊德开始了中枢神经系统生理学方面的研究，这些研究是在生理学实验室内进行的，负责监督指导的教师是德国医师恩斯特·威廉·冯·布吕克尔。布吕克尔是新一代科学家中的一员，他们开始不再相信纯理论哲学的形而上学和唯心主义。他们被称为“生物还原论者”，其主张在当时看来极为激进：“在生物体内起作用的只有普通的物理化学成分。”这种观念深深地影响了弗洛伊德的思想，他试图将个性简单地还原为神经及物质的过程，为此他花费了数年时间。然而，当他遇到一个真正只能用一个人过去的经历来解释的、需要心理治疗的心理问题，而非用生理学来解释的、需要物质化学疗法的问题时，他便放弃了这个观念。

弗洛伊德的研究经常使他在学业上分心。他全神贯注地投入到神经学的研究，却忽略了他应该完成的医学学位的学习。无论如何，他获得了丰富的研究成果，他甚至发明了一种新的脑细胞染色方法来帮助研究。但是研究使他拖延了三年的时间才从医学院毕业。1881 年，弗洛伊德在结束了一年强制兵役后拿到了医学学位证书，他继而回到大学继续他的试验工作。他在生理学实验室示教，工资并不高，但是实验室给他提供了一些必需的设备，这使得弗洛伊德在脑髓（脊髓的顶端部分）研究方面又获得了某些重大发现。

但当时实验室里的工作职位有限，弗洛伊德即使拥有犹太人的身份也无济于事。他曾经向一位名叫玛莎·贝尔奈斯的女人求爱，但是他没有足够的经济保障结婚并维持一个家庭，除非找到一份工资更高的工作。他的导师布吕克尔劝说他放弃生理学方面的研究转而从事一些实践性的工作，以便自己开设一家诊所。弗洛伊德最初并不甘心，但还是决定走这条路，因为这能为他带来稳定的收入。于是在接下来的三年中，他一直在维也纳的医院里从事精神病学、皮肤病学和神经紧张方面的疾病治疗工作，不断地积累经验。他在理论和临床治疗方面的能力，最终为他赢得了一个在维也纳大学精神病学讲师的职位。

回到大学，弗洛伊德可以申请从事政府资助的研究工作了。尽管还有其他两个强有力的竞争者，但他最终通过自己以及导师布吕克尔的不断努力赢得了一个机会。这个资助使弗洛伊德有机会到巴黎的神经科专家让－马丁·沙尔科那里学习四个月。沙尔科是法国一家最受尊敬的精神病医院的临床主任，他专门从事一种心理问题——歇斯底里癔病的研究。歇斯底里癔病是一种精神性紊乱症，情绪上的冲突使病患表现出一些十分惊人的症状，其中最常见的形式叫做转化歇斯底里症，这样的人表现出身体方面的症状，比如肌肉瘫痪、痉挛、失明、失聪、恶心呕吐、头痛眼花、昏厥或者颤抖。经过检查，没有任何一个器官导致了这些症状的产生。在分离性歇斯底里症中，其表现则更像是精神感情方面的问题，伴随着强烈的情绪波动，并失去自我控制。歇斯底里这个词来自于希腊语的“子宫”一词。古代关于歇斯底里症的解释是：子宫在身体内不知何故地游走到不适当的位置，进而导致精神错乱和身体方面的一些症状。很显然，如果真是因为子宫的漂移变位而导致了歇斯底里症，那病患肯定应该只是女性，而若男性的症状就只能解释成装病了。

当时沙尔科指出，歇斯底里症并不是由身体方面的问题所导致，而实际上是因为心理问题。沙尔科提出了一种催眠治疗法，想通过讲座等正规途径在广大医疗人员和民众中推广。沙尔科有能力通过催眠消除甚至是使人进入歇斯底里状态。他的理论是：歇斯底里症是由于心理创伤和天生的心理脆弱一并造成的。最终，沙尔科相信，歇斯底里的弱点和催眠是一样的，这就意味着一个歇斯底里症患者具有罹患神经病、或至少具有被催眠的神经质倾向。

在与沙尔科共事期间，弗洛伊德开始慢慢地接受歇斯底里症是一个心理而不是生理的问题。他还获悉了很多有关男性歇斯底里的病例，并且有一些症状是可以通过催眠来消除的。弗洛伊德开始着手学习和训练催眠手法，但令他失望的是，有些病人根本就是不可催眠的。更要命的是，他发现催眠疗法的成功与否取决于病人与医师之间的关系。一旦人与人之间的关系被削弱或者被扰乱，以前的催眠疗法所获得的疗效在催眠结束时都会在瞬间消失，而症状又会重新出现。

弗洛伊德得出了结论，认为歇斯底里症的真正病因源于病人渴望压制痛苦回忆的想法，这使得病人把自己的意识挤了出去，这些情绪开始聚集而且越来越强烈，并试图寻找一种方式来宣泄，这就是促使他们表现出那些症状的主要原因。根据这个理论，治疗开始从使病人感到痛苦的回忆这个根源入手，让病人对那些回忆变得有意识、有知觉。一旦病人有了意识，感情就得以自然而然地宣泄出去，那些症状自然也就不会存在了。临床医学家的任务只是提问，一步步耐心地、循序渐进地引导病人去解开他们的心结，让他们自觉地将感情发泄出来从而达到治疗的目的。

弗洛伊德提到的一位使用假名的病人——安娜·O 的病例证实

了他的理论，这个病例不仅证明了歇斯底里症是自然形成的，而且还证明了歇斯底里症的治愈过程。巧合的是，这起事件却是围绕着一只狗产生的。弗洛伊德的一位同事约瑟夫・布罗伊尔刚开始是这位病人的主治医生，他还是弗洛伊德有关歇斯底里症的著作的共同创作者。

安娜在21岁时开始接受有关治疗。她大部分的时间都用来照看自己有病在身的父亲，这是一项艰难并且无法索求回报的工作。她不间断地料理着父亲的日常生活，整理房间以确保父亲生活的整洁，这使得她变得有一些洁癖。这种情绪十分强烈，所以我们可以理解她当时表现出来的一些心理和精神方面的症状和压力。

当她的父亲最终去世后，她感到自己面临危机，所以开始寻求医生的帮助和治疗。那时她的病情已经发展到出现了语言障碍和经常无意识的痉挛。她的手脚也逐渐失去知觉，视力慢慢减退。她进行了多次检查，却始终没有发现任何实在的病因。她的症状还不止这些，后来甚至出现了强烈的情绪波动并企图自杀。显然这是一例歇斯底里病症。

在弗洛伊德开始介入治疗时，安娜已经又出现了另一些症状。当时是夏天，而维也纳正处于令人难以忍受的炎热期。安娜虽然非常渴，但她连续几周都无法饮水。她将一杯水端起，但当嘴唇接触水杯的一刹那，她又不自觉地将水杯推开，同时感到害怕和恶心。她唯一能够摄取的水分、维持生命的方法是吃一些水分含量高的水果，比如西瓜。弗洛伊德的治疗方法是让她随意说出脑子里的一切想法，当她的想法开始聚焦到某一件事情上时，他就开始将她引至那个对她来说最最重要的问题上去。这时观察者就会感觉她进入了自我催眠，开始漫无目的地探寻自己的问题所在。

在这期间，她嘟囔着提起了她的来自英格兰的“女伴”，她平时帮她料理家务，但是安娜并不喜欢她。她开始专心地描述起一件事情，那是关于这个女伴在她的房间里养的一只小狗的故事。安娜有强迫性的洁癖，她并不喜欢狗，她把狗描述成一种可怕而恶心的生物。有一天安娜走进这个英国女人的房间，看到那个女人的狗在喝一杯放在茶几上的水，但那女人似乎并没有注意到，而安娜出于礼貌也并未提起。那女人后来端起这个杯子喝水。在安娜描述这个情形的时候，情绪似乎已摆脱了束缚，她开始表达自己对这整个事情的反感、恶心和愤怒。在经过彻底的宣泄之后，她开始要水喝，并毫不费力地一口气喝了很多水，无法饮水的症状顿然消失，而且再也没有出现过。

弗洛伊德是这样写到这件事情的："请允许我为此打断一下。从未有人用这样的方法来消除过一个病人的歇斯底里症状，也没有人如此深刻地洞察到症状的起因。这真是一个伟大的发现，它能证明或许其他大多数的病患也能通过这种疗法来消除症状。"安娜那强烈的痛苦情绪以及弗洛伊德的惊人的洞察力，原来全是因为一只不讲礼貌的狗！

显然在安娜·O的这个案例里，狗只是一种情绪产生的刺激物，弗洛伊德的洞察力只是从其他一些与狗无关的病例中获得的经验。但当弗洛伊德逐渐衰老时，狗却开始成为他生命中重要的一部分，他与狗的这段关系最终导致了另一种心理分析方法的产生。

弗洛伊德儿时从未养过狗，成人后的大部分时期也没养过，这或许因为他那小小的家已被他的六个正在成长的孩子占据了。只是在他生命的最后四分之一里，狗才变得重要起来，而他对狗的喜爱竟是因为两个女人。第一个是他的女儿安娜，他最小的孩子。安娜小时候很活泼，总被人叫做淘气包。弗洛伊德在给他的朋友威廉·弗利斯的信中曾这样写道："安娜非常调皮，或许我正是为此而喜欢她。"这个充满活力的小女孩儿后来成了一位教师，从事心理分析方面的教育工作。她将对教育和心理学的兴趣完全融入到对儿童心理学的一系列研究中，最终成为一位有影响力的儿童心理分析师，在这方面作出了许多贡献，并且在维也纳心理分析与训练协会任主任一职。后来，在和父亲移居英国后，她开设了一家自己的诊所——汉普斯特德诊所（Hampstead Clinic）（后来改名为安娜·弗洛伊德中心）。她写了许多关于儿童心理分析方面的书，并且对那些受到“二战”影响的儿童做了出色的研究工作，包括在纳粹集中营中生存下来的儿童。

“一战”后不久，弗洛伊德患了癌症，这可能是因为他的烟瘾。癌症给他带来了持续不断的疼痛，他不得不接受了33次手术，然而他最终还是向病魔屈服了。不论他的情况有多么糟，他总是拒绝吃止痛药，直到他使用的麻醉剂已开始使他不能正常思考。他在去世的前几个月还坚持研究和写作。弗洛伊德经常长时间地思考一件事，这就是他这一生中曾有过的两次沉迷。在他早年生涯中，对可卡因的研究使他染上了毒瘾。他能够戒掉毒瘾，但却没能戒掉烟瘾，而这最终让他丧了命。

当弗洛伊德被诊断罹患癌症以后，安娜成了他的护士和精神支柱。当他需要到柏林动手术时，安娜总是陪伴着他。安娜在追求自己事业的同时一直在照料着父亲，帮助他整理研究资料，打理生活。对弗洛伊德来说，安娜所做的一切都是不可缺少的，因为尽管他的妻子玛莎给予了他关心和支持，但却不擅于安排，且不了解他在专业上的需求。此外，玛莎也缺乏那种能够使弗洛伊德接受必要治疗的强硬的个性。安娜和几只狗给了弗洛伊德持续的陪伴和表达情感的机会，伴随其一生的幽默感也得以释放。

弗洛伊德生命中的第一只狗实际上已经成了安娜的好伙伴，那时安娜还和父母住在一起。安娜喜欢晚上外出散步，但晚上的维也纳对一个单独外出的女孩并不安全，特别是在反犹运动盛行时。弗洛伊德于是买了一只叫沃尔夫的大型德国牧羊犬来陪伴她，沃尔夫的大块头和对陌生人的警觉使安娜倍感安全。

虽然弗洛伊德和安娜对沃尔夫的保护大加赞赏，但有时这也可能是一种麻烦。比如一次，当恩斯特·琼斯——英国心理分析协会创始人及后来弗洛伊德的权威传记作者——来弗洛伊德家做客时，沃尔夫就咬了他。弗洛伊德后来说："我为此而惩罚了沃尔夫那家伙，但是我做得很不情愿，因为琼斯罪有应得。"这件事肯定对琼斯或多或少造成了伤害。许多年后，弗洛伊德又满怀愧疚地给琼斯写信道："我很高兴你将在复活节造访维也纳，但又十分忧郁。我知道由于年纪所限，我只能勉强尽地主之谊。我们的沃尔夫——它上次对你曾很不礼貌——现在也已经是个老家伙了；按狗的年龄来算，它和我差不多一样老了。"

这里有一个故事。虽然沃尔夫并没有完成保护主人的任务，但却表现了它惊人的智慧。一天早上，安娜带着沃尔夫出去散步，附近几个士兵正在练习射击，他们朝天放了几发空枪。沃尔夫被吓坏了，像闪电一样猛地跑开了。安娜非常伤心，但想到自己对它如此厚待，沃尔夫应不至跑得太远，或许很快就回到自己身边。安娜喊着沃尔夫的名字四处寻找，但没有找到，无奈中只好回家。当沮丧的安娜回到家时，发现沃尔夫正在家门口等着她！它居然自己乘出租车回来了！

据司机说，沃尔夫跳上他的车后，礼貌却又非常坚定地坐在座位上不肯下车。它始终把自己的鼻子抬得老高，好让司机发现它项圈上的地址。沃尔夫当时一定认为这个司机愚蠢，因为它的项圈上清清楚楚地写着"弗洛伊德教授　贝加斯街 19 号"。

当出租车载着沃尔夫回到家时，弗洛伊德因只看到狗却不见安娜而非常担心，当然狗的归来让他十分高兴。尽管如此，沃尔夫的车费还是照付不误。当弗洛伊德询问司机应付多少时，司机耸耸肩，笑着说："教授，因为还是第一次有狗坐我的车，我忘记打表了。"不过最后弗洛伊德还是付了钱，并感谢司机将自己任性的狗送回来。

沃尔夫尽管任性，但它还是满足了弗洛伊德的很多需求。弗洛伊德对家庭有极强的责任感，深爱自己的孩子们。他的孙子海纳曼死后，他非常悲伤，常常向沃尔夫倾吐感情。他总是想："为什么这些小家伙们（指孩子们）那么讨人喜爱？从他们身上，我们看到了各种与我们的期望不符的东西，而且我们一定将他们看成了小动物，当然小动物也很讨人喜欢，而且远比那些精于世故的人更有吸引力。这一点我从我们的沃尔夫身上深深体会到了，它让我忘记了失去海纳曼的痛苦。"

安娜或许使弗洛伊德有了对第一只狗的热情，而另一个女人则坚信狗会占据弗洛伊德余下的生命。这个女人就是玛丽·波拿巴公主，她是拿破仑的弟弟卢西恩·波拿巴的直系后裔。她嫁给了希腊国王康斯坦丁一世的弟弟乔治王子；因家族原因，她和丹麦、俄罗斯及英国的皇室有着密切的联系。玛丽最初到弗洛伊德那里接受治疗，后来自己也成了一名心理分析师，而且是国际心理分析学界的代表人物之一。她对犯罪心理学方面有着浓厚的兴趣，写了许多关于凶杀案罪犯心理的书。随着时间的推移，玛丽和弗洛伊德之间产生了亲密而持久的友谊。他们性情相投，诚挚而和蔼；他们都充满智慧，对科学有着执著的献身精神，有社会责任感和道德感；最重要的是，他们都喜欢狗。

玛丽非常喜欢松狮。这是一种结实而有力量的狗，源于中国，性格独立却总是一脸愁容；它有着厚重粗糙的纯色皮毛、大头短吻、深陷的眼睛及宽大的鼻头。松狮最特别的地方则是它那蓝黑色的舌头。松狮的胸很宽，尾巴卷曲，长大后大约有二十英尺高，五十磅重。玛丽认为松狮的气质性情（对家庭成员热情，但对陌生人冷淡）和其中等的体型，比起沃尔夫那样的德国牧羊犬来，更适合弗洛伊德养在家中。玛丽将自己养的松狮所生的小松狮送给弗洛伊德。这个小松狮叫伦·亚，它很快就成了弗洛伊德家幸福的一员。

不幸的是，小伦·亚在一次过马路时被轧死了。弗洛伊德悲痛万分，尽管安娜马上想到用另一只小狗来转移感情，但弗洛伊德还是无法面对这一切。他用了几个月的时间才忘记这一痛苦的经历。后来伦·亚的继任者——它的妹妹乔菲来到弗洛伊德家，并且很快成了家中的红人及弗洛伊德的忠实伙伴。安娜后来在玛丽的帮助下设立了一个自己的饲养项目。在她父亲死去多年之后，有着汉普斯特德血统的松狮仍然保留了下来。

我们已经无从得知弗洛伊德对狗的喜爱究竟是与生俱来的，还是在那个抑制情感流露的年代中，对于不能公开表达对孩子的爱的一种补偿。通过一些弗洛伊德的家庭录像，我们发现弗洛伊德十分喜欢与他的狗们嬉戏，而这些狗也帮助弗洛伊德从他的困境中走出来。比如弗洛伊德讨厌过生日，也许是因为这让他感到了自己的衰老，但是安娜总会设法让他的狗来为他庆祝生日。每当生日那天，全家人就会围坐在生日蛋糕旁。每只狗（那时有三只狗，乔菲、伦和塔同）都坐在椅子上，而且和弗洛伊德一样，都戴着塑纸做成的派对帽子。它们的脖子上都挂着一个信封，里面是安娜写的诗，但署的却是狗的名字。弗洛伊德每次都会夸张地手舞足蹈，大声将这些诗念出来，然后感谢“写”这首诗给自己的狗，并把第一块生日蛋糕奖给它们。

在继续讲下去之前，我们将会注意到弗洛伊德家的这些狗们的档案似乎有些乱了，原因是这些松狮犬的名字好像都有许多不同的拼写方法，弗洛伊德的家人和朋友对它们名字的拼法似乎都不一样，而且那些名字好像是在循环使用，即当他们有了一只新狗时，可能还会用原来某只狗的名字来为它命名。比如弗洛伊德家有很多只叫做伦的狗（第一只狗的名字），也有不少叫塔同的狗（玛丽最喜欢的名字），还有好几代都叫做乔菲的狗。至少有两只叫乔菲的狗在弗洛伊德的晚年里起着十分重要的作用。

弗洛伊德知道自己的癌症无法治愈，并无疑是非常痛苦的。这使他感到非常恐惧，尽管他从未表现出来。当弗洛伊德的病情开始逐渐恶化时，玛丽最疼爱的一只狗托普斯也受到了病魔的折磨。和弗洛伊德一模一样，托普斯也患了咽喉部位的癌症，而且事实上也在接受着和弗洛伊德相同的治疗。玛丽想通过写一本关于托普斯一生及其疾病的书来缓解内心的痛苦，这不是一个琐碎或多愁善感的故事，而是关于疾病、爱和死亡的思考。最后这本书以《托普斯：金毛的松狮犬》为名出版，弗洛伊德读后深受感动，他表示愿将这本书翻译成德语。在最后的日子里，他将大部分的时间用在这本书上，显然他从这本书里看到了自己和托普斯的共同点。这本书其中有一段写道："托普斯需要接受最后的审判了，它唇下的淋巴肿瘤又一次恶化、肿大，肿瘤会膨胀、扩散、爆裂，最后将夺走它的生命。在几个月之内，它就会以最痛苦的方式死去。"这段话也可以用来解释弗洛伊德的主治医师马克斯·舒尔对其病情所做的报告。

对这本书的翻译使弗洛伊德得以认真考虑自己的问题，并且获得了内心的平静。随着纳粹对奥地利的占领，他的身体每况愈下，他的全家被迫逃难。纳粹公然焚烧了弗洛伊德的书，宣称心理分析是犹太人危险的具有颠覆性的阴谋。弗洛伊德姐姐的全家都被抓到了集中营，从此音讯全无。安娜也曾被逮捕拘留。经过玛丽、琼斯和其他人的努力，弗洛伊德一家很快拿到了通行证，乘船逃往英国。他们没有随身携带任何值钱的东西，除了他们深爱的乔菲。到英国后的最惨的状况，或许就是乔菲需要忍受六个月的强制隔离，为此，安娜和玛丽很快又给弗洛伊德送去一只狗（又叫伦，还是原来那只狗的名字）陪伴弗洛伊德，直到乔菲被释放。

在弗洛伊德最后的日子中，最主要的安慰就是来自这只狗。它每天无时无刻不陪伴在他左右。不幸的是，他的身体状况再度恶化，一次继发性感染，使他的脖子上烂开了一个洞。身体腐烂的臭味很难闻，狗不能再靠近他了，对这位伟大的心理学家来说，这实在是太糟糕了。他和舒尔大夫提起他们之间的一个约定，并且说道："现在除了痛苦已经一无所有了，没有了安慰与闲适，一切便都不重要了。"舒尔大夫遵守了他的诺言，1939 年 9 月 23 日，他为弗洛伊德注射了一针过剂量吗啡，使他得以在睡梦中死去。

从这位伟大的心理学家和在他的痛苦时光中给他带来无限快乐的狗的故事里，我们发现两者之间的亲密关系为后人留下了永恒的遗产。弗洛伊德经常带着狗（一般是乔菲）去给他的病人进行心理治疗，狗的反应似乎是病人心理状态的一个指示器。当病人忧虑或者感到压抑的时候，乔菲会离它平常待的桌子更远一些；如果这个病人特别沮丧，乔菲则会躺在躺椅旁边 —— 只要病人伸出手就能够触摸到它的地方。

弗洛伊德的大儿子恩斯特还提到了另外一个原因，也即为什么弗洛伊德在给病人进行治疗的时候要将那只狗带在身边。这就是当乔菲在的时候，他从来不用担心治疗时间的长短。每当治疗进行到差不多五十分钟左右时，乔菲肯定会起来打个呵欠，然后走到门口，没有一次例外。恩斯特说他的父亲证实乔菲从未让他耽误过一分钟的时间，"当然父亲承认也可能因为乔菲估算时间的误差，会使病人多花上几分钟的治疗费"。

进行心理治疗时有一只狗在一旁，不仅仅是对心理分析师的一种安慰，弗洛伊德还发现这同时对病人也有所帮助，尤其是在对儿童和青少年进行治疗的时候，狗的存在使他们显得更坦率（特别是在一些痛苦的事情上）。狗也会使成年人在接受治疗的时候感觉更舒服。此外，在治疗中，当病人揭开问题关键的时候，往往会进入一种抗拒状态，从内心阻止自己揭开痛苦和被压抑的创伤。这个阶段的病人可能出现敌对情绪，停止配合治疗，甚至完全不说话。弗洛伊德认为如果有一只狗在场，病人在这个阶段的变化就不会那么明显了。

当他开始观察狗的参与对心理治疗的影响时，他推测狗确实可能会对整个治疗结果产生某种程度上的改变。在进行心理治疗时，病人可以随意说出他们想说的话。为了使这变得容易些，病人可以躺卧在躺椅上，而分析师则坐在病人的脑后方，不出现在他们的视线之内。这样的安排是为了不让病人看见分析师的某些可能会影响或者中断治疗的表情变化。如此一来，当病人被引导至问题的关键时，他可以跟随自己的思想更自由地思考和表达。与分析师形成对比的是，狗始终处于病人的视线之内，它乖乖地趴在躺椅旁边。病人告诉弗洛伊德，当一只狗在身边的时候，他觉得更安全、更被接受；特别是当自己讲述一个非常痛苦或者尴尬的事情时，狗没有丝毫反应，可能只是平静地看你两眼，这会给自己莫大的勇气和信心继续下去。那是一种特别安心的感觉。弗洛伊德把病人的这些反映记录在笔记里，这些记录最终使狗在心理咨询治疗方面被系统地应用。

在历史上一些不同的时期，都曾有过动物被用来参与一些医学治疗的情况。比如贵格教友派信徒在英格兰约克郡撤退时，那些在心理和生理上遭受创伤的人们努力想通过普通的生活来使自己得到康复。他们被教导要珍爱自己，与此同时也要珍爱其他生命（比如一些兔子、家禽之类的小动物），以此使自己更加自制自省。这些尝试看上去并不是那么正规，它们也不是通过研究和理论得来的。

第一次正规的宠物辅助治疗出现在20世纪60年代，是由一名在犹太大学工作的儿童心理分析师鲍里斯·莱文森实施的。他当时正在为一个迷失自我的小孩进行治疗，一次偶然的机会，他发现当他带着自己的狗金戈尔为这个小孩治疗时效果颇佳。他医治的另一个患有沟通障碍的小孩在他带狗来的时候，也表现出了良好的反应。莱文森把他整理的数据和案例汇总，写出一部学术著作，后来在美国心理分析协会会议上进行了宣讲。但令他感到悲哀的是，他的大多数同事都将他的发现当做笑话，甚至有人问他需要付给狗几成的医疗费。

弗洛伊德去世 15 年后，他的影响力已达到了一个新的层次。很巧的是，一些有关弗洛伊德的生平传记开始出版，部分信件也经过翻译出版了。终于，弗洛伊德的生平以文字的形式为大家所了解，其中一些传记中就提到了他和他的狗的故事，包括他带着乔菲为病人进行治疗时所出现的现象，这与莱文森发现的一样。当莱文森和其他心理分析学家看到这些时，他们像是获得了某种印证。有了弗洛伊德通过狗来做辅助治疗这一证据，一些严肃的研究工作便从此开始着手进行了。1977 年，精神病学家萨姆和伊丽莎白·科森在美国俄亥俄大学共同展开了第一次动物辅助治疗计划。紧接着，心理学家艾伦·贝克和精神病学家阿龙·卡切尔用科学的铁证证实，动物在治疗方面可以帮助排解压力，改善治疗效果，还可以普遍地增进人们心理健康的程度。动物辅助治疗项目从 1980 年的不到 20 个增长到了 2000 年的上千个。狗不仅被带到心理分析室里去参与治疗，还被带到医院或者家中，探望辅助治疗一些老人的心理问题。另外有一些心理康复计划包括与狗共同生活，以增进心理健康，树立信心，这就是那只躺在心理分析创始人脚边的红褐色松狮犬无意中为我们带来的财富。

对于狗为什么能给一个人的心理带来如此积极的效果，弗洛伊德从未停止过研究和思索。他在 1936 年给玛丽·波拿巴的信中提到："狗爱它们的朋友，咬它们的敌人，这和人一点也不一样。人们从来不能拥有纯粹的爱，人际关系中常常混杂着爱与恨。"然后他继续说道："这就可以很好地解释为什么人能够全身心地爱一个动物，就像托普斯或乔菲：那种爱是纯粹的，摆脱了所谓文明带来的束缚与羁绊，这种美的状态在它们的身上已然完整。像我这种毫无乐感的人，每每抚摸乔菲的时候都会不由自主地哼起《乔瓦尼》里面的调子：‘是友谊把我们联系在一起……’”

第 11 章

对它们的爱

纵观古今，狗可谓是人类道德信念的试金石。作为与我们共处时间最长的家畜，狗和我们共享同一屋檐，一起营建家庭的亲密氛围。狗常常使人们关注与道德、人性、责任、礼仪、正义甚至灵魂与永恒的观念相关联的那些困难和矛盾。历史上关于如何对待动物，特别是狗，一直存在着两种对立的观点。狗是不是应该得到像人一样的礼遇，有权受到保护而不受虐待，并且享有与人一样的行动自由？还是它只不过是生物学意义上的一种机器，只需我们持以像对待其他任何机器一样的态度，或者我们在保存、处置其他任何物质财产时的态度就足够了？

有些科学家和哲学家深信狗无法进行真正的思维或者推理活动。在他们眼中，狗的所作所为都是无计划的，没有经过辨析的。这些专家仍然秉持法国哲学家笛卡尔的理论，将家中的狗仅仅描述为一种机器。这种机器是由生物学上的齿轮、滑轮以及电脑芯片组装而成。按照笛卡尔的理论，这种机器不会比你桌上的电脑有任何更多的想法，但是它能按照编好的程序完成特定的活动，对发生在周围的变化做出反应。

如果狗仅仅是没有像人类那样的灵魂或者意识的机器，那么我们就不需要对它们有什么特殊照顾。从道德上讲，我们给予它们的待遇，并不比我们给予移动电话的待遇有任何更重要的意义。当然，没有哪个神志正常的人会发起比如防止虐待凯迪拉克这种协会，对于那些故意撞凹挡泥板或者故意折断车载天线的家伙进行道德谴责或者刑事处罚。

但是，另外一批科学家和哲学家却觉得，狗是具有思维能力的，并且具有和人类相似的心理过程与情感结构，虽然可能或多或少要简单一些。他们认为，狗几乎就等于披着皮毛外套、手足并用的小孩。在包括日本的阿依努（Ainus）文化、爪哇的加朗（Kalang）文化以及苏门答腊的尼亚斯（Niasese）文化在内的众多文化中，都流传着狗是人类始祖的故事。在西藏的一些喇嘛寺庙中，一只狗会被带入临近死亡的僧侣的房间，因为喇嘛们相信，在死者神圣的人类灵魂没有转世到另一个人的身体中之前，可以暂时寄寓在狗的身上。一些宗教派系在这方面有过之而无不及，相信狗会在来世转生为人。

当然，平常人们大都相信他们的宠物狗是有感觉的，会高兴、悲哀、发怒，或者恐惧。如果你的狗被杀掉或者被撕下了一条腿，你会比你的汽车被卸掉一个轮胎或者自行车被撞得面目全非还要伤心——虽然买自行车的价钱可能远远高于一只狗，所以类似艾尔丝·布朗的案子见诸报端也是情理之中的事情。这位 67 岁寡妇的狗蒂莉，遭到喝醉了的邻居的攻击而死。法院判决此案并非伤害案件，仅为财产案件，应该按一般的故意破坏罪论处——就像打碎窗户玻璃的行为一般。因此，杀害蒂莉的凶手仅仅交了相当于这只狗价格的罚金，并且由于蒂莉是从动物收容所领养来的，这笔罚金仅为区区几美元。事实上，蒂莉是艾尔丝唯一的生活伴侣，但这一点在法律中一文不值。

不用说，艾尔丝社区里的居民都感到非常愤慨。愤怒的人们纷纷打电话到电台的电话访谈节目，严厉谴责杀害蒂莉的凶手，并且认为他应该和杀人犯一样受到惩罚。人们向艾尔丝捐款，寄卡片慰问，有人甚至送她一只小狗给她做伴。显而易见，在绝大多数人们的意识里，狗是活生生的、能思维和能感知的生物，我们对它们负有伦理上的责任。

人们开始逐渐相信狗具有思维和情感，它们应该在道德上受到平等的对待。这一态度的转变过程实际上也改变了社会和历史进程。这些改变大部分是有益的，至少让狗和其他动物感受到了人道社会的悉心保护。然而，历史告诉我们，从来没有什么是十全十美或者一无是处的。一些旨在争取狗的人道待遇的努力，却给狗们（至少在短期内）带来了可怕的后果。有时因为同情心而引发的事件，也给卷入其中的人们带来灾难性结果。另一方面，救助狗的过程也挽救了一些人的生命，防止了更多的不幸事件。

在英国，动物福利运动的发起人通常被认为是理查德·马丁，他是个友善的高个子爱尔兰人，他急躁的脾气无人不知。他生于1754年，父亲罗伯特·马丁出身一个富足的家庭。母亲去世后，父亲续娶了富家女玛丽·林奇，他们结合后的殷实家资使马丁能够接受良好的教育。理查德·马丁后来获剑桥大学法学学位；环游世界的经历使其对生活有了更为开阔的认识。18世纪70年代末，教育及家庭的影响使马丁成了一名议员，并且荣升高尔韦志愿军的一名陆军上校。

没有人确切知道马丁是从何时开始对动物保护产生兴趣的。他拥有一片广阔的庄园。这片二十多万英亩的土地的很大一部分保持着原始状态，供主人狩猎。他养了一群猎犬，品种繁多，其中有几只可以进入屋内，被当做伴侣犬对待。有人猜测他如此好狗，是因为他与妻子伊丽莎白的糟糕的关系，他因在议会、军队以及生意上的事务而常常无法顾及家庭。有一个广为传播的谣言称，这对夫妇的几个子女中，至少有一个是伊丽莎白与家庭教师的私生子。丈夫在外忙于公务，使伊丽莎白得以继续她的放浪行为。当她和巴黎的皮特里之间的丑闻被公诸于众时，他们的婚姻不可避免地走向了终结。马丁再婚，所以孩子应该有人照料。但是一些历史学家指出，在这段艰难的时期里，唯一陪在他身边的就是与他共同旅行的几只狗。

可能马丁正是因为在最需要支持的时候与狗结下了深厚感情，从而深信狗以及其他动物具有丰富的思维和情感生活。如果事实果真如此，那么它们应该能像人类一样感到痛苦、快乐以及被冷落。按照马丁的逻辑，如果让一个人在生理或者心理上受人虐待是不道德的，那么当受害者变成一只狗或者其他动物时，允许类似情形的发生也是有悖伦常的。

对狗的强烈感情，加上他容易激动的脾气，使他与虐待动物行为一直作着不懈的斗争。1783 年，他与射杀了朋友的狗的菲茨杰拉德——人称“好斗者”的地方领主——进行了一场决斗。这件事为马丁赢得了“扳机手”的称号；他因其他几起因虐待动物而卷入的决斗，使这一称号名副其实并因此赢得了威尔士王子的友谊，这位王子后来成为英王乔治四世。显而易见，两人有很多共同的见解，人们常常看到他们在议会上亲密地交谈。

马丁决定努力让议会正式制定善待动物的法律条令。因此，他向下议院提交议案，虐待动物应受法律惩罚。其他议员并不欣赏他的提案。他们嘲笑他的演说，用嘘声和口哨打断他。他们不仅不响应马丁提案的号召，还对他进行人身攻击。他们嘲笑他的爱尔兰土腔，怀疑其人品，甚至试图公开质疑他的心智是否健全。

当他的第一个动物福利议案被否决后，马丁没有放弃。他马上提出了另一个。当这个议案被修改得面目全非、已没有任何实际意义的时候，他接着又向议会提交了另一个，如此反复了多年。

他的暴躁脾气给自己带来了实质上的突破和进展。他曾多次就虐待动物问题发表演说。有一次，一个反对派成员对他公开奚落。这名政客用轻蔑的语气嘲笑马丁说：“你甚至不知道什么是真正的虐待！”马丁这次没有强压自己的怒火，回答说：“我知道，先生。如果您能走出这个房间，我会向您解释。”

两人走出房间，离开了议会大楼。在阶梯的最高处，这个胖政客停下来，再一次嘲弄地说：“现在你可以给我解释了吧？”

马丁愤怒地瞪着他。突然，他拿起华丽的手杖，挥舞了两下，把这个反对者打倒在地。“这个仅仅是虐待含义的一小部分，先生。您想要更多吗？”

“不，”政客一边从地上爬起来，一边哀号道，“够了，够了。”

“但是，先生，”马丁说：“一只可怜的狗或者一匹马没有能力说他们受够了，或者太多了。因此，它们需要保护。”

这个反对派成员瞪着马丁。他稍微摇晃了一下，然后将一只手搭在马丁肩上以保持平衡。“现在我明白了。这是一个痛苦的学习过程。但是正因为如此，我会支持你的。”

这位议员履行了他的诺言。有了反对派的赞同以及乔治四世的暗中支持，议会重新认真考虑了马丁的提案。1822 年，第一部动物福利法案通过了。它的范围有限，但是随着时间的推移，各个修订版本将使这个范围扩大。由于他在推动立法方面的贡献，国王给了他“仁慈马丁”的绰号。这个绰号一直陪伴他度过余生。

两年之后，包括马丁在内的一群人在伦敦的老屠夫咖啡屋集会。在这次集会中，他们创立了防止虐待动物协会，以执行新颁布的动物福利法案。阿瑟·布鲁姆神父是伦敦一个中等富裕的教区的牧师，他自己出资聘请了惠勒先生。协会成立的第一年，惠勒就在一名助手的帮助下，先后将 63 名虐待动物者送上法庭。虽然协会创立之初遭遇了财政困难，但后来公众便开始以募捐的方式加以支持。最重要的是，越来越多的人愿意出面指证虐待动物者。1835 年，肯特女公爵及其女儿维多利亚公主的慷慨捐助，使得协会的前景更为光明。1840 年，公主成为维多利亚女王之后，正式授予协会“皇家”的称号。这就给此后的支持带来了巨大的保障。到协会成立的第二年，他们一共派出了五名视察员，走遍周围的乡村，回应投诉，并将施暴者送上法庭。

毋庸置疑，皇家防止虐待动物协会（以下简称 RSPCA）自创建以来，为动物福利事业立下了汗马功劳。它在创立之初有两个短期目标。达到其中一个目标的代价是一个纯正犬种的消亡；而另一个，据估算是约二十五万只狗的生命。

RSPCA 为自己设立的第一个目标是废除斗狗这项运动。RSPCA 的几个成员兼资助人之一，贵格派教徒皮斯，设法在首先实施的法案中加进了废止各种血腥运动的条款，特别是逗牛游戏和斗狗。上议院和下议院均通过了此项提案，尽管废除斗狗的条款在实际执行中困难重重。与逗牛游戏不同，斗狗不需要很大场地，所以通常一些聚众斗狗很难被查出。（令人遗憾的是，秘密斗狗一直持续到今天。）无论如何，逗牛游戏场的确消失了，很多狗的生命得到了挽救，更多狗摆脱了悲惨的生活。这场战役中的牺牲者只有一个，就是斗牛犬。

最初的斗牛犬是早期基因工程的奇迹。按设计，它拥有宽阔的双肩，四肢向两侧分开，以便于蹲下的时候更贴近地面，这样就可以在冲锋的时候避开牛角。强壮的头和前身，让它能够在竞赛中迅速跃起，一口咬住公牛。一旦斗牛犬锁紧双颚，它轻巧的前身便能保证其脊柱在剧烈晃动的情况下不受损伤。如果斗牛犬足够幸运，它就能够抓住牛鼻（最优目标）。公牛为了摆脱咬住它的狗，会将狗摔向地面。斗牛犬结实的胸腔结构具有减震功能，使它能够承受得住猛烈的冲击。

斗牛犬的头部可能是它全身最专业化的部分。它的头部又大又宽，这样嘴的开合度可以很大，咬合所需的发达肌肉附着在上面。突出的下颚长于上颚，这使斗牛犬能以惊人的韧性紧紧叼住它所咬的任何东西。即使斗牛犬在搏斗中筋疲力竭，它咬紧的双颚也不会有丝毫放松。其他大部分狗种在打斗的时候，撕咬后会迅速跑开；而斗牛犬被训练成为适用咬住不放的特殊战术的犬。它的嘴很短，鼻孔朝上，这样在咬住敌人的时候也能顺畅呼吸。最初的斗牛犬有小猎犬的血统，所以运动起来既迅速又敏捷。

随着逗牛游戏的废除，斗牛犬饲养者不再关心犬的搏斗功能，而只对一定的外貌特征感兴趣，因此开始繁殖那些夸张地表现着斗牛犬特征的犬只。巨大的头部，非常宽阔的胸部，分开的四肢，明显后倾的前额，显著突出的下颚。头部的大小和形状被严重扭曲了，以至于大多数现代斗牛犬都必须通过剖腹产才能出生，而且幼犬常常必须由人工喂养，因为它头部的大小和形状使正常哺乳困难重重。扁斜的脸部也带来各种各样的呼吸问题。1970 年的《犬类百科全书》是这样形容这种犬种的："它是长期选择的结果。晚期品种的主要特征中包含着一些显著的畸形。"但是饲养者在一个方面所做的改进还不错，就是这种犬的脾性。这种新斗牛犬不擅搏斗，而是拥有温和的性情，这可能是它在因生理缺陷而变得短暂的生命中唯一的安慰。

人们多次尝试重塑美洲斗牛犬和老式英格兰斗牛犬最初的生理特征。这些新品种的样本，明显比它们的近期先辈们更为健康强壮，同时看上去也更接近早期绘画作品中描绘的斗牛犬。不幸的是，这些新品种的脾性也更接近他们的早期祖先。如此看来，饲养者们重塑斗牛犬的尝试，似乎使斗牛犬丧失了其近代发展出的最大优点——温和包容的天性。

人们可能并不把犬种的消失或者扭曲看做一场悲剧，RSPCA 的第二个目标——打胜一场漫长而艰难的废除犬力运输的战役——却实实在在地给数千犬只带了来直接的决定性的结果。19 世纪 90 年代，有钱人有时会以乘坐狗拉车为娱乐。1820 年，《运动家知识库》（一本当时流行的杂志，刊载与狩猎、赛马以及其他休闲娱乐有关的故事）刊登了一个猎犬主人的故事。他“展示了一架六只狗拉的车。这些是我们所目睹过的最庞大、最有力的犬只”。接下来，故事记叙了这些狗能够维持的速度，以及乘坐这辆控制方便的小巧的狗车在郊外兜风有多么愉快。当年的另外一个故事中，读者们结识了一位沙贝尔先生。他“和他伟大的西伯利亚狼犬从巴斯到达了首都（伦敦）。他开出 200 英镑的价格公开出售这只狼犬。据他称，拉着一辆定制的轻便双轮车，这只狗每天能带他前行 30 英里”。当时，200 英镑不是一般劳动阶层能够承担的价格，很可能比他们一年的收入还要高。

无论如何，利用犬只拖车牵涉到更多奴役性的劳动，但这曾有着一个悠久而光荣的传统，比方说用狗来运输补给。第一次十字军东征时期，在推进对耶路撒冷包围的最后时刻，是狗营救了征服者威廉的儿子罗伯特以及他的军队，这为狗在英国历史上赢得了特殊的地位。当时，由于粮草不足、环境恶劣，加上敌人的几次突袭和伏击，罗伯特大多数的马匹和骡子都死了。情急之下，他只能求助于犬力运输。就这样，他及时得到了武器支援、军需供给以及围攻圣城所需的装备（当然，还有一群牧师以及他们所有的宗教随身用品），这为他的军队赢得了这场战役的最终胜利。

利用犬只来拖拉小车，曾是相当便捷的运输方式，特别是在较大的城市中。首先，那时老城市的街巷都很窄，常常拥挤不堪，使庞大的马车或者骡车不易控制或移动。在一些城市，比如布里斯托尔，道路下的土基因挖了诸多酒窖而变成了蜂窝状。这些道路已经承受不住马拉的重型车辆，时刻都有坍塌的危险。狗车的另外一个优势，就是当主人挨家挨户送货物（牛奶商、布商、菜肉贩子、酒商等当时常这样做）的时候，狗还能够起到看守的作用。当商人进入楼内送货时，车上的货物有可能被人顺手牵羊。因此，狗车的运行路线要经过特殊安排，以使犬只既有足够的活动自由来防备潜在的偷窃者，又无法逃走。当时对于穷人来说，狗车是唯一可行的货物运输工具。他们买不起马或者骡子，并且显然没有地方饲养这些牲畜。然而狗就可以养在狭小的寓所中，主人吃剩的饭菜就足以喂饱它们。

但是，一只作为劳力的狗，其生活非常艰辛。RSPCA 收集到了可靠的例证，证明拉车犬只工作过度，没有得到适当的照顾，并且常常受到虐待。例如，按照保护动物福利的法规，1836 年，一个人因为虐待自己的拉车犬而被告上兰贝斯治安法庭。经地方法官核实，此人的三只拉车犬都被饿得半死，且浑身是伤。法官判此人有罪，入狱 14 天。三只狗被没收。其中两只被合适的人家收养，剩下一只由于伤势过重而死亡。另外一些拉车犬的主人，有的被指控其犬只在被路上的尖石刺伤的情况下仍被逼迫工作；有的过度驱役犬只，或者把犬只鞭打得鲜血直流。在这些案例中，RSPCA 显然为维护狗的权利作出了贡献。

如果 RSPCA 就此打住，只注意动物虐待者，就能避免一场影响到很多人的经济生活并导致很多犬只丢失性命的悲剧。在废除拉车犬的“强迫劳动”和“奴役”的努力中，RSPCA 也设法禁止任何形式的犬力运输，这就有一些热心过度了，因为很多将狗作为畜力的人是很好的主人。

大多数理性的人都知道，在身体健康、饲养得当、休息充足、情绪稳定的前提下，狗会更好地工作。因此，绝大多数拉车犬的主人能尽可能地为自己的狗提供最佳照顾。如果狗很瘦，那多半是因为这家人自己都食不果腹，甚至连孩子也饿得皮包骨。如果狗是一户人家维持生计的依靠，是家中不可缺少的主要收入来源，那么家中任何资源对这只狗都不会有所保留。另外，大多数拉车犬实际上与贫穷的主人同住在狭小的房屋中，这样一来也就成了人们的生活伴侣。在家中饲养狗的好处很多。首先能够作为警卫犬，提醒主人有陌生人靠近。冬天，由于狗的体温较高（通常为 101 华氏度），可以暖脚或者床铺。若几只狗同处一个房间，还能够在小范围内提升温度。还有一点，这些狗主人通常没有闲暇交友，很难得到慰藉和友爱，而狗恰好能满足他们的交际需求。

废除拉车犬的运动一度遭遇很大阻力。议会一位名叫巴克利的大臣辩称，这是“没有理由的不必要的举措，它会侵犯使用拉车犬的庞大底层商贩的权利。使用拉车犬的人一般都是那些往来于乡村和小镇间做生意的磨刀匠人或叫卖的小贩；对面包师、屠夫以及其他商贩而言，狗也是非常得力的帮手。以雇用犬只的残酷性为借口来禁止狗提供援助，是无法自圆其说的”。然而，尽管有这样的抗议，英格兰还是在 1839 年通过了《犬力车妨害法》。按照该法，在繁忙的伦敦查令十字车站 50 英里内，禁止利用犬只驱车。

RSPCA 还沉浸在初战告捷的兴奋中时，就开始推动对犬力运输的彻底禁绝。他们的内部文件记载着反对他们的辩解：“（伦敦的）蔬菜叫卖商贩在向议会递交的请愿书中说，他们对犬只的慈善是尽人皆知的，并且因为他们承担不起马匹，《新政策法案》的颁布会击垮他们的生意。”协会将这些置之度外，继续它讨伐的征战。通过要求向任何利用犬只服务的人征收重税，协会甚至将目标扩大到“将狗从所有形式的奴役中解救出来”。这意味着打击一切形式的对狗的利用，使为数众多的犬只从社会所谓的残酷劳役中“得到自由”。

不幸的是，RSPCA 不仅忽视了他们的行动给民众带来的冲击，同时也没有顾及所有那些通常依靠对主人提供帮助而得以存活的狗，没有想过这会给它们带来什么。1843 年，《泰晤士报》的一位社论作者确曾预测过可能产生的可怕后果。他提到，一旦 RSPCA 的激进分子们得逞，数以千计的犬只将被遗弃而悲惨死去：

> 法律上突然加以取缔之后，犬只劳力何去何从？失业的獒犬是否会像因火车的普及而失业的马车夫那样，堵塞我们的路口，或者在肉铺附近的街角孤独徘徊？抑或采用更令人毛骨悚然的选择（指捕杀拉车犬只）？为什么要给这整整一代值得尊敬的四足动物判处无业流浪，甚至是不分青红皂白的灭绝？……在这个新刺激下，势必带来对幼犬的扑杀，泰晤士河能否容纳不断出现的幼犬尸体？

然而，主张 RSPCA 政策的人继续展示那些残忍的主人仅仅为了取乐而虐待犬只、让犬只过度工作的图像。在国会，布鲁厄姆爵士认为："没有什么比看到狗拉着比自己的身体大很多的人更令人震惊作呕的了……在贵族聚会地点周围，我的确看到过各种犬力车，拉车的小狗几乎没有能力前进了。"

这种绘声绘色的描述，逐渐为废除犬力运输运动赢得更大规模的支持。布鲁厄姆爵士断言，将狗绑在车架上让它们过度工作，是狂犬病的真正病因。最后，公众被这个完全错误但却骇人的论断震动了。当布鲁厄姆在议会发表他的观点的时候，普通大众开始真正恐慌起来。人们要求禁止犬力运输新法案的制定委员会查明真相。委员会应公众请求召唤了一批目击证人，其中大多数是 RSPCA 的成员或者支持者。按照今天的标准，如此做法会被认为是滑稽荒谬的。一些人辩称，城市中拉车犬只数量的增加，导致了"近年来狂犬病病例的略微增长"。一些人认为狂犬病的重要症状之一就是犬只表现凶狠，而很多人则报告说，当他们走得太近时，拉车犬会向他们咆哮，甚至抓咬；这种行为肯定是狂犬病的早期症状。还有一些人提到狂犬病的主要症状是口吐白沫，进而指出每一位见过狗拉车的人都应该留意到了拉车犬口中的白沫和淌下的涎水——特别是在车很重或者速度很快的时候。最后得出的结论是，正是用犬只拉车的行为增加了狂犬病的感染率。

和这些层出不穷的结论一样愚蠢的是，委员会认可了这些结论，其中还包括犬力运输和狂犬病之间关系的"医学证明"。当时被狂犬咬伤的——不论是人还是其他动物——几乎无一例外地都会痛苦地死去，这就无怪乎恐慌的公众联合起来支持禁绝犬力运输，并且要求通过课税对所有形式的犬只劳役加以限制了，而人道后果完全不在考虑范围之内。很多并非用狗来运输货物的人受到了影响。比方说，许多肢体残疾人利用狗来移动，许多盲人靠西班牙猎犬领路。此外，被这些法律条文意外侵犯的，还有离不开犬只协助的牧羊人和块菌采集者。

狗的下场和《泰晤士报》的社论作者所预料的一样糟。英国的犬只数量以令人晕眩的速度急剧下降。许多人忍痛割爱，将自己从前的工作犬遗弃。更可怕的是，令人发指的大规模犬只屠杀开始遍及乡村。在伯明翰，一周内杀掉了一千只以上的狗。在利物浦，短短数天内也残杀了大致相同数量的狗。剑桥的街道上处处是被吊死或打死的狗，以至市议会号召公务人员处理掉这些尸体，以免对公众健康造成威胁。伦敦事务总管在汇报中提到，在其第一轮全市范围的清扫之后，埋葬了四百具以上的狗尸。在禁令下达的第一周，全市内外有两万以上的犬只被处决。社论中的担忧成为现实，泰晤士河中泛滥着由RSPCA"成功的"动物福利运动带来的受害犬只的尸体。整体来看，在犬力运输禁令和犬只劳役税颁布的第一年中，估计有十五万至二十五万只狗以死亡的形式从"奴役"中得到解放。与此同时，还有不计其数的犬只被遗弃，只能自谋生路。

此项法案征收的人头税也很重。许多靠着狗车勉强为生的家庭，因重税而变得一无所有。犬力运输禁令和犬只劳役税颁布后的六个月之中，大量儿童被遗弃，或者送到政府福利院、教会收养院，就因为这些家庭离开了犬只的协助而断绝了生活来源。有些走投无路的小商贩、补锅匠、磨刀匠，甚至把自己的孩子像狗一样地套在车架前面，逼迫他们拉着车穿过大街小巷。在那个时候，没有哪条法律禁止家长或者监护人如此奴役自己的子女。这意味着，儿童要面临比被 RSPCA 解放的犬只曾经历过的时间更长、更为繁重的工作。

在这个动物福利史的插曲中还有一个有趣的小故事。随着被遗弃犬只数量的增加，那些曾经支持过 RSPCA 的人们开始感到不安，希望能为存活下来的犬只减少一些痛苦。其中的两位，蒂尔拜夫人和她的朋友梅杰夫人，一天晚上散步时遇见了一只被遗弃后饿得奄奄一息的狗。出于善心，她们把它带回家，安置在厨房里。看到眼前这个揭示了被遗弃犬只的命运的生动例子，蒂尔拜夫人开始了一场自己的运动。在其兄弟爱德华·贝茨牧师的帮助下，她打算成立一间私人犬只收容所，但是实际中所需的经费远比两人所设想的要高，所以他们尝试通过报纸求助于公众的慈善之心，结果招来的却是《泰晤士报》一系列尖刻的社论。社论指出，这些试图为遗弃犬只建造避难所的人肯定是疯子；如果他们想伸出援手，为什么不为那些饥肠辘辘、无家可归的儿童建造庇护所？尽管有这些反面评论，公众的捐助还是让蒂尔拜夫人和她的同事们得以设立一座流浪狗临时收容所。显而易见，由于场地限制，这个收容所只能容纳一小部分流浪狗；大部分流浪狗被从家中驱赶出来后，还是只能继续在大街上游荡。无论如何，它至少让公众真切地意识到这项公益设施的重要性，同时成了后来出现的所有流浪狗收容所的典范。

这些旨在提升英国犬只福利地位的早期努力，在短期内给犬只带来了可怕的后果。与此同时，另外的一些以犬只福祉为出发点的尝试，直接影响到人类的福利。您将在下一章节中阅读到详细的情况。

第 12 章

狗将军

狗的福利和保护，与人的福利和保护是息息相关、密不可分的。那些受道德使命感驱使的动物保护者们，在影响犬类生活的同时，有时候也影响到了人类的生活，甚至比对前者的影响力更大。支持动物福利的举动有时候会有积极影响，有时却给人类带来了毁灭性的后果。让我们来看一个极端的实例。

日本历法与中国历法有一个共同特征，即都有属相——以不同的动物代表不同的年份，每 12 年为一个轮回。这些动物来源于东方黄道带上不同星座的名字，所以利用历法的这个特征进行某种占卜也就不足为奇了。依据属相，不仅能够预知未来 12 个月的运势，而且还被认为能测算出当年出生的人的性格。每一个人都会反映出其出生年份及属相的一些固定特征。这些属相之一就是狗。1910，1922，1934，1946，1958，1970，1982，1994，2006，2018，2030，2042，2054 都为狗年。

根据民间传统，狗年出生的人为人诚实，

具有责任感和奉献精神，工作勤勉，常为道德理想而奋斗。他们强烈痛恨让自己感到不公或者残暴的事物。同时，狗年出生的人也有更强的自尊心，更加坚持己见、不易妥协。他们可能会自私、以自我为中心、顽固不化，为达到目的而使用粗暴手段。

1646 年是狗年。当年的 2 月 23 日出生了一个男孩，他似乎具有上文提及的所有性格特质。这位出生于日本江户（东京的古称）的德川纲吉，是德川幕府十五位将军中的第五位。德川幕府掌握政权始于 1600 年，前后共持续了 268 年。德川纲吉可以说是整个德川政权中最具争议性的一名统治者，他颁布的所谓《怜悯法》，被日本历史学家称为“人类封建历史上最糟糕的法律”。这一法律最初是为了保护狗类而制定的，所以它也为德川纲吉赢得了“狗将军”的别号。

德川幕府政权很大程度上依靠的是从农民阶层中分离出来的武士群体。在幕府统治之下，武士们负有文化和军事两方面的职责；作为回报，他们享有一定的财产权利及政府税收的一部分，所以很多高级官员、学者、贵族都是武士。德川纲吉似乎是一个真正的改革家，改革的目的在于教化他的民众。他发现，虽然新的职责不再需要一个武士组织系统，但武士们还是延续着严酷的军事作风和传统。这使他意识到改革的必要性。他相信长期与政府高级官员的野蛮无情的武士作风接触，会使贵族和民众都变得冷酷起来；大众已经在很多行为中变得粗暴无礼，缺乏善心和宽容。

当登上将军之位后，德川纲吉试图将佛家的悲悯精神和道家的慈善仁爱灌输给民众。最初的一系列举措还值得称道。比如，他颁布了一项法令以保护被遗弃的儿童，指定官员为那些父母无力供养的儿童提供充足的衣食，当时有很多人会杀死自己不需要的孩子。为了避免这一情况的出现，德川纲吉要求所有孕妇和七岁以下的儿童都必须登记。他要求官员为乞丐和流浪者提供食物和庇护场所，并将此普及为一项福利制度。以前，当生病的旅行者不能继续支付房租、或者被认为患上传染病时，就会被驱逐到大街上；而现在，他们能受到国家的保护。德川纲吉还通过一些史无前例的举措——建造更好的房屋、每月提供多次洗澡机会以及冬季供应暖和的衣物，来改善监狱囚犯的生活环境。他注意到街上匪徒行凶抢劫，就下令对此严厉打击，并取得了显著成效。

德川纲吉晚年颁布了一些保护动物的法律。颁布之初，这些法令尚显明智，但随着时间的推移则变得越来越严厉。很快，伤害一只狗或者猫就可能受到流放的惩罚，乃至被判处死刑。这些动物福利法令显然是建立在将军个人的宗教信仰之上的。在其独子死后，德川纲吉求教于一位名叫隆光的佛门法师。法师告诉他："若一个人绝了后嗣，多半是因为他前世造了太多杀孽。所以，一个人若想得有后嗣，最好的做法就是对所有的生命表现出极大的仁爱，切勿杀生。如果殿下您真心希望有继承人，为什么不停止一切杀戮行为？此外，既然殿下出生于狗年，星象显示与普通狗有所关联，那么狗就应得到最好的珍惜和保护。"德川纲吉的母亲声称自己能够体会此番话语中的真理，于是就有了《动物怜悯法案》的颁布和实施。

这件事情对德川纲吉有多重要？他在位期间颁布的所有法令之中，有关动物福利的法令占了十分之一以上。虽然这些法令是被制定来保护所有动物的，但是其中大量的条款与当时地位尊贵的狗有关。武士和贵族阶层被委以繁殖纯种狗的任务。这些犬只被当做猎犬，特别是在鹰的辅助下狩猎，或者被用做警卫犬，还有伴侣犬。另外，由于斗狗是当时很受欢迎的活动，许多狗被专门饲养去参加搏斗。同时，狗也被作为珍贵的礼物，不时用来讨好政府官员。

不幸的是，在城镇环境中饲养犬只确实会给大众带来很多不便。一些封建大领主（或称大名）常常在江户市区的府邸中豢养几百只狗。以当时的情况看，城市街道中的流浪狗几乎都是从这些狗舍中被抛弃的。它们一旦被弃置不管，就开始四处搜寻食物，人行道因此而乱成一团。它们互相厮打、堵塞交通，还不时地攻击流浪者，特别是儿童。这种情况导致一些备受骚扰的市民极残忍地将这些流浪狗打死或打残。据记载，江户城中的残疾犬只和狗尸经常令游客们毛骨悚然，且对公众健康也构成一大威胁。

虽然这种状况多是由武士们的行为造成的，但比起那些其房屋易受群狗袭击掠夺的普通民众来，这些住在高墙之内的家伙显然很少受到这种混乱状态的影响。德川将军的法令要求这些尚武的贵族们不准将狗抛弃到大街上；如果一只被抛弃的狗找回了主人的住处，那么这个主人将会受到严惩。此外，德川将军还特别下令，见到无家可归的狗不能屠杀，对无主的狗不能施以暴行，要供给它食物。最后，德川纲吉要求民众要以“基本的人道原则”来对待狗。

德川纲吉突然实施的这套人道主义法令并没有达到他预想的效果。这也并不奇怪。那些被大名的狗舍认定为不具价值的狗，仍然会被偷偷遗弃到街上。由于犯法者同为武士出身，所以官员们对于他们这些行为往往视而不见。这一切激怒了将军。他暂时免去了一些“误解”他旨意的官员的职务，同时这也促使他采取措施，加强对公众的控制。按照毛色和其他可以借以区分的细节，他要求主人们给自己的每一只狗登记注册。一经注册，主人们就要对所登记的所有犬只尽看护之职。每隔一定时间，这些狗就需要被展示一下，以确定它们还健在，并且受到良好照顾。

最为公开的违法事件之一发生在1702年，而且还牵涉到了将军自己的颇受皇家敬重的兽医。有一天，邻居的狗闯入兽医的院子，咬死了他最宠爱的一只鸭子。他气昏了头，将这只狗钉死在邻居的栅栏上。因为此人身居高位，又出自武士之家，此案被送到当时的最高司法机构——评定所。最高法庭经过调查，判处他切腹自尽，并专门出示特别告示宣布这个判决，提醒公众，高官和百姓一样，必须严格遵守《动物怜悯法案》。

捉拿犬只虐待者的法网越撒越大。当时一位名叫恩格尔伯特·肯普费的德国医生正在日本旅行。据他记载："我们来到了距护城河不远的张贴公共法令和告示的地方。这里贴了一张悬赏20两银子的新告示，为了破获新近发生的一起杀害犬只的案子。任何人只要能提供涉案人员信息，就能得到这笔赏钱。在这个国家，在今朝皇帝的统治下，很多可怜的家伙仅仅因为狗而被严厉惩罚。"

如果狗失踪，或者在规定的时间没有能够出场证明自己受到了良好照顾，那么它的主人就会因为玩忽职守或者违反法规而被严惩。一些富有同情心的普通人不再喂养流浪犬，害怕被认做是狗的主人而担起照顾这只狗一辈子的重任。

当时，任何人如果伤害、杀戮、虐待犬只，甚至是置危难之中的犬只于不顾，也会受到严罚，包括流放乃至死刑。由于逮捕及处死平民都不曾有详细记载，我们永远不会知道究竟有多少人因为粗暴对待犬只而被抓起来受到审判。那些和上层社会没有丝毫关系的百姓若是被控虐待犬只，官员们就会迅速结案。据我们现有的资料，1687年，仅在一个月内，就记载有300名百姓被处以死刑。据估算，当年因违反动物保护法令而被处以极刑的民众竟有两千多人。

更多详细的资料显示，很多武士和贵族的其他成员（或者他们的家臣）也没有能够逃避处罚。仅仅在1687年，就有以下涉及贵族的案子：

- 一位大名的侍卫成员杀死了一只将他咬伤的狗，后来被判切腹自尽。
- 将军厨房的总管因为溺死一只狗而被流放。

- 一位封建领主的贴身保卫，因感到一只咆哮的狗对主人的安全造成了威胁而将其杀死，被判切腹自尽。
- 一个大名府的马厩管理员，因为杀掉了一只惊扰马匹的狗而被流放。
- 一位学者因为殴打了一只狗而被没收了其皇室俸禄。
- 浅草寺的一名僧侣因为溺死一只狗而被寺院停职。
- 一位大名因为粗暴对待犬只而被软禁。

这个时期还有许多其他罪犯的记录。他们有的的确伤害过犬只，有的则只是被怀疑；但是他们都被判有罪，坐牢或被处决。

虽然按照最初的设想，这些法令是为了给那些伤害、杀戮、遗弃犬只的行为以道德约束。但是不幸的是，随之而来的结果却远非德川纲吉所愿。《动物怜悯法案》的颁布适得其反，增加了江户街道上徘徊觅食的流浪犬的数量。成群的狗成了一大麻烦，有时甚至是危险，特别是当人们意识到自己不能攻击威胁自己生命安全的犬只时。

到了1695年，即德川纲吉统治的第15年，他意识到自己必须对公共安全进行干预。他囿于自己颁布的怜悯法案而束手无策。他不能下令灭杀流浪犬，那样就意味着他最初禁止杀狗的决定是个错误。因此他只能兴建公共犬舍，以保护大众免受成群犬只的骚扰。这个巨大的财政负担落到了武士们肩上，因为他们被指示修建犬舍。犬只工程的费用来自一项特殊的税收：犬税，其征收依据是各户屋前空地的尺寸。显而易见，富裕的武士们的住宅更为宽敞，因而比普通人要缴纳更多税金。正如可以预料到的那样，很快，死于饥饿或者伤害的流浪狗越来越少，因而城市里的狗的数量呈戏剧化地上升了。两年之内，四万以上的犬只被圈养到了公共犬舍。由于要给这些狗慷慨地提供食物，加上狗的数量庞大，异常沉重的狗税成了繁重的负担。

当时的许多武士对这个局面越来越愤慨。他们原本就是靠税收养活，而现在却要为养活狗而缴税。对很多武士来说，这就意味着犬只与武士们被授予了同样的地位和尊重。事实上，除非有明显证据证明错误在狗一方，否则即使是侮辱或者责打一只狗都会构成犯罪；而对于做错事的狗，也只有登记的主人或者公共犬舍管理员可以加以批评。一个武士当众钉死一只狗来发泄自己的愤怒，然后在狗尸旁边张贴告示，称这只狗亵渎了将军的权威；他认为这只狗对他的人类上级傲慢无理、毫无敬意，现在是罪有应得。此事让将军大发雷霆，下令逮捕这名武士。武士试图逃离城市，但是在城门附近被抓获。经过审理，他被判切腹自尽。

百姓一向惧怕那些身居高位的官员，因为他们可以随意鞭打、关押甚至屠杀任何不尊敬、不顺从他们的平民。随着《动物怜悯法案》执行得越来越严厉，他们也开始像惧怕高官一样地惧怕起狗来。他们开始把遇见的任何犬只当做达官贵人来对待，再也没有虐待犬只的事件发生。相反，狗们开始穿着一种“最受尊敬的狗”的服饰，这种样式以前只有神或者地位极高的权贵才配穿戴。

这里，一种最真诚地希望使人们的行为变得更慈善、并改善动物福利的情势被可怕地扭曲了。如今，狗已经危及到人类的福利。《动物怜悯法案》对这一区域的人们带来的全部影响只能被大致评估。德川纲吉在任的三十多年中，经最保守估计，被处决和流放的人数是六万人；而另一些数据则显示可能高达二十万人。一些观察评论来自于武士政治家和历史学家新井白石。1709 年德川纲吉逝世后，新井白石接近了将军之子和其继承人 —— 德川家宣。他请求德川家宣布大赦那些因为违反动物福利法案而入狱的犯人：

> 如果看看在前任将军治下最近发生的那些事情，可以看出执行那些法律完全不必如此残忍。仅仅为了一只鸟或者兽就动用

> 极刑，甚至亲属也被课以重罚或者流放。百姓的生命受到威胁，父母、兄弟姐妹、妻子彼此分离，被流放，直至死亡。无人知晓遭此厄运的大致人数。如果此时不宣布全国范围的大赦，我们怎能满足民众对正常生活的期待？

新井白石进而专门为 8831 名犯人请求宽恕。他相信他们都是当时因违反《动物怜悯法案》而被关押在狱中的犯人。

第六代德川将军家宣感到自己正面临困境。德川纲吉曾特别要求他继续执行这些法律以尽孝道。家宣的确想要终止这些法律带来的灾难，但又不愿违背遗训而留下恶名。因此，他推迟了葬礼，使对《动物怜悯法案》的撤销看起来像是德川纲吉的遗愿。后来家宣站在德川纲吉的棺木前面，请求他为政府的利益着想，宽恕自己的背叛。接着，他让在德川纲吉指示下负责执行这些法令的官员都站在棺木前，强迫他们同意撤销。由于葬礼尚未举行，这条撤销令看上去似乎是德川纲吉颁布的最后一道法令。

家宣虽没有完全撤销有关动物虐待的法律，但是至少在执行方面将其弱化了。他声称《动物怜悯法案》的初衷是对的，但惩罚措施过于严厉。他指出，历代统治者的惩罚都会有所不同，而在他的任期中，对狗和其他动物的暴虐行为只被看做行为不端，而不构成主要犯罪。

尽管《动物怜悯法案》使人们深受其害，但是使人们得以生存下来的实用主义乃至幽默感似乎保留了下来。在这个荒谬时期的最高潮，狗被当做贵族一样，享受着相同的尊贵和荣誉，这包括将狗安葬在一个相对肃穆的地方，比如山的高处。两个江户人就为了此事在山中跋涉，每人带着一具刚刚死亡的狗尸，准备安葬。天气很热，沉重的尸体使他们精疲力竭。其中一人开始为此而发怒，并向另一个大发牢骚：

“德川纲吉和他那疯狂的法律。我们为什么要这么辛苦地去尊重一只狗？以我们的社会地位，根本享受不到同样的敬意。现在，我们在这儿拖着这些沉重的畜生尸体爬山，这一切都是因为他对狗年出生所含寓意的愚蠢的迷信。”

他的同伴嘟囔着表示赞同：“你可能是对的。但如果我是你的话，我会管好自己的嘴，安安静静地一句话都不说。与其咒骂德川纲吉，还不如感谢上苍。想象一下如果他出生在马年，我们还不知道要累成什么样！”

第 13 章

狗法律和玛丽·埃伦案

德川纲吉将军以及早期皇家防止虐待动物协会的故事表明，在努力提高犬类和其他动物福利的过程中，总会出现一些不可预料的结果。即使那些动物福利拥护者怀有高尚的初衷，但他们那些旨在善待犬只的行动有时却会剥夺成百上千条犬只的生命，有时还会给无数的人类带来苦难，甚至死亡。无论如何，在大多时候，保护犬只的努力是成功的。有时这些改善也给人类的现实生活带来意想不到的好处。其中最具代表性的一个著名案例发生在 1874 年的纽约市法庭。

这一历史事件的主人公是亨利·伯格。他出生于 1813 年，是一位卓越的造船工程师的儿子。在 15 岁以前，他对狗及其他动物的困境关注甚少。父亲的富有给他提供了足以支持其舒适生活的资本，以及一份能够偿付他所有消费的稳定收入。他的才智让他在学业上取得了满意的成绩，并且受到了以法律、文学、政治为主的教育。在完成大学学业之后，他漫无目的地周游了欧洲，把大多数时间用在观光上，偶尔也写首小诗。回来以后，他成了剧院活跃的资助者，这一切都拓宽了他的社交网络，其中不仅包括演员和剧院的制作人员，还有地方和中央的政客、商人，以及其他一些喜爱剧院艺术（或者只是喜欢大规模的公共社交集会）的人士。在这个背景之下，伯格具有强烈的时尚意识就不足为奇了。他总是身着剪裁精致的西装，穿着鞋罩，戴着高帽，让他那清瘦的身材显得更加修长，也更为仪表堂堂。他按照最新的时尚，蓄着精心修剪过的宽阔唇须，手持装饰精美的手杖。每当兴致高昂、试图强调什么的时候，他总会挥舞这根手杖，表现出一种压倒性的气势。尽管家里鼓励他走法律这条路，他对此却总是显得漫不经心。他将更多的精力投入到了对舞台的兴趣上，并且在剧本写作方面小有成就。由于殷实的家资使他不必做全职工作，他每年有一半的时间都在欧美各种高档的旅游胜地享乐。余下的时间便待在纽约的家中。

伯格放任自由的生活方式在 1863 年发生了改变。亚伯拉罕・林肯刚刚当上美国总统就委任了一批外交使节，伯格被任命为在圣彼得堡的美国驻俄使馆秘书。需要说明的是，这一任命完全是个政治姿态。林肯得到纽约很多权贵的支持，这些人都推荐伯格出任此职。伯格还被认为是一个富有的艺术爱好者，聪明且谙熟社交，对艺术有些了解，在正式场合中将是美国体面的代言人，这些都表明任命他是一个稳妥之举。另外，他的个人财富使他不大可能因为娱乐及其他开支向政府要求更多拨款。虽然他支持林肯的共和党及反对奴隶制的运动，但是人们普遍认为，伯格在政治上充其量是个温和派。当时没有任何蛛丝马迹能透露出日后他可能会对动物福利产生兴趣。

后来伯格讲述了改变了他生活的事件。那是一个午后，离开使馆的办公室后，他走在圣彼得堡的一条街上。突然，他听到一声痛苦的叫唤。顺着街道看过去，只见一辆配有长椅的俄式无顶四轮马车在路中间行驶。长椅上的乘客把脚垂在外侧，踏在贴近地面的横杠上。虽然这种四轮马车不失为一种经济的城市交通工具，但是它们并不安全。因为马车敞开的特性，再加上车辙凹凸的路面给马车带来的颠簸，乘客被颠出座位抛到路上的意外事件时有发生。倘若某个不幸的乘客被抛到车轮旁边，就极有可能身负重伤。

伯格当天早晨听见的那个尖锐叫声，让他以为是一个妇女或者儿童从四轮马车上摔了下来，并受重伤。他迅速地沿街跑过去，看看自己是不是能够帮上什么忙。然而当跑到马车近前的时候，出乎他的意料，这声音实际上是发自一匹被愤怒的车夫恶毒鞭打的马。“尽管我明白被残酷鞭打的只是一匹马，但那惨叫声仍然让我觉得是人类在受折磨，就像烙铁一样烧灼着我的灵魂。当车夫实施完他的惩罚之后，我凝视着那无法言语的牲畜，它的身上有着鞭打的伤痕。看着它深褐色的面庞，我看到了顺着面颊滚下的热泪留下的痕迹。如果是一个受折磨、受伤害的小孩子，他的痛苦也会通过同样的方式表现出来。”

这个动物被折磨的情形将会伴随他的余生。伯格后来承认：“我以前对动物从来没有特别的兴趣——虽然对于苦难的动物，我一直怀有天生的怜悯。对我震动最大的是人类从这些生物身上得到了巨大益处，但却没有以丝毫的保护作为回报。”那件事让伯格开始思考动物虐待所涉及的问题。他从俄国回国的时候，此事还在脑子里清晰地浮现。途中，他在伦敦逗留了一周左右。当时英国的一些议员和其他一些混迹于艺术戏剧圈的社会名人，也都是皇家防止动物虐待协会（RSPCA）的资助人。伯格从他们的活动中受益匪浅。他也与 RSPCA 的一些官员交谈过，讨论他们提交的一些法案。因而，在他返回纽约的时候，他已经成为立志于动物福利事业的改革者，准备在政治上采取行动。

那时的伯格不仅精通戏剧，还是一名外交家，有着广泛的社会联系和政界的人脉，这一切都被其充分调动起来，促使那些对动物命运有利的法律法规及特别计划得以通过。他把家乡纽约作为自己这场改革运动的起点。他先是代表“大街上的普通狗”发表公开演讲，然后是猫、马以及农场中的牲畜。他感觉到自己的目标——保护“人类的哑巴仆人”——被社会各界人士普遍接受了。在每场演讲或者公开露面之后，伯格都会发动大家在他的《动物权利宣言》上签名。这份文件概括了他的提议，维护动物的权益，让它们脱离残酷、非人道的待遇；给政界施加压力。他的努力产生了数万人签署的请愿书，并达到了预期的效果。首先，1866 年 4 月 10 日，纽约州立法机关通过了几部防止动物受到虐待的法律，批准伯格创立“美国防止动物虐待协会”（简称 ASPCA）。伯格很好地利用了时事的推动力。在协会宪章获批仅九天之后，ASPCA 就被官方赋予法律上的权力来执行新通过的反对动物虐待的法令。

虽然促使伯格关注动物福利的起因是一匹受到虐待的马，但是当相关法律进入执行阶段的时候，他首先关注的却是犬只。正如 RSPCA 一样，他致力于废除斗狗比赛和犬力拉车。同时，他也十分憎恨另外一种形式的、以狗为主体的奴隶制度，这关系到转叉狗的处境。

当时，传统的烤制家禽和家畜肉的方法是穿上一根炙叉，然后水平地架在露天的明火上。炙叉必须连续不断地旋转，以保证肉块受热均匀，这就需要单调乏味地旋转数小时。很多厨房，特别是在大家庭、客栈、酒馆，都会安装一种固定的犬力踏车装置，其中心与炉边的炙叉相连，看上去类似于被放大了的仓鼠笼里面悬挂的转轮。通常这种装置设计了两面，每面看上去都如同有四条宽辐的马车车轮。它们被固定在木质的扁轮圈两侧，而这个轮圈也是跑道。大多数转叉狗体形与众不同，身长腿短且体态较重。因为常常需要转动重达 30 磅甚至更重的大肉或者火腿，所以这个特征就显得尤为必要。皇家医师及犬类专家约翰尼斯·凯厄斯在1576年将这种狗描述为一种独立的品种。他同时提到，它们转动炙叉的方式是“绕着一个小轮步行，让轮子平稳地转动，比任何一位厨子或者仆人都更为灵巧”。

转叉狗的生活并不愉快，它们中的幸运者可以成对工作，每过几小时就换一次班。当它们在转轮上时，其朝向炉火一面的身体暴露在热辐射中，并且无法喝到水，因此常处于脱水状态。如果厨子认为某只狗很懒惰，就会在轮子里面放一块红碳，迫使狗快速挪步。

作为动力的犬只不仅是用在烧烤方面。狗轮在其他很多地方也有运用，比如推动水果榨汁机、黄油搅拌器、抽水机、碾谷的磨子。在专利权档案中，甚至有一种缝纫机是靠狗轮驱动的。无论这种动力被怎么利用，对于犬只来说都不是一件舒服的差事。我们从工作并非最为繁重的转叉犬的故事中就能体会到这一点。当厨房暂时不需要这些狗的时候，它们经常被带到教堂去，因为在举行宗教仪式的过程中，它们可以用来暖脚。故事发生在一个星期日，格洛斯特的主教在巴斯修道院主持一次礼拜。他翻到《旧约·以西结书：10》，然后朝着教徒们高喊：“就在那时，以西结见到了轮。”当一听到“轮”——那个令转叉狗丧胆的工作地点时，一个目击者回忆说，许多狗“夹起尾巴奔出了教堂”。

某些转叉犬的受虐遭遇也令伯格感到惊愕。比如1874年的一天，他从纽约的一个酒馆窗户看进去，一只狗正在转轮里极为痛苦地干着活；与转轮相连的是一台苹果榨汁机。伯格是这样描述当时的情形的：“(狗的)项圈下部已经摩擦得溃烂掉皮了……它气喘吁吁，一直试图停下来，但是由于被拴得太紧，只要停止奔跑就会窒息。”他运用了法律赋予ASPCA的权力，逮捕了这家酒馆的主人。店主被判有罪，但是不服，一直上诉到最高法院。最终维持了原判，并判处罚款25美元。这笔钱在当时还是相当可观的。

伯格在纽约传媒界变得名声狼藉。他常常突然闯入那些利用转叉狗来榨苹果和其他水果汁的酒馆，指控他们虐待犬只，威胁他们将受到法律制裁。如果酒馆主人表示抗议，伯格就会高声压过他；如果他们反过来威胁伯格，伯格就会像挥舞一根警棍一样地挥舞他的银柄手杖，直到酒吧主人败下阵来。后来回想起来的时候，伯格说这些酒吧主人“看不出他们如何使用自己的苹果榨汁器与我有何相干。如果一只狗不用来做点什么还称其为狗吗？难道它们只能让人拍拍头吗？”

伯格的行为通常带来吵吵嚷嚷的对质，让正常的经营活动无法继续下去。报纸关注着他和其他 ASPCA 核心成员的行动，因为他们总能带来有趣的故事。然而，关于他的舆论报道并非总是善意的。比如，他将动物从暴虐中挽救出来的行为往往会持续干涉他人的事务，因而《纽约时报》将伯格称做“伟大的爱管闲事者”。

就在这场反对利用犬只转轮的运动中，伯格开始意识到动物虐待和儿童虐待之间有着明显的关联。伯格曾经重访两家被指控过虐待转叉犬的酒馆。他两次检查的目的，本来都只是为了确认酒馆主人没有重操旧业。但是出乎他意料的是，犬只再没有被利用了；在转轮中取而代之的是黑人儿童。

那大约是在美国废奴前的十年。当这一制度还存在的时候，黑人奴隶被用来转动榨糖机和推磨。在一些情况下，他们通常会一直工作到精疲力竭。童工在 19 世纪也是一个被认可的现象。儿童是特别有用的工人，因为他们的工资可以很低。有的时候，儿童工作仅仅是为了安身果腹。在这点上，他们和他们所替代的那些已经解放了的犬只的命运极为相似。儿童还可以被用在容易致残或者受伤的高危工作中。如果出现意外，他们比成年人更不易触及法律。转烤叉、榨水果汁等都是冗繁的工作，并且对身体的损害不易觉察。事实上人们都认为，在这些工作中，犬只与儿童相互替换是自然而然的事情。这种情况激怒了伯格。他有一个根深蒂固的观念，那就是对儿童的劳役性雇用是奴隶制度的另一种形式。伯格咨询了他的律师，希望找到某种途径，避免儿童取代犬只被利用。然而他被告知，这些儿童工作是为了履行父母签署的合同；除非能够证明他们被故意虐待（比如被鞭打，或者其他伤害儿童的行为），否则法律不会插手解除一个合法契约。

需要说明的是，酒馆利用儿童踏轮的事件并不是特例。在当地的绝大多数大城市中，儿童通常被逼迫做一些繁重且工资低薄的工作。其他的儿童要想生存，只能靠乞讨、盗窃、捡垃圾。很多儿童只能在肮脏的大街上讨生、睡觉，甚至死亡。当时几乎没有保护儿童的法律。如果有人虐待或者伤害儿童，他们可能被逮捕；但是如果这种伤害是经过儿童的父母或者法定监护人允许的——特别是如果虐待发生在儿童家中，法律就无能为力了。

伯格现在确信，儿童虐待行为和动物虐待行为之间存在关联。虽然他对这两起由"转叉童"取代先前犬只劳力的案件没有办法采取行动，但是他仍然替他们担忧。他悲伤地提到："人类只有对动物仁慈，才会对同类仁慈。"

在那个时候，负责孤儿或弃婴的机构有一个制度，就是代表儿童订立雇用契约。这个契约订立的程序对今天的很多人来说都是陌生的，但是它却有着悠久的历史。简单来说就是，一种劳工合同，一个人先贷款，然后同意通过一定时间的工作来偿还。而这种情况下就不是借贷资金了，而是交换对儿童的照料。养父母享有养子女的劳动成果，就像是享有他们自己子女的劳动成果一样。养父母每年会有一小笔生活津贴；在一年中，他们只需把孩子带到管理机构的办公室去一次，证明孩子还健在，并且处于他们的监管之下。很多人成为养父母只是为了能得到便宜的童工。被领养的儿童通常会成为家庭仆人、磨坊或餐馆的工人，或者在其他需要简单的非技术性劳力的工厂里工作。对于很多儿童而言，养父母只是利用了这一形式，实质上就是用负担吃住的代价将儿童买来做奴隶。这种状态的便利之处在于，儿童的确处于家庭的看管之下而无需其他收容机构，使政府开支最小化。政治上的利益在于，尽管这些儿童的生活环境不是最好的，但是至少不会流落街头，不会碍眼，因而也就不再成为一大社会问题。

之后，在1873年，有一个孩子的案件被曝光。玛丽·埃伦是爱尔兰移民的后代。在南北战争期间，她的父亲战死于1864年弗吉尼亚州的冷港战役中。同年玛丽出生。她的母亲无法一边工作一边照顾女儿，于是就把女儿安排给一个叫玛丽·斯科尔的女人，并支付一定的费用。几个月之后，孩子的母亲停止邮寄费用，斯科尔就直接把孩子放在纽约市福利局，声称完全不知道孩子的母亲在哪儿。后来在满18个月后，玛丽·埃伦就从集体收容所被领养了，监护人名叫玛丽·康诺利。

几年之后，玛格丽特·宾厄姆——一个贫穷街区的廉价公寓房东，开始对一起令人发指的儿童受虐事件感到心烦意乱。康诺利一家向她租住房子已经四年左右了。他们住进来不久，宾厄姆就开始注意到他们残酷地对待玛丽·埃伦。这个孩子经常被打，通常是用皮鞭。她痛苦惶恐的叫声在整栋楼里回荡。她也被剪刀扎伤过，被熨斗烫伤过，这些都是玛丽·康诺利在各种情况下对她发怒的结果。孩子身上有很多因这些伤害而留下的淤青和伤疤。

玛丽·埃伦也没有适当的饮食或者衣物。邻居们抱怨说，她常常在寒冷的天气里只穿着最单薄的衣衫，并且明显营养不良。此外，当康诺利外出时，玛丽·埃伦常常被关在壁橱里，长达数小时无人过问。

和其他几位房客一样，玛格丽特·宾厄姆很担心这个孩子的情况。然而每次宾厄姆试图干预时，怒气冲冲的玛丽·康诺利就会挡住她，声言这是她养育孩子的方式，宾厄姆没有权利管闲事——并且如果她一再插手的话，康诺利将会通过法律途径制止她，之后房门就会朝着她的脸砰地关上。一会儿，宾厄姆就会听到康诺利呵斥玛丽·埃伦除了带来麻烦就一无是处，然后就是皮鞭的闷响以及孩子响彻门厅的哭喊声。

这个情况令宾厄姆非常苦恼，以至于最后她只能威胁这家人停止毒打和虐待玛丽·埃伦，否则就将其驱逐出去。不幸的是，她的计划没有成功，因为康诺利一家直接搬出了这栋楼，住到不远处的另一栋公寓中去了。从与那栋公寓的房东的交谈中，宾厄姆得知对孩子的虐待还在继续。万般无奈之下，她找到了埃塔·惠勒，一位卫理公会教派的慈善性法律援助组织的社会工作者。她帮助街道里的病人、穷人或者运气欠佳的人，因此她在当地家喻户晓。

惠勒要亲自去察看情况，而不是只听宾厄姆的一面之词。为了给探望孩子找一个借口，她求助于康诺利的邻居——一位名叫玛丽·斯密特的深受肺结核困扰的女人。按照计划，惠勒会安排玛丽·埃伦每天对病人进行检查。玛丽·斯密特并不情愿卷入此事，但她听到过虐打的声音，很同情孩子，就同意了。于是惠勒可以借着询问斯密特的情况为探访的理由了。后来惠勒在法庭上的证词，描述了当她敲开玛丽·康诺利的房门所看见的一切：

> 那是12月的一天，天气非常寒冷。她（玛丽·埃伦）是个瘦小的孩子。虽然后来得知她已经有九周岁了，但是看上去只有五岁。一个矮台上面放着口平底锅，她站在旁边洗刷碗碟，艰难地移动着一只和她一样沉的煎锅。在台子的另一端放着两根皮绳拧成的凶狠的鞭子，孩子瘦弱的胳膊和腿上有很多它留下来的伤痕。但是她的故事中最让人痛心的部分写在她的脸上，她的表情

压抑而痛苦，从这张脸上能看出这个孩子没有受到过关爱，只见过生活中恐惧的一面。……直到三个月后她被解救出来，我没有再见到过她。

社工常常会面对贫困、疾病、悲痛甚至残暴的场面，所以惠勒对悲惨的情景并不陌生。但是在这件事情中，虐待的残忍程度和孩子的年纪都让她震惊，以至于立刻到警察局寻求帮助。警察局指出，他们必须掌握伤害的证据才能加以干预。此外，养父母对于养子有着和父母对亲生孩子一样的所有法律上的权利，并且法律没有阻止父母（无论是亲生父母、继父母，还是养父母）使用武力训诫孩子。即使是非常严厉的训诫和体罚，只要发生在家中也是合法的。这一切意味着，没有任何办法可以把玛丽·埃伦从施暴者身边带走。任何试图达到这个目的的行动，在法律上都会被视为对亲子关系的干涉和妨碍——这种行为在当时是没有先例的。

当向警方的诉求无效时，惠勒转而求助于各种教会和慈善机构。遗憾的是，情况并没有好转。这些机构表示同情，并且可以向孩子提供看护，但是她首先需要将孩子通过合法途径带出来。不幸的是，这种介入行为完全没有法律上的支持。

惠勒沮丧地回到家中，为没能帮助这个不幸的孩子痛心不已。最后，她的侄女问道："如果没有其他人能够帮助这个受虐待的孩子，为什么不去找伯格先生？他这个人专为狗和其他动物寻求福利，而我们被告之人就是一种高等动物。"

正在急切地为玛丽·埃伦寻找援助方式的惠勒夫人立刻行动起来。在这番谈话后的一小时之内，她就到了 ASPCA 总部。一到那里，她立即受到伯格先生的接待。她坐在伯格设备齐全的办公室中，再一次讲述起玛丽·埃伦的事情。

“惠勒夫人，如果警察说介入行为没有法律支持，那么您想让我怎么办？”伯格用一种关切的语气问道。

“伯格先生，”她答道，“您保护那些不能说话的动物，是以它们面对人类残暴时的彻底无助为理由。请告诉我，有什么能够比毫无防备能力的儿童更无助的呢？如果您不能根据其他理由介入此事，或许能够依据这个孩子是个不幸的人类小生灵来找到解救她的办法。”

曾经有一次，伯格试图代表受虐的孩子进行干预——那是在黑人儿童替换转叉犬的事件中，不过失败了，所以这次他更加小心谨慎。他告诉惠勒：“我们需要几位明确的证词，以此来保证我们对孩子和那些法定监护权行为的介入。您能不能在我下班后给我一份书面的证词？我需要衡量一下证词的分量，并且需要时间来考虑这个协会是否该介入。我保证将认真考虑这件事。”

惠勒马上回家准备好证词，包括她曾交谈过的几位邻居的证词。伯格仔细阅读、并且相信了这份材料。他立刻给他的律师埃尔布里奇·T. 格里发出消息：“不能浪费时间了。告诉我接下来该做什么。”律师建议伯格雇一名私家侦探来确认孩子的处境。伯格立刻照办。只花了一天时间，私家侦探的侦查结果就向伯格确证了惠勒对玛丽·埃伦困境的描述。伯格马上采取下一步行动。

雅各布·A. 里斯是一名报社记者兼摄影师，后来成了一名颇具影响力的社会改革者。他的叙述可能是对此事件的最佳记录。1874年，里斯在报社当治安记者的工作还不满一年，他被派去报道“地狱的厨房”和纽约市的下东区，这就包括了埃塔·惠勒的工作区和玛丽·埃伦生活的地方。有人提醒他亨利·伯格那天会出现在法庭上、而他的出庭通常会引发新闻热点。里斯的编辑之一曾经在报纸上批评过伯格：“他四处游荡，寻觅对猫、狗及驾车马匹的虐待行为。他的热忱使他随时可能拦下一辆拥挤的公共马车，原因就是觉得拉车的马匹过度劳累。当无数儿童在遭到虐打、受到饥饿煎熬的时候，这种美德难道不是愚蠢的吗？我们人类自己的弱小者被迫进行繁重的劳役、受苦受难。伯格先生最好首先关注我们自身，不要把精力消耗在四条腿的牲畜上，它们本是上帝创造出来为人类的需要和愉悦服务的。”

有了编辑的观点，加上线人的消息说伯格这次处理的事件涉及的并非犬只而是儿童，里斯本能地感觉到一个精彩的故事即将拉开帷幕。几年以后，他这样描述当时那一幕：“我站在法庭里，周围满是脸色苍白、神色肃穆的人们。我看到一个孩子被带上法庭，被裹在一件鞍褥里，人们看到这种情景时不禁纷纷抽泣起来。我看到她躺在法官的脚下，法官将脸转过去不看她。然后，在肃穆的法庭上，我听到亨利·伯格的声音响起。”

伯格指出，美国已经通过了保护动物的法律条款，并且该州也明确规定虐待动物——所有动物——将由他主管的美国防止虐待动物协会受理并申诉到法庭。然后他直接指向孱弱的孩子，孩子身上的淤痕即使是在昏暗的法庭上也一目了然，他继续说道：“这个孩子也是动物，如果她作为人类无法受到公正的对待，那么至少她也该享有街上的狗所拥有的权利。她不该受到虐待。”

里斯被这一辩护深深地打动，但是作为一个社会改革者，他同时也明白这次事件将带来一系列深刻的影响。他说：“当我看到这一幕时，我知道从这一刻起儿童的权利将开始受到保护，而这一切是以对犬类的保护法令作为依据的。”

玛丽·康诺利被判虐待罪并被判入狱一年。对玛丽·埃伦来说，整个故事的结局很好。她将被送往纽约的农场，和其他孩子一起由一个安稳而幸福的家庭抚养长大，后来她结了婚，有了两个自己的孩子，还收养了一个小女孩。她的孩子中有两个最后成了教师。玛丽·埃伦在92岁时离世。

然而，这个事件还引发了另一个对人们产生了更为广泛影响的结果。伯格成功地将他用以保护工作过度的犬类的法案延伸到保护儿童的领域。里斯对于这些事件的历史意义的猜测非常正确，判决之后，心情沉重的人们从法庭中鱼贯而出，不久以后儿童维权运动正式开始。在法院门口，惠勒太太停下来向伯格表示感谢，她用哭红的双眼注视着他，问道："我们的社会难道不能停止如此残忍地对待孩子？在保护动物方面我们做得很好，对孩子能不能同样如此？"

伯格握着她的手，用冷静、坚定的声音说："惠勒太太，您不应该心存疑惑。当我第一次看到玛丽·埃伦时，我就已经认定必须有这样的保护措施出台。"

当新的儿童福利组织成立时，伯格希望它能够脱离美国防止虐待动物协会，该组织后来被称为美国防止虐待儿童协会。然而，这个组织在北美的多达三百多个分会中，儿童福利运动和动物福利运动还是常常被联系在一起，共用同一旗帜，直至今日依然如此。

第 14 章

皇帝和他那带来不幸的狗

拿破仑·波拿巴的人生道路上遍布着狗的足印。狗破坏了他的第一次婚姻，令他痛失战争中的主要同盟，但最后却也是狗救了他的命。正是滑铁卢战役结束了他的政治生涯。说起来可能令人难以置信，然而若不是因为一只狗，这场血腥的战役就打不起来。拿破仑几乎每次与狗打交道都没有好结果，而这使他对所有犬科动物都没有好感。

1769 年，拿破仑出生在科西嘉岛上。他的父亲卡洛·波拿巴是一名律师，他的母亲莱蒂齐亚·拉莫利诺是个意志坚定、脾气暴躁的女子。拿破仑父亲的家族可上溯至古代托斯卡纳贵族。家族的渊源为他带来丰富的政治关系，但是他们的生活方式并不是贵族式的。他们从不带着猎犬出去狩猎，而且也没有宠物狗陪伴家里的八个孩子。

这一时期政局很不稳定。法兰西占领着科西嘉，拿破仑的父亲在帕斯夸莱·保利领导的反抗运动中非常活跃，这意味着拿破仑从童年开始就经常听说他父亲在当地的抗击活动，并有机会结交父亲政治上的朋友。后来当保利不得不逃亡时，卡洛设法获得了科西嘉统治者的政治保护，后者正为重建一个有序的政府寻求政治活跃人士的支持。卡洛被指派为他所在地区的行政官助理后，将他的长子和次子——约瑟夫和拿破仑送到奥顿中学，后来拿破仑又相继转到布里耶纳军事学院和巴黎军事学院学习。

尽管拿破仑拥有领袖的魅力和热情，但他似乎对人总是缺乏热情和理解，这些特点显然与他早期的经历有关。就其年龄而言，他的身材比较矮小，因此高大的孩子们经常欺负他；但是他利用自己的骁勇善战弥补了身高上的缺陷，并且懂得抢占先机。这些经历使他养成了易冲动和好斗的性格。他来到法兰西以后，尽管像所有法国人一样，他从九岁就开始接受法语教育，但他的科西嘉血统、遗传、童年的经历使他将自己视为一个外来者。由于自视为异类，与别人交往时他常常会自觉地保持着距离，而且这种行为方式保持了终生。事业和地位，而非朋友或家庭，成为拿破仑最重要的追求。

在事业初期，拿破仑曾试图与科西嘉和保利的独立运动重新建立联系，但是并未成功，于是只能回到法兰西参加了反对皇室贵族的革命。在军事行动中，拿破仑作为土伦的将领表现出非凡的勇敢，在夺取该城的战役中发挥了至关重要的作用，因此被授予准将军衔。自此他与国民议会联系紧密，这个议会在前一年秋天废除了君主制。

拿破仑回到巴黎的时候，正是国民议会将要解散的前夕，同时新的政府将按照议会起草的宪法成立。残存的保皇党认为这一转变时期也许正是共和党人最薄弱的一环，他们感到这是君主复辟的大好时机，因此在巴黎鼓动了一次政变，企图阻止新政府的建立。保罗·巴拉斯被国民议会授予了很高的政治权力，但在这个关键时刻他却不信任其他指挥官的忠诚。他想起了拿破仑在土伦的杰出表现，决定将其提升为军队副司令官。正是因为拿破仑的领导才迅速地将敌方前进的纵队瓦解。拿破仑瓦解了保皇党的进攻，因此拯救了羽翼未丰的共和政府，他本人也因此而成为法兰西的英雄。由于战功赫赫，拿破仑成了国内军总司令，并且担任新政府内备受尊敬的军事顾问，这使他对法国的每一次政治变动都了若指掌，并利用其发展自己的野心。

我们必须了解，拿破仑成为将军时非常年轻，他发现在自己所处的权位上，不仅其他将军，甚至他手下的大多数官员都比他年长。这种年龄差距令他深感不适。他不仅很难与权势人物交往，甚至与那些对其权威有质疑的下属也难以沟通。因此他决定采取行动提高自己的地位。这一行动不仅使他得到了夫人，并且将他带入与狗的不寻常的关系中，而正是这些狗令其生活的质量大大降低。

在拿破仑看来，一桩门当户对的婚姻能够提升他在同僚眼中的地位。他需要一个能够为他创造更多政治和社会关系的夫人，爱情不在考虑的范畴之内，当然如果能够两全其美最好。这时命运充当了红娘。由于害怕新一轮的武装政变，法国革命政府对巴黎进行了大清扫，将所有法国公民的武器统统充公。在收缴到的武器中包括亚历山大·博阿尔内子爵的佩剑，博阿尔内子爵在恐怖统治时期被推上断头台，他 14 岁的儿子尤金决心收回佩剑，将其作为家族的传家宝。他为此去找当时在巴黎担任军队总司令的拿破仑。波拿巴被这个孩子对于死去父亲的忠诚深深打动了，就将剑还给了他。几天以后，尤金的母亲玛丽·约瑟夫·罗斯·德·博阿尔内拜访了拿破仑，以示谢意。

对于这位年仅 26 岁的将军来说，这无异于天上掉下的馅饼。他眼前的这位成熟女人家财万贯，闻名于法兰西沙龙和政治社交圈。她还是个寡妇，看起来唾手可得，甚至可能还被他所吸引，因为她邀请了他回访她的宅邸。拿破仑认为如果能娶到这样一个女人，自己可能因此而显得更为成熟，受到更多的尊敬，并使自己与军官之间的人际关系得以缓和。此外，她还能帮助他建立起与社交界及政府中其他权贵的联系，使其交往看起来像是纯粹的社交活动。她还是个有魅力的女人，而拿破仑喜欢与美丽的女性交往。她的美丽的确在他心中激起了一丝涟漪，而她的睿智和优雅的社交风度也令他着迷，以上种种促使他决定追求她。

拿破仑的自我意识和支配欲在他的第一段婚姻关系中表现得非常突出。首先他写了大量词藻华丽的情书，试图说服罗斯相信（甚至可能连同他自己）他的追求是出于热恋。在其中一封写于早晨七点的情书中，他说道："您对我的心灵具有多么巨大的力量……从您的唇与您的心那里我痛饮爱情的火焰，被灼烧也在所不惜。啊，今夜我终于明白您的画像与您本人差距有多大！自您中午离去之后，还要等三个小时才能见到您，直到那时，我甜蜜的爱，我要给您一千次的吻，但是请您不要吻我，因为它们会使我的心燃烧起来！"但是对于拿破仑来说，这段自欺欺人的爱恋中有一个困难需要克服，那就是他知道罗斯曾被他之前的其他男人占有过。因为这个原因，他坚持用其他男人没用过的新名字在她耳边轻轻呼唤。这样至少在他自己的意识中，他创造了一个全新而纯洁的女人。从此以后，罗斯就被称为约瑟芬。

在这段恋情中，约瑟芬和拿破仑可以说是棋逢对手，她无论在手腕还是控制欲上都与拿破仑不分伯仲。她在为自己和家庭寻求安全感和稳定地位的同时，利用自己的美丽和优雅寻找一个有权有势的丈夫或是保护者。她甚至曾经当过保罗·巴拉斯——法兰西五大首脑之一——的情妇，这一点使她与拿破仑的关系变得更加复杂，因为保罗·巴拉斯是拿破仑在新政府中主要的支持者。然而，约瑟芬成功地使拿破仑相信她和巴拉斯只是好朋友而已。她之所以对拿破仑有特殊兴趣，是因为后者年纪轻轻已经晋升到将军的地位，并且具有远大的前程。她曾在热恋中写信给一位朋友："我也说不出原因，但是有时他那看似荒谬的自信，让我觉得对这个男人来说任何事情都是可以做到的——只要是他能想到的任何事情！而以他超凡的想象力，谁知道他会做出些什么？"

他们第一次见面的短短四个月后，拿破仑与约瑟芬即在一些朋友的陪伴下举行了婚礼。拿破仑因为工作上的原因足足迟到了几个小时，这一点更说明了他们的结合与其说出自爱情不如说是出于战略上的考虑。但无论如何，当将军得知约瑟芬已经拥有了一个同床伙伴时十分灰心丧气。这位伙伴是一只名叫"幸运"的小狗。这只狗常被形容为一只小型西班牙长耳狗，但是从图画和文献记录中看来，很显然这是一只淡黄褐色的哈巴狗。约瑟芬一生中养了很多只这一品种的狗（以及几只小型西班牙长耳狗）。

幸运是约瑟芬最宠爱的一只狗，因为它在革命的一个关键时刻帮上了大忙。当时，她的第一任丈夫亚历山大因其贵族身份而被革命的议会逮捕后，她也被捕，并面临处决，她被断绝了与孩子和其他人的联系，但是没有人注意到这只每天来看望她的小狗。于是她将写着消息的纸条藏在幸运脖子上宽大的天鹅绒领结下面，以这种方法和监狱外的人们保持联系。其中一些纸条是写给外面一些她认识的高官，他们想办法将她的死刑期限延缓，当革命者中最激进的罗伯斯庇尔失势之后，这些朋友便设法将约瑟芬救出了监狱。

在他们的新婚之夜，约瑟芬坚持让狗待在他们的新房里，而且显然是在他们的婚床上。人们无法猜测那天晚上幸运在想些什么，但事实证明这只哈巴狗对陌生人怀有很强的戒心，并且会朝着靠近它的生人乱吼乱咬。也许这一次幸运的动机更为高尚，因为它觉得它是在保护自己的女主人。但是无论出于什么动机，两人行房时突然被狗的攻击打断，这次攻击时间很短但是损失惨重，幸运将它尖利的牙齿深深扎进一丝不挂的将军的皮肉中，伤口又大又深，留下的疤痕陪伴了拿破仑的余生。这些证明了拿破仑为什么不喜欢狗，尤其是小型的宠物狗，这段经历显然更使他对幸运深恶痛绝。

这个事件使这对夫妇的婚姻生活发生了一系列的变化，从此以后只要他们两人共处一室，约瑟芬的任何一只狗都必须待在隔壁的房间。但是这件事并没有影响约瑟芬对幸运或后来任何其他狗的喜爱，她不顾拿破仑对它们的厌恶，坚持将它们留下。这给他们的旅行带来了额外的麻烦，因为约瑟芬不管走到哪里都要带着她的狗。因此每次拿破仑和约瑟芬共同出游，她最爱的哈巴狗都坐在后面的马车中，并且由一名专门仆人陪伴，作为狗的专职女仆。我们有关于这项开销的详细记录，至少有1806年的记录，这一年拿破仑夫妇在狗身上的花销非常惊人，达207320法郎，平均下来就是每天568法郎——这在当时是相当大的数目，其中包括约瑟芬不但坚持让她的小狗们同她一起睡觉，还为它们垫上羊绒披肩和价值连城的毯子所用的花费。

拿破仑对狗的厌恶似乎到了令其痛苦不堪的程度，以至于他常常对他的心腹大发牢骚。当他后来成为法兰西皇帝时，他甚至颁布专门的法令，禁止任何人将自己的狗命名为“拿破仑”（将他与任何犬科动物可能的联系减至最低）。当路易十八的宫廷画师、著名的肖像画家弗朗索瓦·帕斯卡尔·西蒙·杰拉尔德为拿破仑皇帝画像时，他建议让波拿巴家的狗伴随在皇帝身边。他解释道，狗暗示着皇帝统治他人的实力、统治者的骄傲、热心以及忠诚；除此以外它还能平衡画面构图。但有人告诉画家他能找到的只有约瑟芬养的狗，而且若要让拿破仑和约瑟芬的狗共处一室的话，就别提什么画像了，于是画家立刻收回了建议。最后拿破仑同意让一只猫躺在他的膝上给画家画像，但这仅仅是为了艺术上的效果，而且杰拉尔德还是用了他自己的猫来充当模特。

当拿破仑出外征战时，他会定期给约瑟芬写信，且因为后者疏于回信而感到恼怒。他知道约瑟芬是有名的交际花，怀疑她在自己外出时行为不忠。在某些方面他与其说害怕她出轨，不如说害怕波拿巴将军夫人的出轨被别人知道，那将对他自己的名誉和地位造成不良影响。

他的担心有自己的理由。当时法国的社会风气是，假如一对夫妇分开较长一段时间，双方都很可能找情人。事实上，在约瑟芬的一些社交圈中，热爱和忠于自己的配偶被认为是不合时宜，甚至几乎是没品味的。拿破仑刚去了意大利指挥大军，约瑟芬就找了个名叫伊波利特·查尔斯的军官当情人。这位伊波利特比约瑟芬年轻了整整10岁，与拿破仑的形象截然相反。拿破仑衣着随便，在社交场合性格安静内敛，为人严肃认真；而英俊倜傥的伊波利特风度翩翩，潇洒时髦，谈锋很健，有一种玩世不恭的幽默感，并且讲求及时行乐。当约瑟芬和伊波利特公然出双入对、谣言四起的时候，拿破仑觉得即使是装装样子也应该把妻子带到米兰，至少对她施加点影响。在给约瑟芬的信中，拿破仑责备了她对除丈夫以外每个人的爱——包括小狗幸运。他的评价也许不失公允，但是这封信也从另一个侧面证明了他对这只狗的厌恶。

压力之下，约瑟芬不得不同意回到拿破仑身边。由六辆马车组成的护送队伍将她的家私运送到了意大利，当然约瑟芬也带上了她的小狗幸运，还带上了伊波利特·查尔斯中尉作为护卫。他们由拿破仑的兄弟约瑟夫相伴同坐在第一辆马车中，约瑟夫和旅途中的其他人后来都向拿破仑报告了幸运在途中非常奇怪的行为。这只狗的脾气坏得出奇，对除了约瑟芬之外的任何人都很凶狠（拿破仑身上的伤疤就是最好证明），但是它对伊波利特却没有表现出一丝敌意。约瑟芬不常把幸运带到正式或者非正式的社交场合，但是她睡觉时这只狗总是相伴左右，因此显然伊波利特是因为躺在约瑟芬的床上而与这只狗建立起了友谊。由于这只狗的怪异行为，不信任的种子在拿破仑的心里开始生根。

约瑟芬和拿破仑居住的地方如今成了幸运的地盘。一天，拿破仑厨师的一只凶悍的大狗挣脱了拴着的绳索。幸运平素对其他狗就像对人一样凶狠，这次它很愚蠢地想要在大狗面前显示一下它的主人地位，但是由于它太过傲慢而被大狗咬死了。拿破仑还没有来得及好好享受除去了眼中钉的快乐，伊波利特为了安抚伤心的约瑟芬又马上买了只新的哈巴狗送给她。这一点引起了拿破仑的极大疑心，于是他开始暗中对妻子进行调查，以证实她和伊波利特是否真的有情人关系。错杀了幸运的大狗那可怜的主人因十分内疚而对他的狗严加看管，不准它跑到花园里去。有天在院子里遇到拿破仑，厨师向他表达了自己的歉意，拿破仑回答道："把它带回来吧，也许它能帮我把另外那只狗也除掉。"

约瑟芬对新狗的感情不比对幸运的少。不久那只狗生了一场病，她向丈夫请求，坚持要将全米兰最有名的医生皮埃特罗·莫斯卡蒂请到家里照顾它。拿破仑为此大怒，但最后还是做了让步，将医生请来了。尽管莫斯卡蒂擅长为人类治病，但他还是设法治好了狗的病。约瑟芬对医生非常感激，于是成了他的保护人。由于她的影响力，莫斯卡蒂成了奇萨尔皮尼内阁的成员，并且在意大利王国成立之后成为伯爵、议员，并获得了荣誉勋章。

拿破仑对幸运的后继者显然没有丝毫好感。在 1798 年埃及的一次战役中，他命令他的军队将当地能找到的所有狗聚集在一起，把它们拴在亚历山大的城墙上。他解释说狗吠声会让他们对敌方的攻击有所警觉，最大和最凶狠的狗被拴在离城门最近的地方，用来阻挠敌军的前进。他进一步说明为了阻挠敌军的行进而牺牲几只狗是最小的损失。“事实上，”拿破仑当时对他手下的一个军官说，“一想起这时候可能正蹲在约瑟芬床上的那只狗，我就希望它能被挂在敌人的刺刀上。”

和在意大利时一样，拿破仑的军队在埃及也屡战屡胜，但他胜利的喜悦很快将被打碎，这是因为由幸运和它的后继者引发的对约瑟芬风流韵事的调查终于有了重要的结果。约瑟芬不但与伊波利特发生了性关系（假如他们知道谨慎行事的话，这一点还是可以原谅的），而且她还利用自己身为拿破仑夫人的威望，两个人在政府合同中打着“伯丁集团”的名号招摇撞骗。如果这些事被外界知道，将会对拿破仑的名誉造成极大损害。他在房间里踱来踱去，对着墙壁大声咆哮，把他的秘书惊吓得不敢吭声。“我总算知道你们这些女人靠不住了，你们这些女人……约瑟芬！”然后他把怒气发泄到最令他愤恨的两者身上，一是约瑟芬的众多情人，二是她的众多宠物狗。“她竟敢这样欺骗我……让他们不得好死！看我不把这些花花公子和哈巴狗消灭干净！怎么整治她呢……离婚！对！就是离婚！”

拿破仑回到巴黎，把约瑟芬逐出了家门。尽管他们后来还是和好了，但是婚姻一直岌岌可危。哈巴狗幸运早在他们的新婚之夜就给两人的关系带来了裂痕，这道裂痕因为它后来的可疑行为变得更深，最终导致婚姻的破裂。拿破仑后来再娶，这次的妻子是奥地利国王的女儿玛丽–路易斯。这令他回忆起1770年玛丽·安托万内特与未来的路易十六结婚时的婚姻协定。因为玛丽·安托万内特非常喜欢狗，甚至因此影响到皇室声誉，她自己的狗（包括她另一只名为“莫普斯”的爱犬），被强留在了维也纳。因为有这个前提，玛丽–路易斯在离开维也纳时不得不与她的爱犬挥泪告别，因此拿破仑夫人的房间中终于不再有小狗出现。

然而，在埃及的征战快要结束时，拿破仑却开始与另一类狗打交道，这种狗对他一生的影响甚至比约瑟芬的哈巴狗还要大。这种狗既是他的救世主又是他生存的最大威胁。这就是纽芬兰犬，一种大型犬种，直立时可达 28 英尺，重约 155 磅。这种狗毛发很长，通常是深黑色，尽管当时还有一种叫做兰西尔的黑白相间的变种也很流行。纽芬兰犬后肢有力，肺活量很大，脚掌肥厚，毛皮厚而富有光泽，使它善于游泳并能忍耐寒冷的河水；它那宽厚、沉重、獒犬般的口鼻使它能够拖拽绳索、渔网或是溺水者。这一时期，纽芬兰犬通常是被养在船只上与水手做伴的。有很多关于它们的故事，讲述了它们如何将绳索带到搁浅的船只上，或是营救不幸落水的人们，因此这种狗大多被冠以与航海有关的名称，如水手、海员、水手长、将军等等。

拿破仑第一次遭遇纽芬兰犬是在卡尔顿宫，威尔士王子的宅邸，那时他正住在伦敦。摄政王有一只叫做“水手长”的纽芬兰犬。这只狗在整座宅邸中可以自由来去，并被国王称为他的“保镖”。

那天晚上，府邸接待了一批受邀前往不列颠王室的外交官，气氛有些紧张，因为有传闻说英国不久将要对拿破仑统治的法兰西采取行动，因为拿破仑拓展疆域的野心对他们造成了威胁。尽管如此，法兰西特使和大使还是专程从巴黎赶来参加这次外交活动。虽然他们看似只是在和其他国家的外交官进行无关紧要的闲谈，但真正的使命却是保证普鲁士大使的中立和友好。

英国首相威廉·皮特将普鲁士视为他们反法兰西同盟中需要的最后的筹码，他与国王必须说服普鲁士加入他们的阵营，因此国王将普鲁士人带到他的书房（就在宴会沙龙的隔壁，那里供应着饮料和美食）进行私下交谈。这时水手长跑进房间，欢快地摇着它的尾巴。这只大狗喜欢找东西，并会捡起任何掉在地板上的东西；这次他的嘴里叼着一封不慎从某个客人的口袋里掉出来的信件。国王认为这封信可能是给他的，因此迅速拆开信看完了上面的内容。然后，他若有所思地检查了另一面。这封信是给法兰西大使的，他转向一旁的普鲁士外交官，用平静的语气说："我想这封信件可能会让您感兴趣，等您读完这封信，我会让狗把它还给它的主人。"

普鲁士人看起来有些迷惑，但还是接过信，上面这样写道："先生，我已经写信给我的使者，这件事情至关重要，我们必须不惜一切，阻止圣詹姆斯宫廷和普鲁士人间的任何和解，后者本性迟钝且自大，您处理这件事情的时候想来不会遇到什么困难。"署名是："波拿巴，第一执政"。

普鲁士大使把字条归还给国王，羞得满脸通红，国王一言不发地将字条重新塞进水手长的嘴里，两人走出房间时只见法国大使正站在一边在口袋里翻找着什么，脸上满是焦急的表情。国王对他说了些什么，大使满脸困惑地把信从狗嘴里拿出来，但是显然松了一口气。六个星期后，一个新的反法军事同盟建立，普鲁士坚定地与英国及其他反对拿破仑政府的同盟国站在了一起。

一年以后，另一只纽芬兰犬又令拿破仑不得安宁，而且这一次发生在距法国皇宫千里之外的地方。1805 年，拿破仑向海军司令皮埃尔·德·维尔纳夫发布命令，后者当时指挥着法国和西班牙联合舰队的共 33 条战舰。拿破仑命令他将人员从卡迪斯调往那不勒斯支援意大利南部的军事行动，而此时的拿破仑已经成了法国皇帝。在位于卡迪斯和直布罗陀海峡之间的西班牙特拉法加角附近，维尔纳夫遭遇到一支由 27 艘战船组成的英国舰队，该舰队由海军司令霍雷肖·纳尔逊指挥。特拉法加角一役对拿破仑来说无异于一场灾难，彻底终结了他横渡英吉利海峡入侵英格兰本土的梦想。战斗结束后，维尔纳夫被擒，他的舰队损失惨重，将近一万四千人丧生，其中有一半是被法国俘虏的战俘。纳尔逊在战斗中负重伤，但是得胜国大不列颠舰队完好无损。

当所有战役的详细情况被上呈给拿破仑时，他了解到在这场战役中一只狗，确切地说是一只纽芬兰犬，至少是象征性地参与了特拉法加角战役。这只纽芬兰犬在一条名为“H. M. S 仙女”号的快船上服役。法国战船“克莱奥帕特拉”号失利，其他船只被拴在一起影响对方士气，当时最先登上甲板的似乎就是这只狗。拿破仑听说这个细节时勃然大怒：“狗！难道我不管是在战场上还是在卧室里都注定要被它们打败吗？”

虽然拿破仑在特拉法加角一役损失惨重，但在接下来的 10 年间他仍然发动了一系列荣耀与危险并存的战役，这些战役扩大了法兰西在欧洲的版图，也令其他国家的反抗愈演愈烈。他最后的一败涂地是因为他有欠考虑地进攻了俄罗斯，这次征战大大削弱了他的力量，并且结束了其不败的神话（至少在陆地上是如此）。1814 年，奥地利、俄罗斯、普鲁士和大不列颠签署了一份为期 20 年的协定。他们达成共识不得单独进行谈判，并承诺坚持战斗到拿破仑垮台的一天。法兰西临时政府首脑塔列朗宣称拿破仑的统治已经结束，而且在征得法国民众的同意前便开始与路易十八进行谈判，路易十八是被处死的路易十六的兄弟。任何反抗似乎都已经是多余，拿破仑不得不退位。这并不是完全的投降，因为在枫丹白露条约中，同盟国承认他是厄尔巴岛的统治者，他将获得由法兰西政府支付的 200 万法郎薪金和一支由 400 名志愿者组成的卫队，并且被获准保留他君主的头衔。不幸的是，他的夫人玛丽·路易斯以及他的儿子被送到奥地利，由他的岳父、奥地利国王抚养，从此以后拿破仑再也没有见过妻儿。

正是在厄尔巴岛上，拿破仑一生中第一次、也是唯一一次养了一只自己的狗。这是一只体型中等的黄颜色的狗，看上去像是金毛猎犬和西班牙长耳狗的杂交品种。拿破仑养这只狗并不是为了让它与他做伴，因此我们连这只狗的名字都不知晓，但是它有属于它的工作。拿破仑知道有几名英国人正图谋暗杀他，因此养狗作试毒用，以确定他的饭菜中是否被人下毒。这只狗就是以这种方式给他带来安慰，而非陪伴。

被放逐的拿破仑关心着法兰西政坛上的风吹草动，他发现法兰西人民对路易十八的君主制社会并不满意。他开始策划出逃，希望回到法兰西本土。逃离厄尔巴岛需要详尽的计划和极好的运气，因此直到1815 年 2 月他才终于做好出逃的准备。那是一个星期日的早晨，他很早出门去教堂，当地很多贵族和普通民众聚集在一起，因为关于他想离开厄尔巴岛夺回法兰西的消息早已传开。这些人将狭窄的街道挤得水泄不通，拿破仑和他的一小队随从经过时，人群中呼喊着："皇帝万岁!"港口外停泊着一支很小的船队，其中大多数是当地的渔民，他们从捕鱼的地方赶来一探究竟。

天空阴沉灰暗，海上波浪起伏，船员和拿破仑的随从登上小船（"卡洛林"号），这艘船将把他送往战舰"不忠"号，而战舰将在英国巡逻兵明白发生了什么事之前带他逃得无影无踪。拿破仑最后一个登船，由于逆风和大浪，水手们在控制船桨时遇到了一些麻烦。当他们准备将船驶出港口时，拿破仑站在船舷上缘，最后看了一眼厄尔巴岛和岛上的居民。船还在上下颠簸，甲板又湿又滑。

几分钟后，水手们回头想看看国王情况如何——惊讶地发现他竟然不在船上。片刻之前，他不小心失去平衡，一头栽进了海里。不幸的是，拿破仑的水性很差，有人甚至说他从来没有学过游泳，即使他水性好也很难应付眼前的情况，因为他全副戎装，佩着宝剑，那是他在奥斯特里茨战胜奥地利和俄罗斯联军时曾佩带着的宝剑。不过水手们一直没有注意到他身处困境而任由他在波浪中绝望地挣扎，一只狗却赶去营救他。而这恰恰也是一只纽芬兰犬，和曾经让他恼怒不堪的狗属于同一品种，只不过这只狗是黑白相间，而不像水手长或是“仙女”号上的狗那样是纯黑的。这只狗是一个渔民的工作伙伴，它常常担任着回收渔网、拖拽两船之间的绳索以及营救溺水者（此前至少有过一次）等工作。那只狗很快地游向拿破仑，后者挣扎着抓住狗，将头部保持在水面以上。

这时“卡洛林”号上的水手们发现了这一情况，并立即调转船头，两名海员跳进水中去救助拿破仑，但这已是在事故发生几分钟后了，如果不是因为这只狗，法兰西国王早就沉入了地中海海底。浑身发抖且湿漉漉的拿破仑被拖上甲板，重新回到他的命运之路上。他被成功地送到等候着的战舰上，顺利抵达法兰西本土，随即行进至巴黎。他收编了前来追捕他的军队，他原来军队中的士兵和许多反保皇党也纷纷前来支持他。在巴黎，他通过了一部全新的、更民主的宪法，继而向同盟寻求和平。

然而欧洲联盟还是宣布拿破仑不受法律保护。为了不给他的敌人时间以积聚力量，拿破仑决定先发制人，引发了一系列的事件并最终导致他在滑铁卢的惨败。然而，如果不是因为那只黑白相间的无名纽芬兰犬，所有接下来的光辉而又血腥的战斗根本不会发生。这只狗安全地回到它的主人身边，可以想象出它是如何站在主人的甲板上，来回地摇摆着尾巴，水顺着它的身体往下流的情形。它也许会看着远处的海面，一定不会知道、也不关心它刚刚救起的那个人就是最有名的厌恶狗的人之一。

拿破仑最后一次与纽芬兰犬打交道是在英国人决定将波拿巴放逐到火山小岛圣赫勒拿岛上时。由海军少将乔治·科伯恩指挥的“H. M. S

诺森伯兰”号负责将他送往小岛。这条船上的狗，同时也是科伯恩的私人宠物，是一只名叫汤姆·皮普斯的黑色纽芬兰犬，这只狗也有一个与航海有关的名字（水手们习惯将水手长称呼为汤姆·皮普斯）。这只狗总是和少将待在一起，即使是在他与拿破仑一同用餐时，或是许多会议、社交场合上也不例外。科伯恩后来在他递交给海军总部的报告中写了一些奇怪的评价：

> 他总是抱怨军官的狗在场。他暗示这只狗的出现是他们有意贬低他，他说它在我们谈话时相伴左右是为了提醒他记住自己的惨败，并且暗示他连一只狗都不如。当我们一起用餐时，他囫囵吞下自己的食物，然后有失礼仪地离席而去。我曾经问过他这件事，他声称他迅速吃完是为了避免狗偷食他的食物，或者有人把他盘子里的食物拿出去喂狗。

拿破仑对狗的评价仅有一次是正面的，这是在他被监禁在圣赫勒拿的最后一年。那时他正在口述着他的回忆录，由法国历史学家伊曼纽尔·卡斯伯爵做记录。拿破仑回忆了意大利战争巴萨诺战役之后的那个夜晚。当时他还是一个年轻的将军。几小时之前战死的士兵尸体覆盖了战场，他从中间走过。伊曼纽尔这样记述他的回忆：

> 那是一个幽静的月夜，我们孤独前行。突然，一只狗从一具尸体的外衣下跳了出来。它朝我们奔来，几乎与此同时又马上回过头去跑向已死去的主人，同时还哀怨地嚎叫着。它舔舔那个士兵的已经毫无知觉的脸颊，然后再次向我们奔跑。如此反复数次。它在寻求帮助并伺机复仇。我不知道这种感觉是否来自那个特定的时刻，是来自这个动作本身，抑或是其他的什么——无

论如何，我在其他战场上从来没有获得过这种印象。我不自觉地停下来凝视眼前的景象。或许这个人有一些朋友，我对自己说到。这些朋友在他的军营，在他的连队——现在他躺在这里，所有朋友都弃他不顾，除了他的狗。通过这只狗，自然界想给我们上一堂怎样的课啊！

人是多么奇异啊！他的感官活动是多么神奇啊！我曾经在战场上运筹帷幄，决定整个军队的成败，但是情感上却不为所动。我曾经见证了注定使我们伤亡惨重的军事行动，但是眼眶也从未湿润过。而此时，我突然为这只痛苦哀嚎的狗动容了，失声痛哭起来！

拿破仑的情感反应，可能源于当时所见场景中的极度的不协调。一只狗，一只他一直蔑视的动物，其所表现出的高贵和忠诚却远远高出他所敬仰的兵士。或许这个回忆是因为不到一年之前曾经挽救过他性命的那只狗，虽然没有看到过拿破仑对那只狗表达过任何感激。

在拿破仑和狗的故事中，还有两个不同寻常的插曲。其一是，被流放于厄尔巴岛期间，拿破仑有一只试吃食物用的黄狗。而在圣赫勒拿他没有养过一只狗——甚至是连试吃食物用的狗都没有。这可以说是他的一个不幸的疏忽，因为根据最新法医学方法显示，拿破仑很可能是死于食物中毒，连续数月中他的食物都被投放了砒霜。假使他当时再次使用狗来试毒的话，或许能够警觉到这个阴谋，及时避免死于非命。

第二个小插曲和波拿巴家族世代相传的“犬类诅咒”有关系，事实上这直到1945年在纽约才被意识到。热罗姆·拿破仑·波拿巴是波拿巴家族在美国的最后一代。他带着狗出门，到中央公园散步。那只狗明显受到什么东西的刺激，拉着这位老人飞快地横穿公园。这位波拿巴的后裔被狗绳绊住了脚，倒地受伤，最后不治身亡。这是一只哈巴狗，就像睡在约瑟芬脚边的幸运——和拿破仑一生中的不幸与灾祸有关联的第一只狗一样。

第 15 章

与狗交谈

这个故事发生在 1941 年 7 月 15 日，在魁北克加蒂诺山区一个叫金斯米尔的庄园里。如果你能看到庄园主人的卧室的话，在这天早上九点过后，你就会发现一个 60 岁左右的老人在房间里踱来踱去。他有些矮胖。因为彻夜未眠，他的衬衫皱巴巴的，眼中噙满了泪水。他的臂弯里抱着一只小狗。老人低声吟唱着那首古老的圣歌《安隐在耶稣手中》。一曲终了，他轻轻地抚摸着怀中的小狗。他凝视它的眼睛，对它说起话来。

“记着我告诉你的话。别忘了一到那儿就帮我转达。”他报了一串名字，对它重复着对谁该说哪些话，那都是他所爱的人和同僚的名字——他们都已过世。

不要以为这奇怪的一幕发生在某所精神病院里。事实上，它发生在加拿大总理威廉·莱昂·麦肯齐·金的家里。当这特别的一幕发生的时候，加拿大等联盟国家对德国纳粹的防御战正处于胶着状态。情势很不乐观。波兰和波罗的海诸国均已沦陷，英国在奋力苦战，美国也正渐渐陷入欧洲冲突的泥潭中。加拿大在忙于组建军队，征兵问题使全国陷于分裂。前一天下午的行程原本是召开一个内阁战事委员会议，就国防部长提出的第六师调动问题进行讨论。但金通知内阁秘书延迟会议，理由是他在金斯米尔“亲爱的狗”需要他。

此例固然有些极端，但人们跟狗讲话的情况并不少见。对宠物狗像对人一样说话并不意味着这个人是疯子，是傻子。超过 80% 的宠物主人承认他们会以交谈的方式与狗交流，就像他们对朋友和家人一样。很多名人不仅对狗说话，还会把那些对话记录下来以作留念。约翰·斯坦贝克，诺贝尔文学奖得主，《愤怒的葡萄》、《伊甸园东》、《人鼠之间》等经典作品的作者就是这样一个人。他既不傻也不疯，但他会同狗讲话。58 岁的时候，作为一个颇有名气的作家，斯坦贝克决定要“重新发现”美洲。他计划游历 37 个州和加拿大，总行程达 12000 公里。他开着一辆大敞篷车，带上了长着黑色鬈毛的小狗查理。斯坦贝克带着查理不仅仅是为了有个伴，也是为了能更轻松地与陌生人搭上话：

> 狗，尤其是像查理这样的外国狗，是与陌生人之间建立关系的桥梁。在途中，有很多对话是以“这是什么品种的狗？”作为开场白的。……在和陌生人建立关系的时候，查理是我的大使。我松开它的狗链，它跑向目标人物，或是正在准备晚饭的目标人物。我再把它拉回来，以免对我的邻居们造成困扰——哦，你在这里。小孩子也能干这种事，但狗能干得更出色。

旅行结束后，他出版了《与查理同游》一书，写得很温馨，其实这本书也可以叫做《与查理交谈》。一路上，斯坦贝克一直跟查理絮絮叨叨，讲些日常琐事，比如什么时候休息、安营，什么时候吃东西，吃些什么，什么时候出发去下一个地方等等。他还向查理倾诉他的感想和见闻。有些时候，他们的谈话很深入，颇具哲理性，比如有一次，斯坦贝克和查理对于偏见和民族歧视的本质问题做了一次长谈。

斯坦贝克把这些对话录了下来，这些对话循着一种与现在的心理学相近的模式。我们的语言结构和模式会随着环境的不同而做出不同的变化。在正式场合，例如对权威人士或观众讲话的时候，我们会运用比较严谨和正式的语言，不像与家人或朋友说话时那么随便。我们与小孩讲话时语言也会变得很特别。我们用词简单，说话起伏有节奏，有时还伴有高昂的语调和多次重复。心理学家把这种语言命名为"母亲语言"，因为这种语言最常用于母亲对孩子讲话。当然，并不只有母亲才会用"母亲语言"，事实上，每个人，不管是男人还是女人，不管是否为人父母，与小孩讲话的时候都会不自觉地使用这种语言。心理学家认为我们与狗讲话时的语言与"母亲语言"很相似，他们称其为"犬语"。

犬语听起来和我们平常与周围成年人讲话的语言很不同。它的句子短得多，平均在四个词左右（与之相对的是，我们和成年人讲话时会达到 10 至 11 个）。我们对狗讲话时会多用命令句，比如"到这儿来"和"从椅子上下来"。另外一个特别之处是，我们问狗的问题是我们问人的两倍，尽管我们并不期望它们做出回答。而且我们问的通常是一些很琐碎的问题，比如"你今天过得好吗，小狗?"此外，我们也运用特别多的附加疑问句。附加疑问句是指在陈述句后加个问句，例如"你渴了，对吗?"不仅如此，我们还特别喜欢更换词汇说同一件事以及重复说同一件事，比如我们会说："你是一只好狗。是啊，多好的一只狗。"

犬语听起来很不同的另一个原因是，我们倾向于用更高的音调说话，注重语调的起伏和语气词的运用。我们会习惯性地运用大量代表小的后缀的词，比如把“walk”念成是“walkie”，把狗叫成“cutie”。我们还喜欢改变词的形式使它们尽量随意些，比如“wanna”和“gotcha”。所以当你听到有人问“Do ya wanna go for a walkie?”（你想去散散步吗？）时，你便可以大胆地推断她在和狗讲话。当然，也存在一定的可能性这是在对小孩说，但无论如何，她在对一个成年朋友或家人讲话的可能性几乎为零。

我们与狗交谈时会有一些特定的模式。总的来说可以概括成三种。其中最简单的一种是自言自语，人一直自个儿说个不停，但狗保持沉默当个好听众。第二种是对话，有问有答，但问答的都是同一人。在这种谈话方式里，人时不时地停下来，看狗儿的反应，然后再接着继续讲，对人来说，似乎狗的沉默就已经是某种回答了。如果仔细观察人在电话旁讲话的样子，你就会发现第二种与狗讲话的模式与之很相似。

痴迷狗的人对第三种模式很熟悉，但对外行人来说这种方式也许会有些古怪。在这种人狗对话模式中，人不仅对狗提问，还帮狗回答问题。父母对婴儿讲话的方式与之很相似。比如说，他们给婴儿一个玩具，问道：“你喜欢这个玩具吗？”如果婴儿笑了，或是伸手抓这个玩具，父母就会帮他回答（常常装成是另一种声音）：“是的，妈妈，我很喜欢。”这第三种谈话方式听起来很像典型的好莱坞电影系列剧中的场面，一个患精神分裂的人用不同的人格身份和声音在相互争论。斯坦贝克曾经记录过这样的对话，当然，问话和答话的都是他一个人。

“查理你怎么了，不舒服吗？”

查理的尾巴轻轻摇摆。“哦，是的，我想我很好。”

“那我吹哨的时候你怎么不过来呢?”

“我没有听到。”

“你在看什么?”

“不知道。我想没什么。”

“那你不想吃晚饭吗?”

“不是太饿。但我还是去吧。”

这样的对话很有趣，可以缓解压力，排遣寂寞。那天的对话让斯坦贝克发现自己和查理都有些寂寞和压抑。所以他决定给查理烤一个生日蛋糕来逗它开心，尽管那一天并不是查理的生日（大致上应该不是，实际上斯坦贝克已记不清查理的确切生日是哪一天了）。他想生日蛋糕总能使他们开心些。他忙着做蛋糕，查理在一旁似乎也看得津津有味。斯坦贝克装成查理的声音说:“不知道狗的生日却还给它做蛋糕，别人会觉得你是疯子。”

然后，他又化身为学者、老师和作家，插入自己的声音:“如果你管不好你的尾巴的话，你不能说话也许是件好事。”说到这里，他忍不住笑出声来。随着这次与狗的愉快谈话，一切阴霾烟消云散。

作为社交伙伴，狗对普通百姓和历史重要人物的作用和影响十分重要。社会学家指出，独居的人或处于某种人生危机的人，如果有狗为伴就可以舒缓压力，不需要那么多的临床诊疗。正如斯坦贝克与查理的谈话让他在漫长的旅行中不再沮丧和抑郁一样，社交活动和舒适的谈话能阻止心理问题的恶化。此外，狗对受孤寂、压力、恐惧、渴求和无安全感折磨的人也有同样的效果。苏格兰女王玛丽悲剧的一生就是一个很好的例子。

玛丽·斯图亚特出生于 1542 年，是苏格兰的詹姆斯五世和他的法国妻子——吉斯的玛丽的独女。悲剧似乎一直笼罩着玛丽，从她出生的那一刻，直到一连串不明智的婚姻和政治决定结束她的统治和她的生命。她出生六天时父亲过世，她正式成为苏格兰的女王。那时，亨利八世是英格兰国王，也是玛丽的叔叔。他试图通过控制小玛丽来实现他对苏格兰的统治。他本想把玛丽带到英格兰，但玛丽的母亲先行一步，把她送到了法国。所以从五岁起她就住进法国宫廷，由国王亨利四世和王后凯瑟琳·德·美第奇抚养长大，受她母亲的娘家——强大的吉斯家族的保护。也就是在那里，在瓦卢瓦宫廷，她开始了对狗一生的钟爱。

玛丽那时的处境可想而知。她立即与仅年长她一岁的弗朗西斯王储订婚。她发现自己突然成了一个陌生国土的皇室中的一分子；更令人尴尬的是，她连一个法语单词也不会讲。国王和王后对这个小女孩悉心照顾，与亲生女儿无异。她和弗朗西斯在一起玩耍亲如兄妹，他们有 22 只小狗为伴——品种有小西班牙猎犬、哈巴狗和马耳他犬。在最初的几个月里，玛丽只与苏格兰家庭女教师和狗讲话。她常常待在房间或花园，对狗倾诉自己的悲伤和失望。但不久以后，她和弗朗西斯就交上了朋友。弗朗西斯也很喜欢狗，与它们一待就是几小时。他和狗讲话时，会顺便教玛丽法语，跟她解释他对狗说的每一个词。不久玛丽就变得自信和大胆，敢与其他人用法语对话了。她的语言技巧也随之增长，到后来，她的法语说得甚至比英语还要流利。经过努力，玛丽成为一位理想的法国公主。她在语言、文学、历史、音乐等方面都有良好的修养。她长得很漂亮，体型纤长，有一头微红的金发和一双琥珀色的眼睛。

她与弗朗西斯的婚姻原本是为了加强法国和英格兰的联系。虽然玛丽后来成为英格兰和苏格兰政治、宗教争端的一个关键性人物，但当她作为法国王储夫人时这一切还与她无关。撇开一切政治因素，玛丽很喜欢她的丈夫，这种喜欢是长年在一起与狗玩耍培养出来的。当她的丈夫加冕为弗朗西斯二世的时候，她很自豪自己能伴其左右。一年之后，丈夫去世，玛丽几乎崩溃。那一年她18岁。她从悲伤中走出来，作为苏格兰女王回到苏格兰。

此时，伊丽莎白一世是英格兰女王。伊丽莎白的王位之路颇为坎坷，因为作为亨利八世和安妮·博林的女儿，她在母亲被处死后就丧失了法定继位权。她继位需要得到国会法令的认可。天主教和新教之间的争端一直是英国历史的老话题，这次也不例外，这两者之间的势力对比是伊丽莎白能否继位的关键。伊丽莎白是新教徒，许多天主教徒不承认她的合法继位权，尽管英国国会已经认可了她的继位权。国会认为亨利八世与凯瑟琳的离婚是无效的，因而亨利八世后来的婚姻都是非法的。在这种情况下，玛丽是英格兰唯一具有都铎王室血统的合法女王，她的公公、法国国王亨利四世以玛丽的名义为其加冕。

玛丽回到苏格兰的时候，带回了她在法国时很喜欢的一批马耳他犬。每只狗都戴着一个蓝色的天鹅绒领子，上面刺有它们各自的名字。狗儿们每天都能吃到两大碗肉，还有专门的仆人服侍它们。玛丽还派人定期从法国带回新狗。

玛丽初到苏格兰并没有受到热烈欢迎。伊丽莎白不信任她，因为她曾试图攫取英格兰的王位；她长期待在法国也使人感觉陌生。更糟的是，在她离开苏格兰的日子里，苏格兰已改信新教，而玛丽是天主教徒，她拒绝妥协。尽管有一段时期，玛丽在其异母兄弟莫里伯爵的帮助下，把苏格兰治理得井井有条，但在许多人眼里——其中包括加尔文教的主传教士诺克斯——玛丽是一个信仰异教的外国女王。

玛丽第一个失败的婚姻决策是嫁给自己的英格兰表兄达恩利勋爵。伊丽莎白不赞成这桩婚事，莫里也极力反对，甚至为此不再辅佐玛丽执政。达恩利比人们预期的还要让人失望。他冷酷无情，参与了新教贵族的阴谋活动。他接连谋杀了玛丽的大臣和心腹顾问大卫·里奇奥。玛丽最终相信达恩利甚至还在密谋夺她性命。他们的儿子的出世也没能缓和矛盾，此时的玛丽已有子嗣，她开始寻找方法摆脱这段婚姻。

这段历史记录得相当混乱。似乎是玛丽与博斯韦尔伯爵有染，后博斯韦尔被控谋杀达恩利。虽然博斯韦尔被判无罪，但很多人相信是玛丽和他密谋杀死了达恩利。由于身边缺乏得力的助手，玛丽再次做了一个愚蠢的决定，她嫁给了博斯韦尔。这激怒了苏格兰贵族和民众，他们采用暴力方式反对。玛丽被迫退位，她年仅一岁的儿子詹姆斯继承王位（他后来又成为英格兰的国王詹姆斯一世），莫里伯爵被任命为摄政大臣。博斯韦尔被流放，玛丽遭监禁。玛丽的天主教支持者曾试图组织一支军队帮助她恢复王位，但由于缺乏有效领导，最终在朗赛被莫里歼灭。这时的玛丽被控叛国和煽动叛乱，她不得不四处逃窜。

玛丽在一时冲动之下逃亡英格兰，希望得到伊丽莎白的庇护。伊丽莎白具有玛丽所缺乏的所有政治手腕，她在表面上非常欢迎玛丽。不过，她制造了一系列与达恩利之死有关的事件，将玛丽监禁了18年。伊丽莎白想方设法切断了玛丽与亲友的一切联系。尽管如此，玛丽还是偶尔有些秘密访客，包括耶稣会传教士萨梅利，其中的一个访客还设法从法国带来了两只马耳他犬和一只小西班牙猎犬给她做伴。

和她童年的生活一样，狗成了玛丽压抑的监禁生活的慰藉和伴侣。监狱看守哈德威克·贝斯曾报告说玛丽长时间跟她的小狗们讲话，讨论宗教信仰，讨论她退位后再未见到的儿子詹姆斯。狗对玛丽至关重要，她甚至让它们出现在她送给詹姆斯的肖像画中（虽然詹姆斯最终没能见到这幅画）。

玛丽在佛斯林费堡最后的日子也是以这些狗为伴。1586年，一个天主教团体谋杀伊丽莎白失败，玛丽被控是帮凶。在审判庭上，虽然玛丽以雄辩的口才为自己辩护，但罪证似乎更有说服力。玛丽被判斩首之刑，并被关押在佛斯林费堡直至行刑之日。唯一值得安慰的是，伊丽莎白允许她的狗儿们与她同行。

其中的一只狗陪伴着玛丽直至生命最后一刻，成为她死时的慰藉。这一刻来临了，玛丽缓步走向断头台，没有人知道她这么做其实是为了配合她长裙下小白狗的步伐。斧头落下后小狗也没有动，行刑人布尔最终发现了它。他收到命令，要求所有被玛丽的血溅到的东西都要清洗干净或烧毁，“以防有人仿照先人，用亚麻布浸染血液作为玛丽的遗物，以便以后寻机报复”。布尔发现小狗的时候，它正在拉扯玛丽原本应该固定在膝盖处的袜带。它不肯离开玛丽的尸体，即使被强行拉开了，还是会再跑回去蹲在玛丽的尸体旁。这可怜的小家伙，全身雪白的毛都溅满了玛丽的鲜血。行刑人可怜它，把它带走洗净。它没有被人毁灭，而是被送给了一个法国公主以作为对玛丽的纪念（前提是她保证将这只狗带离这个国家）。

现在让我们回到那个在漫长而孤立的危机时，对一只奄奄一息的狗讲话的加拿大总理。威廉·莱昂·麦肯齐·金出生在安大略省柏林（今基奇纳）。他继承了祖父威廉·莱昂·麦肯齐的名字。他的祖父是个充满热情的政治家和极有号召力的记者，曾以武装反抗加拿大，并试图向美国寻求帮助以控制国家而闻名。或许是加拿大这个民族宽恕了他，后来他一回国就成功地进入政界，顺利当选。他的女儿伊莎贝尔对政治也颇有兴趣，成功地建立起一张政治关系网，为她儿子的政治事业奠定了基础。

正如他的亲友所熟知的那样，威利成长在一个典型的中上层家庭。他的父亲约翰·金是个律师，母亲伊莎贝尔是社交圈里一位好客的女主人，一直保持着她在政治和社交界的人脉关系。威利有两个姐妹，贝拉和珍妮，还有一个兄弟麦克斯。家里还养着一只叫范妮的狗，经常跟两姐妹在一起玩，对这时的威利并没多大影响。

麦肯齐·金长大的时候并不十分引人注意。他比较矮，还有过度肥胖的趋势，穿得十分保守，性格也很内向。他极其聪明，拿到了五个高级学位，对劳工、经济和政治都颇有研究。他思路清晰，熟知劳工事务（也许还有他母亲的朋友的帮忙），他很快受到威尔弗雷德·劳里埃爵士的注意，被任命为劳工部部长助理。后来金进入议会，劳里埃对他十分器重，任命他为劳工部部长。金曾暂别加拿大政坛，花了几年时间在美国研究劳资关系。在劳里埃的催促下，金回到加拿大，并被选为继劳里埃后自由党的下一任领导人。两年后，他当选加拿大总理，执政 22 年（中间只有两个小间断期），是英联邦历史上在位时间最长的总理。

金看起来像是一个温和胆小的男人，但事实上他的成就令人瞩目。他准确而全面地阐述了加拿大的政治和社会政策，引入对所有公民都开放的政府社会支持体系；老年津贴、失业保险、儿童家庭补贴都是他的杰作。他能成就这些，是因为他把自己的经济学知识应用到财政政策上，从而削减了大量国债。

随着第二次世界大战的爆发，麦肯齐·金发现自己面临着一系列危机。其中之一就是征兵问题。在“一战”时，加拿大人就曾经就全民军事草案争论不休。现在欧洲正在进行着另一场大战，加拿大已决定与英国站在同一战线，所以麦肯齐·金不得不再次面对征兵问题。国家需要更多的军队，但加拿大被宗教上的和文化上的界线重重分割。金试图想要折中处理，保证国家的统一性。其中一个策略就是拖延时间。所以，他常作一些抚慰人心、但并无实际意义的演讲，比如，“必要时征兵，但征兵并非必要”。

与此同时，金还与美国总统富兰克林·德拉诺·罗斯福签定了一系列重要协议，包括成立一个联合防御委员会、在军事用品生产上进行合作及建立北美洲联合防御体系。这最后一项条款帮助解决了国内的征兵问题，因为它使加拿大人可以在国内服役，而不需要去海外打仗。战争结束后，为了保持长久的和平，金担任了旧金山会议加拿大代表团主席一职，此会议起草了联合国宪章，并逐渐建立起永久会址和政治结构。1945 年，金同哈里·杜鲁门和克莱门特·艾德礼一起签署了关于核能的华盛顿宣言，为今天的核武器控制奠定了基础。

在加拿大人眼里，金最大的贡献在于把加拿大定义为一个分离出来的、独立的国家。这可能听起来有点怪，虽然加拿大自美国革命之前就按照一个独立的国家来运作，但 20 世纪中叶以前并没有加拿大公民这个概念。他们认为自己是居住在加拿大的英国人。金有很强的民族意识，是他推动了独立的加拿大公民身份的确立。1947 年 1 月，在他任期的最后一年，麦肯齐·金成为第一个依照加拿大公民法获得加拿大公民身份的人。

尽管政绩卓著，金在其任期内也犯了一些错误，其中许多错误源于他对道德因素考虑不周或被奉承冲昏了头脑。一般来说，从政的人都会有一些私人顾问，常常是其亲人或密友。当一些敏感的私人或道德问题发生的时候，私人顾问会及早地提出一些私下建议，以防止问题进一步恶化。不幸的是，金的生活相当孤立。所以当他开始信奉阿道夫·希特勒的政策、对犹太人产生歧视态度时，没有人及时劝阻他，提醒他这些政策在政治上的危险性和道德上的敏感性。直到受到外来事件的影响，如最终导致“二战”的一系列事件时，他的想法和行动才得以纠正。

在金早期的事业中，他的母亲是其生活的坚强支柱，引导他作出决策，帮助他处理私人生活。后来母亲的身体每况愈下，于是他的兄弟麦克斯走进了他的生活，成为他的好友，也成为他的直率的批评者，而姐妹贝拉则给予他情感上的支持。但好景不长，1922 年，麦肯齐·金的总理任期未满一年，这三人就都相继去世。他的良师益友，威尔弗雷德·劳里埃去世得甚至更早一些；他大学时期的挚友，后来一直帮助他打理社交事务的伯特·哈珀也最终离开了他。至此，金独身一人，不再有任何亲密的私人关系。

麦肯齐·金终身未娶。他似乎不善于建立和维护人与人之间的亲密关系。他虽对待他人足够友好，但却不够坦白。从某种角度来说，身边有位夫人对他的事业将有所帮助，但在他多年寻觅之后，发现自己找不到一个能与之保持长久亲密关系的人。当他有生理方面的需要时，他便会去招妓。后来他认为这种接触是罪恶的，于是就以祷告的方式寻求慰藉——如果还不管用，他就喝酒。人们在他死后发现了他的秘密日记，据上面记载，金曾试图用招魂术的方法来保持他早年的几段成功的私人关系。当他需要与死去的亲人密友联系时，他会雇用灵媒主持降灵会。这些亲朋包括他的父母，他的兄弟姐妹，当然还有威尔弗雷德·劳里埃。

也许金在人生的最后 30 年建立的最有意义的私人关系是与琼·帕特森及其丈夫戈德弗鲁瓦的友谊。戈德弗鲁瓦是个银行经理，琼出身于一个艺术之家，受过良好的教育。他们是金在罗克斯伯勒的邻居，比邻而居让他们自然而然地成为朋友。琼比金略为年长，似乎扮演起了金母亲的角色，帮他打理社交宴会，处理他的日常私人事务。他们保持友谊的方式相当模式化，在漫漫长夜，他们一起读心理学和文学著作，一同唱圣歌。琼·帕特森待金如亲兄弟，她为金在其亲人过世后缺乏亲密私人关系的状况忧心忡忡。他们认为金的事业压力大却又无人为伴，如果他能有一只宠物的话，他的单身生活也许可以不再那么寂寞。这个设想不仅成功了，而且还大大超出了他们的预期。

从金的私人日记以及琼·帕特森的一些信件和谈话中不难看出，金与狗建立起了非常亲密的关系。

帕特森一家养了一只叫德里的爱尔兰小犬，他们也送了一只给麦肯齐·金，取名为帕特。这只棕色的小狗填补了金人生中的许多空白。它是金忠实的伴侣，是他倾诉的对象。如金的母亲一样，帕特对他也是极为专注，似乎金的所有举动就是世上最重要的事，这让金很是愉快。金甚至相信帕特与他过世的母亲有着某种精神上的联系。他在日记中写道，有天，当他跪在母亲的画像前祷告时，“帕特从卧室跑出来舔我的脚——我的小家伙，它几乎跟人一样。有时候我想它是母亲送来安慰我的，它拥有母亲般的耐心、温柔和关爱”。

只要金在庄园，他就跟帕特腻在一起。他带帕特出去散步，告诉它一天发生的事情。他出国时，每个星期都会给帮忙照顾帕特的琼·帕特森打好几次电话。其实这些电话与其说是打给琼·帕特森的，不如说是打给帕特的。

麦肯齐·金的日记清楚地告诉人们，帕特是他遇到人生危机时的精神支柱。1939 的那天，当英国和法国对德宣战后，金写下“小帕特对我来说同母亲一样”，母亲通过它“在这个艰难时期给予我支持和信心”。

很不幸的是，这时的帕特已经 15 岁了，虽然战争危机刚刚开始，它却不能再陪伴金了。他写下这句话时很清楚这一点，“他是‘天使般的小狗’，某天他也会化身成‘小狗天使’”。他这么写的灵感似乎得自于诺拉·霍兰在 1918 年写的一首诗：

今日，在高高的天空之城
一个小狗天使静静等候，
不同其他天使一起戏耍，

它只身坐在城门口；
“我知道我的主人会来这里，”它说道，
“他来时会唤我名字。”

帕特的病又拖了两年。在帕特17岁的时候，它变得很虚弱，听力和视力都严重退化。没有人提醒金为帕特准备安乐死。金自己也从未想过要加速帕特的死亡，因为对他来说帕特与自己的母亲有某种联系，他是不会考虑让母亲安乐死的。1941年的夏天，麦肯齐·金回到金斯米尔庄园，发现帕特已奄奄一息。那一天，他写下一段话：“想到帕特将离我而去，这个勇敢、高贵的小精灵，我泪流不止。我感激上帝引导着我的步伐，让我及时赶回这里。我想到了我的母亲，她过世时，我在纽约耽搁得太久，没能见上最后一面。”

金清楚地知道帕特就要离世了。他赶回渥太华，匆匆处理了一些紧急事务，通知内阁秘书推迟原定于第二天的战事委员会会议。然后，他回到家中陪伴帕特。他把爱犬搂在怀里，为它唱圣歌。

他一夜未眠。“天刚破晓——我亲吻了一下我的小家伙，告诉它它是多么的忠实，告诉它它是我精神的支柱，它的存在对我如此重要——就像上帝——想想我的母亲，她过世时我跪在一旁是何等伤心”。最后一刻终于来临了，他是这样描述的：

我又唱了几首圣歌，把它紧紧搂在怀里，它的身体还是温热的，但四肢已渐渐冰冷，心跳越来越弱，几乎触摸不到。9点55分，我唱着“上帝将与你同在，直到我们再次相遇……”它在这一刻离开了我……我亲爱的朋友，我最真诚的朋友，去到另一个世界与德里（它的小伙伴）、与其他亲友团聚。我让它带口信给我的父亲、母亲、贝拉（他的姐妹）、麦克斯（他的兄弟）、威尔弗雷德爵士和劳里埃夫人、拉金夫妇（他母亲的支持者和朋友）、祖父母……

一切都结束了，我觉得很安宁。

金没有让他的个人情绪影响其工作。7 月 15 日，他主持了被推迟的战事委员会会议。会上，没有人察觉到金的悲痛，他们甚至并不知道推迟会议的原因。

帕特森一家早已预见了帕特的死亡，于是计划让金再养一只狗。他们自己的小狗德里死后，他们领养了另一只爱尔兰犬，取名为帕特。他们邀请金来做客，来见见他们的新宠物。金渐渐喜欢上这只小狗，把它叫做“另一个帕特”。帕特死后几个月，在金的伤痛已有所缓解时，他们就提出让金领养新帕特。由于本来就熟悉这只狗，金接受了。

也许帕特二世没能真正取代原来的帕特在金心中的地位，但他们还是培养出了深厚的感情，金常常亲切地称它为“小圣灵”。同原来的帕特一样，帕特二世很快成了金的心腹。金又有了倾诉的对象，帕特二世总是很专注地倾听，从不抱怨。1944 年的圣诞前夕，金在日记中写道：“上床前，我和帕特在它的小窝边进行了一次小小的谈话（帕特的窝就在金的床边），我们谈了圣婴和马厩里的动物。”

帕特二世没有活得像帕特那么久，它的死亡对金来说是又一次严峻的考验。帕特二世患的是癌症，为了减轻它的痛苦，金不得不让它陷入昏睡状态。金觉得帕特二世比他自己还要高贵、坚强，“更了不起”。他在日记里谦逊地写道：“愿上帝能让我和它一样坚强。”

在帕特二世死后将近一年里，金没有收养新的宠物。但在危机时刻，他常常会呼唤它们的灵魂。有一次，政府面临财政危机，金在他的日记里写道："一整天，我觉得小狗们离我很近。晚上我回到房间的时候，我觉得它们像往常一样从我的床上跳过，我甚至可以同它们交谈了。它们就在我的身边。"

1947年，英王乔治六世授予麦肯齐·金功绩勋章。功绩勋章是英联邦体制下一种极高的荣誉，受表彰的人不会超过24位，而且在加拿大历史上还从未有人被授予这项荣誉。这枚勋章是对金在"二战"期间为世界和平作出的一系列贡献的肯定。金对此很苦恼，因为他不是个热衷于各色头衔和荣誉的人，帕特二世又刚刚过世，他不知道该找谁来讨论这个问题。他在日记中是这样写的："坦白说，……我经常想起我的小狗帕特二世。我觉得这个小家伙比我更有资格接受这项荣誉，紧接着，我又想到了另一个小帕特，它的忠诚和坚贞，它也比我有资格得多。"最后，由于金决定把这枚勋章转赠给加拿大，他接受了这枚功绩勋章（他原本想建议把勋章颁给他的小狗）。

麦肯齐·金的生命中又迎来了帕特三世——它也是一只爱尔兰小犬，是一个机要秘书送给金的礼物。金的时间不多了，所以帕特三世没有来得及和金培养出与它的前任们一样深厚的感情。但金还是常常和它讲话，有时仅仅是闲聊一下自己每况愈下的身体状况。

1950年7月20日，金苏醒，这时帕特三世已经去睡觉了，金突然发病，全身颤抖。"把他们叫来，帕特，"他边咳边说，当全家人被狗叫声引来时，他还是在重复这句话。医生为麦肯齐·金注射了一剂吗啡以缓解他的疼痛，但金从此再也没有恢复意识。

我们永远也无法真正了解这些狗对麦肯齐·金究竟有多么重要。金一生历经风雨，如果没有亲密伙伴的支持他不可能挺过来。对于这个孤独的单身汉来说，他唯一坚强的支持来自于他的小狗们。一系列关于麦肯齐·金的研究表明，小狗为他提供了他迫切需要的慰藉和支持，尤其在困难时期更是如此。

对于那些没有养狗经历的人来说，对狗像对朋友一样讲话是一件不可思议的事。有狗为伴的一个好处在于你有分享情绪的对象，可以排解压力和孤寂感。狗专注倾听的样子似乎是在说："说下去，我想知道你的感受。"它从来不会跟你抱怨"这是我听过最傻的事"。身边带上一只狗，你将不再孤独。也许这就是为什么人们同狗说话的原因。狗是很好的交谈对象，是许多人的知己，这些人可以是作家、作曲家，可以是皇族、政治领袖，也可以是寻常百姓——比如我和你。

第 16 章

紫禁城的狮子狗*

时值公元二世纪中叶，我们此刻置身于中国皇宫主殿。偌大的宫殿内高悬着丝绸帘幅，其背后有灿若黄金的金属饰物覆盖满墙，满室生辉。彼时天子汉灵帝正缓步进入大殿。紧随其左右的，有他的贴身迷你侍卫——四只狮子狗——也就是后来通常为我们所知的北京犬。其中两只步于帝前，昂首立尾，神气非凡；而它们那一声声有节奏韵律的响亮吠声仿佛在告知皇帝的驾临。另外两只紧随于帝后，口中叼着他龙袍的折边。长久以来，这些狗都已经成为中国古代宫廷中必不可少的组成部分，被作为皇室生活和礼仪的一部分接受下来。它们被宠爱和供养着。然而，一千七百多年之后，却也正是这种狗将整个清朝带向坟墓。

在过去的两千多年中，狮子狗是贯穿于中国历史中一个小而久远的形象。它们的故事最

* 因篇幅所限，本章删节了部分为中国读者所熟知的背景知识介绍。——编者

早和佛祖有关。佛教诞生于公元前五世纪的印度。作为印度宗教，很多佛教造像都与印度颇为常见的观念及动物有关。在印度次大陆，最让人敬畏的动物恐怕就是狮子了，它象征着勇猛、凶暴和恐惧。传说佛祖驯化了百兽之王，并且教会它像只忠诚的狗儿一样紧随其后，这也就象征着信仰和智慧的强大力量能够战胜一切。最终，狮子成了佛祖最忠实的奴仆和伙伴。后来，狮子也渐渐被神化并且被赋予了诸多特性，最终成为佛教的主要造像之一。在关于佛祖生平的许多传说中，我们都可以寻觅到狮子的踪影。其中有一则就提到了佛祖是如何骑在狮背上升仙成佛的：佛祖弹指一挥，无数小狮子聚在一体，宛如随时准备对敌之巨兽。

在公元四世纪，佛教沿着中亚商路进入中国，并逐渐与中国文化融合。佛教中的概念及思想，开始融入中国本土的道教传统以及其他宗教观念及造像中。越来越多的中国人也开始接受这种新的宗教，并将狮子视为佛的象征。然而，几乎没有一个中国人亲眼见过活狮子。对于老虎，中国人倒是熟悉得很，但对于狮子，这种被口头描述为“虎形巨兽，头部及颈部周围生浓密鬣毛，长至肩胛，光背，尾端有丛毛”的动物，他们却没有一个具体直观的概念。有好事者将狮子的外形成批刻于石板之上，一并带入中原，但出于便于携带或者仅仅是装饰美化的需要，其面部轮廓棱角早已被抹平，因而这些模仿之物与真实的百兽之王相去甚远。活狮子实在更是罕见，即便是少数几只被作为贡品进贡到皇宫中的，也难以在寒冷的冬季生存下来。

笃信佛教的汉明帝，认为自己作为上天择定的“天子”，应该和佛祖一样，有一头雄狮相伴左右。当然，当有人仔细地端详过皇帝自己那只小狗之后，事情就这么决定了。姑且不论这个人到底是谁，他或她认为，世上再也没有什么能比那只小狗看上去更像画像上的狮子了，而这类小狗就是我们后来所说的北京犬。只要对脸型稍加修饰，将尾巴上的毛修剪整齐，它俨然就是一只狮子狗！因而，这种小狗就从此成为佛和皇帝本人的象征了。

值得我们注意的是，早在它们与佛祖的狮子产生联系的几百年以前，这些小狗就已经是贵族的宠物了。在公元前500年左右，孔子就曾提及一种短腿长耳长尾的短鼻犬，叫做“哈巴”或是“桌下之犬”。这说明它们的体型相当小，因为当时的桌子离地也只有八至十英寸，适用于人们盘坐或是跪坐于垫子上用餐。还有些狗则是有意被培养成这么小的品种，以便装入皇宫贵族的衣袖，好在陪伴他们的同时也能于寒冷的冬季取暖。商朝、周朝的青铜器上就绘制着一些奔跑着的小狗，在外观上与北京犬十分相似。然而，自东汉明帝以后，这种短鼻小型犬就与佛教中的神圣狮子紧紧联系在了一起，它们的历史被彻底地改写。

从那时起，皇宫贵族们都开始饲养这种狮子狗，虽然与他们心中所描摹的“狮子”原型多少有几分不同。也正是在那个时代，我们可以看到在狮子狗身上产生了明显的变化。例如，头部周围的毛发明显增多，鼻子加宽，而面部变得更为扁平。人们是如此坚信皇帝的小狗就是佛教中神圣狮子的化身，以至于连人们心中百兽之王的形象也是根据这只小狗来描绘的。越来越多的人开始相信，陪伴佛祖的神兽实际上就是狮子狗，其造像在寺庙的入口处成双成对地摆在一起。实际上，它们看起来非狮非狗：四方的头型、浓密的鬣毛、奇异的鬈发，短体粗腿，还有蓬乱的尾巴，世界上根本就找不出这样的动物。这些狮子狗雕像颈项间的牵绳都是丝绸质地的，装饰以缀有铃铛和流苏的项圈。它们通常被放置在较低的带有纹饰的座基上，下面垫有精美刺绣的绸布。通常，雄狮的右前脚掌是踏在绣球上的，雌狮左前脚掌则置于小狮子张开的口上。这一看似奇怪的姿势实际上来源于民间的一个传说，人们认为雌狮子的脚掌能够分泌乳汁，小狮子那奇怪的姿态其实是在喝奶。

到16世纪末，人们已经普遍相信了佛祖的象征就是一只外形大致像狮子的狗，好比北京犬，这种观念在中华文化中变得根深蒂固了。在中国的艺术作品中，作为佛祖的坐骑——神狮形象已经渐渐向狗靠拢，看起来更像是一只狗，而非一头狮子，有些甚至还开始戴起了项圈，上面缀有叮咚作响的铃铛和其他装饰物。现在，这伴随圣人左右的雄狮在外形上已经与北京犬相去不远，就连其一举一动也越来越像，比如在鞠躬时，它们会像狗一样，前腿前伸至几乎贴地，屁股和尾部却保持翘起。就连民间传说也随着这“狮与狗的结合”而改写了。在有的故事里，伴随佛祖左右的实际上是狗，在佛祖需要坐骑或是保卫的时候可以随时化成狮形。再后来，又有传说解释了从狮子衍生出来的狮子狗的起源。故事里说到，那只被佛祖驯化的神狮有一天来到它伟大的主人面前，满面愁容。

“哦，佛祖，”它说，“我对一只狨猴产生了爱慕之心。她美丽大方，而且她也热切地爱着我。她虽然欣赏我的勇猛，但也畏惧于我庞大的体型和无边的力量。哦，天下最智慧的佛祖，请告诉我，我该如何是好?”

佛祖微微一笑，说道：“忠诚的狮子，愿我满足你的心愿。在你心仪的爱人面前，我会将你的体型变小，那它就不会对你产生畏惧了。虽然你的体型变小，但你的智慧和勇气却不会丢失半分。但要记住，你仍旧是我的伙伴和我忠实的奴仆，无论何时，只要听见我的召唤，你都要立刻回到我的身边。若是你做不到这点，你的子孙就要世世代代承担起这个责任。”

现在这头变小了的狮子飞奔去迎娶它的爱人，然后有了许多孩子，它们一生都过着幸福快乐的日子。它们的后代就是狮子狗，这些小狗就成为佛祖永恒的象征。

最普遍的观点认为，北京犬是所有狮子狗中血统最纯正的一个品种。实际上，中国的普通话中就将北京犬叫做“小狮子狗”。然而，这种犬类最开始也不过是经过对其他品种的外观进行改良而培育得来的，所谓保持纯种血统和杜绝杂交纪录的说法并不成立。因而，尽管通常认为中原的北京犬就是佛祖的狮子狗，也有人试图将拉萨狮子犬和藏獒列入考虑范围，西藏的达赖喇嘛就曾经试图通过改良这两个品种，来使它们在外观上更接近传说中的神狮。他把拉萨狮子犬作为贡品献给朝廷，这些小狗就被拿来和北京犬进行试验杂交，目的在于创造出另一种不同的“狮子”形象，而这个试验的结果就是产生了一个新的品种：西施犬。后来，佛教传入日本后，日本狆这一品种也通过北京犬和藏獒杂交而成。然而，这一切都不过是大家想要试图通过杂交来将狗儿们塑造成为某一具有特定形象的偶像，以使其在气质上具有所谓小神狮所应有的活泼而又明朗的性格。

当时，人们每年都举办比赛，来选出最符合佛祖神狮形象的小狗，而这些参赛狗都出自皇宫抑或是显赫名门。最终的赢家，连同它的画像，都一并会被记入古代皇朝的正史中。另外，它的主人也能得到终生的官职和每年一笔数目可观的俸禄。因而，常常有人不惜血本一心要培育出完美的狮子狗，随之而来的便是一系列的试验交配，意在创造出外形、体格、毛色等方面最理想的狮子狗。然而，在试验失败的时候，一些人也不惜采取其他一些极端的方法来培育他们心目中理想的狮子狗。例如，他们会剪掉新生小狗的尾巴顶端，因为通常浓密的毛并非是朝着尾巴顶端的方向生长的，一旦尾巴顶端被剪掉，剩余部分的最顶端就不会有更长的毛了，这样更便于被修剪成狮尾的形状。

这些狮子狗所拥有的最重要的特征恐怕就是一张宽阔而扁平的脸了。为此，人们最常采用的方法是将一张绷紧的新鲜猪皮反拉开来，给小狗喂食，当小狗尽力想要吃到猪皮上那最后一点点肉末的时候，它们就必须将鼻子用力贴紧皮面，仔细舔食。由于平日吃不到肉食，小狗们通常一次要花好几个时辰才能将这块猪皮舔干净，因而这种持续的前推压力效果颇为显著，明显延缓了它们口鼻的正常生长，从而塑造了一张扁平的面孔。更有甚者，直接用木棍敲击小狗的面部，意在使得它们尚且未成形的稚嫩鼻子受到损伤来重新塑型。无论对于小狗，还是对于饲养者来说，这都是一门十分冒险的技术，因为一旦有人发现有皇室的小狗死于奴仆、宦官或是劳工的暴力之下，施暴者都是死罪。还有一种没那么冒险但更为辛苦的方法，就是雇几个仆人成天按摩小狗的口鼻，以保证它们不会长得太长。

从遗传或者其他硬性指标来说，体型大小则是另一个不可回避的问题。清朝历代皇帝似乎都特别青睐体型较小的狮子狗，因而人们就开始热衷于对小型犬进行一代又一代的同系繁殖。但由于体格较小的小狗通常都具有一些生理疾病，由同系繁殖而产生的疾病也越来越多。为了避免这样的弊端，往往也会有非皇室血统的小狗被带来参与杂交，以提高皇家犬的体质。但由于引进新型狗和更为健康的基因结构以后，下一代的体格又会重新变大，人们就会继续采取一些奇怪的手法来保持它们的娇小身形。显然，有人试着在小狗出生后最初几个月里限制喂食量，也有人试着将小狗关在小小的铁丝笼里饲养，来限制它们正常的生长发育。另外，还有一种方法就是在小狗成年以前，一直雇个仆人将它们抱在手里，还要时不时地轻轻揉捏挤压它们的身体，好让它们不再长大。为此主人或许还会专门雇一组仆人照顾小狗，因为每过几个时辰仆人们就要换一次班，这也就意味着在小狗成年以前，它们都不会有机会接触到地面。这些奇怪的方法都只为了一个目的，就是要使已经具有理想毛色或花纹的小狗更趋完美。

此时饲养北京犬和其他类型的狮子犬早已成了皇宫贵族的特权。

皇室有明文规定，只有在紫禁城内才能饲养这些犬类。紫禁城建于公元15世纪初的明朝，是一座面积庞大、戒备森严的独立宫殿群，占地面积近80万平方米，共有房间九千余间。在皇宫里住着皇帝及其皇室家族。自从紫禁城建设完工，中国狮子狗一下子全都不见了踪影，几乎通通都被送进宫中，一生只能守在紫禁城门之内。紫禁城里有一处专门的皇家饲舍，高高的围墙里面，成排的竹笼中饲养着一只只狮子狗。负责照料的有专门人员，饲舍内的大小事务不论巨细都要向宫内总管报告，一旦有小狗出生，总管就会直接将消息禀报给皇帝。皇帝也会定期驾临饲舍，特别是有新的小狗到来时或者是每年选狗比赛将至的时候，皇帝必会驾临。

为皇家犬分封官职后来也渐渐成为一大惯例。每年一次年度决选出的冠军，也就是最受皇室青睐的小狗。这些小狗出入都由侍卫相随、宫女侍奉，享受的俨然就是贵族待遇。它们吃的皆是上等香米和精肉，价值连城的地毯和软垫则是它们的寝所。

虽然在此之前，这些小狗们在中国古代宫廷生活中占据了特殊的地位，但在中国历史上，它们最具影响力的时刻还是慈禧掌政时期。也就是在这段时期，她开始对原本养在皇宫中的狮子狗产生了浓厚的兴趣。北京犬最受慈禧太后青睐，除此以外，还有一些拉萨狮子犬、藏獒和哈巴狗也是她的最爱。无论何时，紫禁城里都在饲养着一百多只这种小狗，还有其他一些小狗散养在皇宫各殿，甚至在颐和园里也专门为这些小狗建了一处狗舍。

看看皇宫中狮子狗的数量之多，读者们可能就要以为我们故事的主人公大概是个小型犬的忠实爱好者。慈禧太后对其中一些格外喜爱倒也不假，但她如此在意这些小狗的真实原因在于，她将它们视做是佛的神圣象征。记住，这些狗所代表的是佛祖的神狮。慈禧对佛教中有关天地的解释和吉兆凶兆之说从来都深信不疑，所以身边总是有一群僧人、占星师、通灵人和各色各样的算命先生。通过和这些人的交谈，她得知狮子狗实际上是圣物，常常有狮子狗围绕身边，她就能够吸取神狮的力量，并借此弥补自己先天的不足。

作为一个高超的政治家，慈禧清楚地知道，只要周围的人常常见到这些小狗和她在一起，就会自然而然地将她和佛祖联系在一起。为了加强人们的这种联想，慈禧太后还自尊为“老佛爷”，这样多多少少都可以给人一种如佛祖一样高高在上的感觉。慈禧太后还重新加强了前朝的一些政令，其中有一条就是禁止其他人接近这些身份娇贵的小狗。任何人，只要是未经允许想要将这些狗带出紫禁城的，无论是要倒卖还是仅仅去遛狗，一律死罪无赦。直到 1860 年义和拳起义时八国联军侵华，这些小狗才被公诸于世。

太后总是会不定期地亲临狗舍来巡查爱犬的情况。只要金口一开，对哪只小狗稍微有点不满意的评价（比如它的身子太长了，或是它的后腿好像长短不一之类的话），这只小狗就注定了被逐出宫的命运。大多都是一夜之间消失不见的，也许是在头部受了致命一击，也许就像哪个冤死的妃子一样，被投入了旁边的一口井。

慈禧太后看狗的时候，还不仅仅是看它们和佛祖的神狮长得到底有几分相像，关键还有它们身上的毛色和花纹。额头前面有白色斑点的最受青睐，因为人们相信这说明它能通灵，这个斑点也因此得名“佛眼”。这也就是僧人和喇嘛口中所说的“第三眼”。借助佛眼，这些狗狗就能感知神仙和神灵的存在，并且能够预知未来。另外，小狗的毛色也很重要，因为不同的颜色代表不同的预兆。例如，毛发通红的小狗一方面容易让人联想到快乐幸福，另一方面也代表着火和中土之北。同样，黄色代表的是土，因而代表中原。这种颜色通常是皇家色，代表的是朝廷的江山。实际上，中国人就将自己称为“炎黄子孙”，是黄帝的后裔。白色对于中国人来说有着太多的含义：在葬礼上人们披麻戴孝，穿的就是白色，代表的是死亡；此外，就像在西方国家一样，白色也同时象征着纯洁和清白；另外，白色也代表着中土之西。黑色则常常与罪责、邪恶、死亡、伤痛、流水、寒冷以及中土之北联系在一起。因而，身披多种花色的小狗就同时具有多种意义，人们常常称他们“花狗”。这种狗可能有一张“三色脸”：黄、黑、白，如何解释这三色的分布则另有一套专门的说法。花色如何，眼角如何，诸多组合排列下来，都各有深意（比如“杏仁眼”、“豹纹眼”和“龙眼”等等）。

每只小狗的生辰八字都别具奥妙，可能会影响到现时或是将来的运程。每只小狗生下后都不仅要记下毛色花纹，一胎总共有几只，连每只的出生顺序和性别都要由人仔细记录在册，整理好后上交给太监总管李莲英。他则会再将这本记录交给当时最受太后信任的高僧或是通灵大师。高僧的任务就是尽快得出占卜结果，无论结果是好是坏，都要算出这些结果对眼前考虑之事或是日后运程会有何影响。之后李莲英将卜卦结果上呈给慈禧太后，作为其处理国家大事时的重要考虑因素。关于这些小狗生辰八字的卜卦结果和太后受其影响而做出的最终抉择，史书上并未提及，但是却由慈禧太后身边最为知心的德龄公主记录下来。记录表明，至少有两只小狗都对清朝的江山产生了决定性的影响。

光绪皇帝并不具有帝王之气，他不仅骨瘦如柴，身体孱弱，还不善交际。他的政治手段并不高明，不懂得知人善任。但他总是尽自己所能，积极地向中国以外的国家学习先进知识，颁布了一系列诏书进行改革，这也就是我们后来所知道的“百日维新”运动。不幸的是，这些改革使得天子与军队、僧人以及满洲贵族的关系更为疏远，慈禧太后的身边也渐渐有不同的意见出现，有人试图劝说太后对皇帝推行的改革进行干预。正在太后仔细盘算计划的时候，有消息传来，她的爱犬 Jade Button 刚刚做了母亲。照例，李莲英呈上了关于运程的卜卦。这一胎小狗仅有一只，是一只长相奇特的小母狗，毛色遍体通黄，只有额前正中央有白色一点。于是卜卦结果传到了太后耳边，说是意味着“唯一一位女子将独当一面”。黄色预示着这位女子将成为中国历史上第二个武则天，而额前正中央的白点既不偏东也不偏西，表明中国将沿着其原来的道路一路走下去，并不会追随西方化的模式发展。此外，卜卦结果还说到，数字一（这胎只有一只小狗）也另有奥妙，说明“一定”或是“万无一失”。综合起来考虑，慈禧太后将这卜卦看做是预言其再次成功夺权的吉兆，她将能够登上大清王朝的最顶端，成为最高统治者，并且如愿成功地阻止这场社会和政治改革。

光绪变法失败后，慈禧重新掌权。此后，中华大地上又掀起了一次新的运动，义和拳运动。参加义和拳社团的成员都练武，据说这种武术能使他们刀枪不入。清政府先是对其进行镇压，后有人奏请慈禧对其招安，支持义和拳运动。老佛爷对于八国联军究竟将组成多少人进犯北京尚不知晓，但对于义和拳这样一支由农民组成、装备少得可怜的非正规军到底有多大力量，倒是不无担心。

一日，太监总管李莲英匆忙赶来禀报老佛爷，她的另一只爱犬“花鸭”，刚刚产下一窝三只小狗。老大的毛色遍体通红，老二则呈黄色，老三和老大一样也是红色。每只额头前面都有一个白点。这真是再吉祥不过的吉兆了。红色代表欢乐和成功，而黄色则是代表中华的颜色，因而卜卦结果说这个迹象正预示国运昌盛，慈禧太后持政有方。数字“三”为生命起始之数，一胎三只小狗就预示着今日无论做出何种决定，国运都将长盛不衰。每只小狗额头前面都有一白色斑点，也就是所谓的“佛眼”，说明今晨的一切努力佛祖都看在眼里，都会受到佛祖保佑。因而，慈禧决定支持义和团。

起初，义和拳起义看起来确实十分成功。八国联军也以本国公民受到伤害为借口迅速展开反击。1900 年秋天，八国联军攻陷北京城，攻入紫禁城，将其内珍品掠夺一空。

八国联军向北京城推进速度之快、攻入紫禁城形势之猛，都是朝廷上下所始料不及的。慈禧太后在九死一生的紧急关头逃了出来，身上穿的是农妇的粗布蓝色棉衣，长长的小指指甲也剪短了，以隐藏其高贵的身份。即便是在那样的危急关头，连整座皇宫中最珍贵的珍宝都无法顾及，而狮子狗却是万万不能遗落的。就这样，太后的爱犬们也坐在头几批的轿子里，同太后一起被送离了皇城。但是，当时既没有充裕的时间也没有足够的车马来救出所有的小狗，于是慈禧下令，将留在宫中的小狗投入了宫殿前的井里，还有一些则当场用棍棒打死。

在宫中的一间暗室内，慈禧的一位姨母正在焦心等待着自己和最后剩下的五只北京犬一起被送出宫去。此时宫中因为有联军闯入而显得混乱，她似乎被人遗忘在了角落，当英法联军破门而入时，她因不愿忍辱偷生成为阶下囚而当即自杀，剩下五只北京犬落入了西方人的手中。这五只北京犬最后成了英国皇宫贵族的宠物。

哈特·邓恩上校将这五只北京犬中最小的一只献给了维多利亚女王，并随这礼物附信一封，信中写道："这就是一只宠物狗而已，算不得什么稀罕物。"然而，对于维多利亚女王来说，这也不过是另外一件战利品，同那些从清朝皇宫中掠夺来的金银珠宝、丝绸缎匹以及其他艺术品一样，仅仅是象征着大英帝国的胜利而已，别无他意。她给这只小狗取名"洛蒂"，因为这只不过是她的军队从遥远的东方掠夺来的物品之一。实际上，女王并不十分宠爱洛蒂，当时她在温莎城堡还养着一群自己喜爱的小型伴侣犬（波美拉尼亚犬），在她白金汉宫的狗舍里除了这些波美拉尼亚犬，剩下的地方都已经被大型猎犬填满了。不幸的是，当邓恩上校再次拜访白金汉宫，并到狗舍看望洛蒂时，却发现洛蒂过得并不好：天井里满是大型猎犬和一群活泼的小狗，可怜的洛蒂几乎没有立足之处。狗舍看守人向他解释道："女王陛下的寝宫内已经有一只小狗相伴了。"邓恩为此沮丧不已，叹息道："其实我也不过希望它能再过上皇家的舒适生活……否则，它就会慢慢死去。"要还给这小狗以前在宫廷中受宠的舒适感觉，狗舍看守人无能为力，但他也开始同情起这小东西来，总是时不时地给它一些特殊的照顾，直到它最终死去为止，这只北京犬在白金汉宫又活了 11 年。

关于其他四只北京犬，有一只被海军上将约翰·海勋爵领回去饲养，还有一只被他送给了他的姐姐惠灵顿公爵夫人，另两只则被赠予里奇蒙公爵夫人。几年以后，又有两只北京犬被藏在两个大箱子里走私出境，箱子上的标识是"日本鹿"。后来还有一些被当做皇室赠品送给了西方国家，所有这些小狗就成了在西方的北京犬品种的祖先。

在签定了一份屈辱的不平等条约——《辛丑条约》之后，慈禧太后得以重返紫禁城。她在政治上进行了一些改革，同时，也改进了一些和小狗相关的条例规定，原本北京犬品种珍贵、数量稀少，绝对不能为平民所饲养，而改革后，太后则允许其中一部分被当做礼物赠送给西方的重要人物。从她的这些爱犬中，她曾挑选了两只北京犬，分别赠与了爱丽丝·罗斯福（即美国前总统罗斯福的千金）和银行家兼金融家 J. P. 摩根。这两只小狗于 1906 年被接纳进入全美饲养者协会，可以说是今天美国所有北京犬的祖先了。

尽管根据新出生小狗所得出的卜卦结果一再出错，尽管在义和拳起义所带来的灾难中皇家所饲养的北京犬数量大幅锐减，慈禧太后还是拥有一定数量的狮子狗，并赋予了它们神圣的地位。而此后，在末代皇帝溥仪登上皇位以后短暂的统治时期内，这种小狗的地位就一落千丈了，远没有它们在慈禧统治时那样辉煌。

慈禧太后归西后，她的葬礼办得甚为奢侈隆重。葬礼上，抬棺人身着红袍，僧人穿着黄袍，皇朝贵族则身披绣有金丝银线的白袍。走在皇室抬棺队伍最前面的是太监总管李莲英，他年事已高且面色憔悴，手中怀抱着的正是太后生前最喜爱的小狗“牡丹”。这是一只黄白花色的北京犬，额前也有一白色点。晚年，慈禧曾得到高僧指点，说是这样的毛色和花色最能代表纯正的中华血统。

小狗牡丹此时也不得不遵从老祖宗在九百多年以前定下的先例。传说宋太宗死后，他的小狮子狗“桃花”也跟随着这位天子一同进入他永远的安息之所。但是由于悲伤过度，桃花最终死在了皇陵入口处。于是，太宗之子真宗皇帝便下旨，命人将这只忠心的狮子狗用御用的撑伞布料包裹起来，一起葬在它的主人身边。从此以后，狮子狗必须作为陪葬就成了一条规矩，慈禧的牡丹也不例外。照理来说，它应该当场由于悲伤过度而殉主，但也有传言说牡丹在慈禧安葬时被一个太监拐走，并卖到了宫外。

第 17 章

印第安斗士的狗

综观历史，在战争年代，将领和其他指挥官通常都养一只小狗，从它们的陪伴中寻找安慰。仅从第二次世界大战中，我们就可以看到，伟大的坦克指挥官乔治·S. 巴顿将军，因为有了他的牛头犬威利的陪伴而得到了心灵的慰藉；而德军方面，装甲分部指挥官埃尔文·隆梅尔将军，则因其心爱的一群猎獾犬在身边而感到无比欣慰。还有一位美国将军奥马尔·布拉德利，在他整个的军事生涯中都一直有自己心爱的卷毛猎犬博陪伴在其左右，而盟军总指挥官艾森豪威尔将军则从他的两只苏格兰猎犬身上得到了力量。并不是只有那些在硝烟弥漫的陆地战场上的勇士们才需要小狗的陪伴。同样是在“二战”时期，因为有了心爱的猎獾犬乔的陪伴，美国空军的克莱尔·谢诺尔特将军那紧绷的神经才暂时得以放松；在海上，在海军上校弗雷德里克·舍曼驾驶着“莱克辛顿”号战机投入珊瑚海战役的时候，副驾驶座上坐的就是他心爱的可卡犬魏格斯“上校”。战争中的人们从小狗身上获得安慰，这早已被人们承认，并且成为神话中的一部分了。传说在亚瑟王的最后一场战役来临前夕，他坐在他的猎犬卡瓦尔身边，静静地抚摸着自己心爱的小狗；而另一位圆桌骑士特里斯特拉姆，同样也是从其英勇的灰色猎犬霍丹那里获得了力量和勇气。而这也正是美国历史上最年轻将军的真实写照。

说到美国历史上“狂野西部”的时代，也许人们首先会产生两个联想。其一是好莱坞的经典又有些俗套的老电影场景：反面角色身着一袭黑衣（当然，反角似乎总是穿着黑色衣服），与主角面对面地站在大街正中央，等待着高潮部分激烈枪战的开始。其二，是一骑穿蓝色制服的士兵，背靠背猫着腰，持着手枪不断地向包围在四周正在大声喊叫的印第安人开火，并且最终战胜了人数众多的敌人。后面的场景出自美国历史上最有名也最具争议的史实之一，也就是我们后来所说的“卡斯特的最后一战”。

美国历史上有许多作品都是关于乔治·阿姆斯特朗·卡斯特将军的，与同时期的历史人物相比，关于他的作品数量仅次于美国总统林肯。我在好几家图书馆查询图书目录的时候也发现，相对于描写美国内战的关键一役——盖茨堡战役的作品而言，有关卡斯特在大小霍恩河战役中的作品要多得多。我们之所以觉得这一场战役如此具有戏剧性，是因为就在1876年6月25日这一天，美国骑兵第七军团几乎全军覆没。当时，由几个印第安部落组成的一支数千人的军队将他们重重包围。在死伤的人中，有210人都是卡斯特的部将，其中包括卡斯特本人，另据可靠消息称，他的一只爱犬也在其中。在卡斯特生死攸关的时刻，有一只小狗陪伴在他身边并不令人感到吃惊，倒是在他生命的最后时刻怎么会只有一只小狗陪伴在身边出乎人的意料。

尽管卡斯特几乎已经成了美国西部历史的代名词，但实际上他出生于1839年，故乡在俄亥俄州。他的父亲伊曼纽尔开了一家打铁铺，在和平时期还兼任当地法官。母亲玛丽亚是镇上客栈老板的女儿。卡斯特的童年生活十分快乐，每天都有一群狗儿相伴，其中有一些是狩猎犬，还有一些是观赏犬。卡斯特还在孩童时期就已经表现出对小狗特别的喜爱，也表现出了挑选和训练优良工作犬的惊人的天赋。

卡斯特童年生活中最不快乐的一段记忆来自学校生活。他学习成绩不好，也讨厌做功课。他对上课没有兴趣，常常和同学开玩笑，还不时搞些恶作剧，因此经常受到老师的批评。因为小卡斯特功课太差并且常惹麻烦，父亲最后决定让他退学，改为跟着一位家具师傅学手艺，但结果小卡斯特仍是一事无成。后来母亲决定把小卡斯特送到密歇根他姐姐的家里。他的姐姐莉迪娅·安·里德是其母亲玛丽亚和前夫的孩子，当时已经在学校里当老师，既严格又温柔善良，常常在家辅导小卡斯特。在莉迪娅的调教下，三年后，当卡斯特再次回到俄亥俄的时候，已经变得非常礼貌得体了。此时他才得以继续他的学业，并以优异的成绩拿到了教师资格。

卡斯特平生第一次、也是唯一一次作为教师登上讲堂，是在他16岁的时候，那是在离家乡不远的一个名叫加的斯的小镇上。这份工作他只做了一年，在此期间他和学校校长年仅十几岁的千金坠入了爱河。女孩的父亲亚历山大·霍兰在得知此事后大为震怒，但他明白，作为父亲，最好还是不要和女儿发生直接冲突，必须另想办法来拆散这对恋人。他知道卡斯特最大的理想是当一名军官，并为此已递交了希望能够进入美国西点军校深造的申请。然而不幸的是，在那个年代，军校招收学员也有政治倾向，当时的总统亚伯拉罕·林肯是共和党人，而卡斯特则是民主党人。然而，霍兰在当地颇有影响力，他说服了一位共和党议员给美国前作战部长杰弗逊·戴维斯写一封推荐信。几个月以后，卡斯特就收到了西点军校的录取通知，他打起行囊离开了故乡（也离开了霍兰的女儿），踏上去纽约西点军校的旅程。

如果一切正常的话，卡斯特本应于1862年从西点毕业。不巧的是，1861年4月美国内战爆发。在战争爆发后的两个月，由于政府当时缺少指挥官，卡斯特和他的同学们被允许提早一年毕业，即刻投入战斗。他们全班本来共有68个人，但只有34人得以毕业。其他34人中，有超过半数的人加入了美国南部同盟军的阵营。余下的那些仅仅是为了其政治生涯而进入西点军校学习的人，最终决定解甲归田而不是到战场上冒险。卡斯特毕业时功课依然不好，毕业成绩为全班最低。（有趣的是，他在军校里最拿手的科目是炮兵战术，最差的是骑兵战术。）

虽然卡斯特的骑兵战术这门功课学得不好，但是他最终还是被任命为骑兵连指挥官。美国内战的四年间，几乎每场战役都有他的身影。他在取得军官资格仅两周后，就带队投入了马纳萨斯战役（公牛跑的第一场战役）。最初他只是一名情报员，后来就带领兵团担任守卫盟军侧翼的重要任务。当时驻守在那里的是联邦军的托马斯·J.杰克逊将军，他的军队组成的铜墙铁壁使小镇固若金汤，阻止了同盟军向弗吉尼亚州的推进。未经过良好训练的同盟军及他们年轻且无经验的长官被迫上了战场。而同样缺乏经验的联邦军阻止了一次有效的追击，那一次追击眼看就要夺取首府华盛顿。卡斯特的侦察经验日渐丰富，引起了联邦军长官乔治·麦克莱伦将军的注意，并将他招入麾下，授予其上尉军衔。不久以后，在约瑟夫·胡克将军的指挥下，卡斯特参加了公牛跑的第二次战役，后来又参加了盖茨堡一战。在半岛战役中，卡斯特率领他的士兵对敌军进行了成功的突袭。

乔治·麦克莱伦将军听说了卡斯特的表现，对他留下了深刻的印象。他提拔卡斯特为临时陆军准将，并将他直接分派给菲利普·亨利·谢里登将军。卡斯特在23岁时成了美国历史上最年轻的将军，至今都无人打破他所创下的这个纪录。为了庆祝自己的晋升，卡斯特给自己买了一匹马和一只狗，实际上这早已成了他的一个习惯，若是工作顺利、手头宽裕的话，他总是会多买一只小狗来给自己做伴儿。也就是在那个时候，卡斯特还雇用了一个过去的黑奴伊丽莎来给自己做饭，还有一个名叫约翰尼·西斯科的黑人小伙子照看自己的生活起居，同时照料小狗。后来随着卡斯特的小狗数量增多，西斯科肩上的担子也日渐重了起来。

谢里登将军在卡斯特身上找到了长久以来他一直在寻找的、作为一个指挥官所必备的勇气和魄力。他明白，虽然卡斯特并不是个好参谋，但若时机成熟，他就会成为他们的王牌杀手锏。一方面卡斯特反应快、心肠好又极富同情心，另一方面，只要是命令下达或者是形势所迫，他都能够果断决策。他性格中冷酷的一面在他训练军队时常有体现，有时抓到了同盟军的突袭者，他从不手软。谢里登将军明白国家需要的正是这样的栋梁之材。但同时，他对于卡斯特的性格缺陷也十分清楚，有时卡斯特会在情况完全不明的时候就感情用事，行事鲁莽冲动。这样的性格缺陷很有可能导致无可挽回的灾难，但更多情况下，这种性格会使他在情况迅速变化的战时果断地做出决策，从而更有可能抓住机遇，获得不期而至的胜利。因而，谢里登将军将卡斯特提拔为临时少将，并让他来指挥密歇根旅。

在内战后期的几场战役中，卡斯特又同谢里登将军一起指挥了切卡茅加一战和传教山一战。在内战时期，他唯一一段休息时间就是在他姐姐在密歇根州门罗住处逗留，也就在那里，他和伊丽莎白·培根坠入爱河并且结为夫妻。在他随谢里登将军的军队一同南征的时候，他将莉比（也就是我们后来所知道的卡斯特夫人）接到了华盛顿，让她在自己身边。莉比到华盛顿后收到的第一份礼物就是一只用来陪伴她、给她解闷的狗儿。这是一只大型狩猎犬，而并非当时在女士们中间十分流行的那种小型观赏犬。但是卡斯特可没有看出送给太太这么一只狩猎犬有什么不妥，幸好莉比看起来也不介意。

在西部开发时期，卡斯特也有多次出色的指挥表现。例如，他率领军队进行了一次成功的突袭，摧毁了敌军的通讯和供给线，大大削弱了罗伯特·李的军事力量。卡斯特似乎颇受上天眷顾，运气极好，每一次他都能在鲁莽的突袭行动中转危为安。就拿黄客栈一战来说，卡斯特的突击计划糟糕至极，结果自己一方损失惨重，而敌方也死伤无数，最后还活捉了敌方的指挥官 J. E. B·斯图尔特将军，传说此人是同盟军最有智慧的骑兵将领。

在谢南多镇一场战役中，谢里登将军的“焦土”战略之能够实施也全仗卡斯特。卡斯特挨家挨户没收东西，彻底切断了南方军的供给来源。只要是北方军目前不用的东西——比如粮食、牛羊甚至是整个镇，最后都被付之一炬，彻底烧毁。如此一来，需要供给的同盟军固然受到了打击，但当地的普通百姓也要忍受饥饿和痛苦，所以，如何妥善安置当地百姓，着实使这位狠心的军官费了一番功夫，何况他们又处在一个“雁过拔毛”的物资极其匮乏的非常时期。最后，卡斯特非常出色地完成了任务，受到了谢里登的嘉奖。

在内战即将结束的时候，罗伯特·李将军和弗吉尼亚军正在做最后的挣扎。罗伯特·李将军清楚地知道，只要他们能够成功地逃回南方，这场战争就还有回旋余地，双方最后可能和解，这对于联邦政府来说也将是最有利的结果。然而，谢里登将军带着人马紧追在后，卡斯特则受命率领先头部队与敌军展开一场大胆而冒险的对抗。这位年轻的军官带队在韦恩斯伯勒击败了朱巴尔·厄尔利将军的部队，并就此摧毁了南方军回击的最后一股主力。其后，谢里登将军又命卡斯特带军去摧毁同盟军的通讯系统。卡斯特此后的一系列突袭彻底切断了南方各军之间的联系，对北方军在五岔口一战中击败南方军而最终获得内战的胜利起了重要作用。

内战最终是以卡斯特的又一“鲁莽之举”告终的。罗伯特·李将军当时正在积极组织军队，各处寻找兵源和物资供给，以便成功地撤退回到南方。卡斯特带着北方军的先锋部队一路突进，一直到李将军在阿波马托克斯（Appomattox）的军营前方一英里左右才停下来，这就使他有了足够的优势占据铁路，而这条铁路又是李将军撤退的必经之路。于是，卡斯特下令拆除铁轨，抢占已经运上火车的供给物资和枪支弹药。这一切有效地阻止了李将军的撤退，使得他除了缴枪投降别无他路。

在整个内战中，卡斯特表现出来的英勇给谢里登将军留下了极其深刻的印象，最后他买下了李签署战败书时使用的那张桌子，并作为礼物送给了卡斯特夫妇。在后来的几十年里，谢里登一直都是卡斯特最忠实的支持者，不止一次将这位鲁莽的年轻将军从麻烦中解救出来。

内战结束以后，卡斯特的永久军衔最终定为陆军中校，他被委派到路易斯安那州任职。华盛顿的高官们当时正在为墨西哥马克西米利安政权对得克萨斯州所造成的潜在威胁而伤脑筋。虽然在内战以后，开放式畜牧业已经成为整个国家的经济命脉，但在得克萨斯州，棉花还是主要的经济作物。内战中，这些棉花种植园主对废奴表示出强烈的反对，最终他们以巨大的经济影响力使得克萨斯州加入了邦联政府。在内战期间，得克萨斯州是唯一一个未被北方军染指的联邦州，也正因为此，内战中的得克萨斯依旧是经济较发达的几个州之一，并源源不断地为南方军输送士兵和物资。内战结束后，由胜利的北方政府所组建的新得州政府并不尽如人意，对于墨西哥来说，此时正是重新建立其在该州政权的最佳时机。

谢里登将军下令由卡斯特率 4500 人的陆军从路易斯安那州的亨普斯特德移师到得克萨斯州的首府奥斯汀。于是卡斯特带着莉比和他心爱的八只狗举家搬迁。

在得克萨斯的日子彻底改变了卡斯特和他的狗之间的关系。虽然前邦联政府的拥护者们将卡斯特看做新联邦政府派来的官员，但他们夫妇还是受到了人们的普遍爱戴。卡斯特一向以纪律严明、公正不阿闻名，而人们也正需要这样一位具有正义感和法律意识的父母官。此时，许多过去的奴隶主和南方政府的拥护者已变得无比狂躁，报复心切，他们以武力威胁人们不得忠于联邦政府、也不得与新得州政府合作。联邦军队的到来稳定了这里的局势，也防止了武装冲突与流血事件的进一步扩大。因而，许多实力雄厚的种植园主——例如在克利尔克里克的丽恩多种植园主莱昂纳德·克罗切——对卡斯特的到来表示欢迎，他们认为这样可以使此地的局势更加稳定。

就是这位克罗切先生和他的几位好友，将卡斯特带入了饲养和繁衍纯种猎犬的快乐天地。这些富翁的许多狗都是从欧洲进口的，其中有很大一部分是视觉猎犬，包括会猎犬和爱尔兰猎狼犬，当然也有相当一部分是寻味猎犬，包括小猎犬、猎兔犬和寻血猎犬。不过，卡斯特对苏格兰猎鹿犬（这种犬常常被当地人称为狩鹿用猎犬或英国灰猎犬）和传统的猎狐犬情有独钟。很快，他就又添了几只属于这两个品种的猎犬。

卡斯特在得克萨斯州的时间并不长。南方夏安族土著民开始对白人定居点进行袭击，卡斯特受命前往中西部保护受到威胁的国民。此时，他又一次带着莉比和他的爱犬们举家迁移，他们将共同经历此后一系列艰苦的战役。他们乘火车抵达堪萨斯州，莉比记下了当时的情景，后来这种情景在他们每到一个新的城市或要塞的时候都要重演一次：

团里其他的家属都去了镇上的酒店。将军说我也应该和他们一起去，但是我一连几个夏天都是在军营里过的，已经习惯了，住在这里已不像以前那么不可忍受了，而结果证明我留下来的选择是正确的。现在，家里所有的财产都放在我们面前，一窝新出生的小狗，一群还未发育成熟的小狗，几笼嘲鸟和金丝雀，它们都完好无恙地被关在结结实实的木栅栏里。我们也就这么凑合着临时安了个家。

在印第安战争期间，伊丽莎白·卡斯特带着狗群张罗着安新家，而卡斯特将军带着他的成年猎犬外出打仗的情况时有发生。如果战事紧急，莉比也可能在附近要塞的官员住区里临时安家，操持家务，她也因此成了堪萨斯州莱文沃斯和赖利要塞的常客。卡斯特有空就去看她，甚至有一次为了回赖利看莉比，还几乎为“华莱士要塞离职”时间过久而被停职。但是后来，谢里登将军发觉这个处罚决定完全是出自于政治动机和对卡斯特的私人成见，就又让其复职。

卡斯特的一次军事法庭事件也许就能解释为何狗在他的一生中占有如此重要的地位。他在陆军骑兵第七军团的知心朋友不多，这主要因为他为人严厉，常因一些小错就惩罚手下的士兵和官员，惩罚手段还相当严厉。他还曾以军法处死一个叛徒和一个企图兵变的部将。甚至有历史学家称，在为卡斯特赢得了“印第安斗士”美名的那场著名战役里，陆军第七军团的叛逃率比前线其他部队高出一倍，因为许多人觉得卡斯特的军规过严。有更多好心的历史学家指出，内战后士兵的性质已彻底改变，卡斯特的失败就在于他没有区分战争年代和和平年代士兵的不同。他们同时指出，士兵中有一半以上是爱尔兰和德国移民，他们当初入伍只不过是为了更快地获得一张绿卡而已。总之，他的手下常常抱怨他太严厉，还常常取笑他的怪癖和独特的着装风格。

由于身边没有知心朋友，夫人又远在他方，卡斯特只好将希望寄托在他的狗身上，向它们倾诉喜怒哀乐，从它们那里得到一丝安慰。他的这种心情一定非常迫切，因为他养了好几只狗陪在自己身边。莉比曾经将这一典型场景记录下来：

> 对于将军来说，这群狗儿仿佛是能带给他无尽快乐的源泉。我们大概养了40只小狗：其中有凭着视力追踪猎物的猎鹿犬，这是世上跑得最快、耐力最好的犬种；也有贴着地面嗅出气味、靠鼻子追踪猎物的猎狐犬。前者总是很安静，后者却时常吵吵闹闹。每当有号手吹起号角，召集士兵上马、原地立正或是撤退的时候，这些小狗就常常喜欢跟着号声的调子号叫，这让将军和我非常开心。要是让士兵们看见他们威严的指挥官就这么坐着和小狗打打闹闹，恐怕他将威信扫地。

虽然卡斯特军纪严明，十分重视军人的礼貌，但对于那些歪着头、跟着军号唱歌的猎犬们，却从未有过半点批评或惩罚。相反，这位“印第安斗士”却常常听着它们的歌声开心地大笑着走开，又去忙他自己的事情去了。

卡斯特和他的士兵或者部将在一起时总是很难放松，但无论何时，只要一和他的狗群在一起，就会感到舒适惬意。常常有人看到他带着狗到营地散步，狗群将他层层围住，场面不胜欢喜。有一位士兵就曾这么形容道：“我觉得他总是在跟他的小狗讲悄悄话。我常看到当他带着狗在营地里散步的时候，那些狗围绕在他身边，他的嘴唇一张一合，似乎在对它们说着什么。可是那些狗实在太吵了，我都听不清楚他在讲些什么。有时候，他会突然闭口不讲了，就这么静静地站在那里，眼睛盯着那些小狗，脸上带着笑容。每当这个时候，他看起来就像是被海洋包围着的一座小岛。”

长期指挥作战的巨大压力常常使得卡斯特疲惫不堪。他晚上睡眠的时间往往少得可怜，然而，即便是在他的睡梦中也少不了狗儿的登场。莉比曾有一次记下了在他休息的几小时里发生的情景：

> 他接下来就倒在床上，刚用他白色的毡帽盖住了双眼就马上进入了梦乡。不管是不是太阳当头，他都照睡不误。狗儿们一下子都蹿了进来，纷纷在他身边躺下。我眼看着它们个个舒展身体，有的搭到了他的背上，有的搭到了他的头上，还有一只把脑袋和爪子搭到他的胸口上。这些狗不断地调整睡姿，以求达到最舒适的状态，但他感觉不到这些，继续安心地呼呼大睡。

还有一些小狗每天晚上都要待在他的卧室里和他一起睡。卡斯特的这些记录使我们不禁要问，这些小狗是否还具有别样的心理学功用，在某种程度上满足了他想做父亲的心愿呢？卡斯特最心爱的小狗是一只名为塔克的茶色猎鹿犬。他常常将它比做一个“被娇惯坏了的孩子，若不是被妈妈抱在怀里摇入梦乡，它就会又吵又闹，不肯罢休。它只有在我的大腿上才能睡得香甜，然后再被轻轻地放回地上也不知道，就像一个被小心翼翼抱回摇篮的宝宝一样，继续做着它的美梦”。对他来说，这些狗就如自己的孩子一般。另一个证据则来自莉比日记中的记载，小狗生病时他的反应非常紧张：

> 他大半个晚上都在楼上走来走去，抱着这可怜的小东西，时不时地抚摸它，试图使它好受些。然后又到处翻找他的兽医书，希望能从中找出一张药方。

这些小狗也是他闲暇生活中乐趣的源泉。在卡斯特还是个孩子的时候，他就常常带着狗出门打猎。对他而言，骑在马背上飞奔，身后有一群猎犬跟着追寻猎物，这就是世上最大的乐趣。在他的许多信中，就有他对爱犬“成绩”的赞扬。灰色猎犬布卢御、斯威夫特和拜伦，还有苏格兰猎鹿犬塔克、卡迪甘和莱蒂都让他感到骄傲和自豪。

不过，跟着这些速度一流的猎犬独自出猎总是很危险的。一次，卡斯特带着他的猎犬追踪一头美洲野牛。小狗们在完成它们的本职工作后就把猎物往主人那边赶，好让卡斯特有机会接近它。他刚给枪上了膛，这头巨大的野兽突然调转了方向。就在这个瞬间，枪走火了，他射中了自己的坐骑，于是一下子被摔倒在地。此刻，卡斯特不仅失去了自己的坐骑，而且还陷入了敌方的领地。幸运的是，他看到不远处扬起了一阵尘土，猜想很有可能是第七军团的巡逻兵来了。他非常相信自己的直觉，立即派了两只猎犬布卢御和拜伦往那个方向跑去。两只猎犬一接到主人的指令就冲了出去，被巡逻的士兵们认了出来，带着他们成功地解救了主人。

在另一次狩猎中，猎犬们寻觅着猎物的踪迹走出营地很远，转眼间，卡斯特发现自己已经被印第安人团团包围了。他以为自己的生命就此完结，但命运女神眷顾，他发现这些人不过是派来营地和他进行谈判的代表而已。而这些印第安人也以为卡斯特是来迎接他们的，所以随身只带着小狗，以显示他的英勇。于是他们一起回到了骑兵军营，他的勇敢也着实给自己的部下留下了深刻的印象。然而莉比被这件事情吓坏了，要求他在双方和解之前都要留在营地之内。

然而在此后很长一段时间里，双方却都没有和解的迹象。1874年，美国政府将卡斯特派到南达科他州，去调查那里黑山的金矿传闻。而在此前的双边条约中，该地区早已被划定为印第安土著民神圣的狩猎区，特别是对苏人和夏安族人来说。卡斯特的前往明显是对该条约的违背。另一方面，美国政府也面临着舆论压力，他们被要求担负起保护美国公民权益的重任；比起盲目地尊重那些与“野蛮人”签署的条约，美国政府更应该为自己公民的利益着想。因此，苏人和夏安族人感到受骗并做出激烈反应也就不足为奇了。此后，又有一系列小规模冲突发生，直到卡斯特被召回参加一场更大规模战斗时，问题仍然没有得到解决。为了尽快将这些土著民从该地区迁走（或者至少是将他们隔离），美国政府宣布了一项指示：“凡是在 1876 年 1 月底还未迁至保留地的印第安土著民，将一律被视为有敌视倾向。”这在年初又引发了一系列小规模冲突。土著民在与骑兵团正面交锋时，最常见的做法就是以最小的损失逃走，因此，到那时为止，并没有大规模的战斗发生。

然而在 1876 年春天，一场针对夏安族人的全面的大战正在酝酿中。卡斯特的兵权转交给了指挥官阿尔弗雷德・H. 泰瑞将军，他则负责带兵由南达科他州俾斯麦地区出发向黄石河进军。在蔷薇蕾小溪河口，泰瑞要卡斯特前去探查敌军营地所在位置，而自己则继续前进，和由约翰・吉本将军指挥的纵队会师。然而，卡斯特行军速度过快，大大超过了他在接受命令时约定的速度，很快他就来到了他所认为的大型土著民镇。

历史学家们一直就卡斯特的动机和策略争论不休。有人坚持认为，他势单力薄地攻击一个有着七千至一万居民的大型土著民营地，其中还有三千人是战士，这种做法简直就是孤注一掷，很难说他不是为了自己的名利或者仕途。也有人说这是他自傲轻敌的表现，因为卡斯特一直都轻视印第安人。他常对部下说，三个土著民还抵不过一个骑兵。总结以上的分析，这场败仗不过是他鲁莽性格的又一体现，而这种性格缺陷其实早在内战时期就已经表现出来了。

然而还有一些历史学家指出，要卡斯特准确地估计出对方的人数实属苛求，因为有相当数量的印第安人躲藏在主营地附近的沟壑里面。这些历史学家认为卡斯特之所以选择立即攻击，是担心那些印第安人在与联邦军正面交锋时，又会像以往一样作鸟兽散。卡斯特认为联邦军千辛万苦、西行数万公里，就是为了一朝直击这些“变节的”土著民；而在最后一刻无功而返，就意味着自己没有完成任务。故此，即便不知道援军何时到来，且对敌方人数估计不足，为了不让联邦军蒙受损失，卡斯特还是毅然决然地做出了他认为是正确的决定。他在最后一刻都没能意识到对方在人数上的优势，将自己的军队分成三股，命令其中两股（分别由马尔克斯·A. 雷诺少校和弗里德瑞克·W. 本提恩上尉带领）去攻击前方上游，自己则只带着一支由210人组成的队伍攻打正面——他认为这样会使印第安人向后逃散，最后被一网打尽。

虽然卡斯特无论到哪里都与狗儿们形影不离，但是对于十拿九稳的胜仗，卡斯特还是把它们留在了家里。当卡斯特或者莉比不在时，这些狗就会交由一个名叫詹姆斯·凯利的年轻士兵照料。实际上，詹姆斯在第七军团的主要任务也就是看管和照料卡斯特的狗。1876年，卡斯特似乎对他的这些爱犬更上心了，因为他的灰色猎犬布卢御在年初他与苏人的一次小冲突中丧了命。因此，在这次大小霍恩河战役的前一晚，卡斯特将凯利同他的爱犬们一并送走了。（凯利后来成了堪萨斯州道奇城的市长，同时还在该市经营了一家酒吧。有传言说，他的狗可以无拘无束地在镇上游荡，其中灰色猎犬和猎鹿犬则常常挡道碍事。而凯利也曾说，在这些狗中，有相当一部分是原来卡斯特的爱犬，因为后来对他有了亲切感，莉比就送给了他。）

出于某种考虑，卡斯特最后还是决定在那个决定命运之日随身带上一只狗——他的爱犬塔克。关于故事的后半部分说法不一，因为故事都来自那天战役中各个土著部落的幸存者，提顿族人、夏安族人、阿拉帕霍人和苏人等，每个故事都带着个人的感情色彩，有的还互相矛盾。但是所有的故事里都提到，印第安人对那天中午的突如其来的袭击措手不及，因为他们早已习惯了美国军队在拂晓的进攻。当时，主攻部队在河口浅滩就已经被阻挡，剩下的少数人被逼到一座小山丘的悬崖峭壁边无路可逃，只好眼巴巴地等着雷诺和本提恩的两支分队来营救。但是雷诺也被迫撤退了，而本提恩则采取了防御姿态，基本上未采取任何进攻。大多数人都说，这支训练有素的部队一直坚守到这场战斗没有任何胜算可能的那一刻。一些印第安幸存者还回忆道，当时卡斯特一声令下，向周围大批的印第安斗士猛烈开火。还有些人也回忆说，卡斯特是如此多的战士中最好找的那一个，因为他身边有一只浅色的大狗，这只狗一直陪在他的身边，直到他生命的最后一刻。

这最后一战只持续了二十多分钟，最终结果是210人（再加上一只狗）全部阵亡，无一生还，也没有一个人成功地跨过那条河。直到第二天早晨泰瑞将军的援军到达的时候，这场惨烈的战役才为人知晓。所有的将士都被埋葬在了那个战场上，只有卡斯特的遗体被送回了母校西点军校。蒙大拿州的国家纪念碑上一一列出了每一位阵亡将士的姓名，还试图一一标记出每个人倒下的位置。然而卡斯特的爱犬——苏格兰猎鹿犬塔克的名字却不在上面，上面也没有标记它的墓地。

在战役前一天，乔治·阿姆斯特朗·卡斯特还写信给他的爱妻。在詹姆斯·凯利奉命带着卡斯特的爱犬离开营地前往安全地带的同时，这封信被交由团里一位侦察员送交其妻。信中写道："我写这封信的时候，塔克老是来看我，并且把头枕在书桌上，还时不时地用它长长的鼻子来拱我的手，我只好不停地停下来看它。现在，塔克、斯威夫特、莱蒂和凯泽都还在我的帐篷里睡得正香。亲爱的，你不必担心我此行的'陪同人员'数量上少了许多，我可是轻易不会受伤的哦。"

第 18 章

弗吉尼亚州农民的猎狐犬

作为大陆军总司令及后来美国的第一位总统，乔治·华盛顿终其一生都与狗有着密切的联系。他很喜欢猎狐，这也是他最大的兴趣之一。在弗吉尼亚州居住期间，他每个星期都要与狗一起外出猎狐。每星期至少一次，有时候甚至两到三次。最终他为这个世界引进一个新的犬只品种；同时，他的狗也帮助了他，使他轻而易举地当上了诞生于美国革命的新国家的领导人。

华盛顿早年生活在弗吉尼亚州波普河自家的庄园里，后来才搬到了他的同父异母的弟弟那里——位于芒特弗农的种植园。他在早年学习了许多科目，如数学、测量、文学、历史和政治科学，同时还学习了基本的农业知识和畜牧业知识，所以他能够运用动物饲养的知识培育出一批“完美的猎犬”也不足为奇。马里兰州的罗伯特·布鲁克最早在 17 世纪 50 年代将英国猎狐犬引入美国，从那时起，美国的犬类饲养者就开始通过将这种犬和不同种类的爱尔兰、英国和德国犬杂交来改良猎犬。对于华盛顿来说，培育犬类已经成了他的一种爱好，他对此充满热情。他在日记中记录了很多自己花费大量心血杂交各种犬类的细节，并且详细评估了杂交后产下的每窝小狗。他的第一次真正成功是培育出了黑色和棕色的弗吉尼亚猎犬，这种猎犬后来成为芒特弗农养狗场的一个特殊品种。弗吉尼亚猎犬总体上来说是合格的猎犬，但它们同时又擅长猎狐。这种猎犬现在虽然已经灭绝了，可它却是今天黑色和棕色浣熊犬的祖先之一，浣熊犬则是弗吉尼亚猎犬和大猎犬以及少量爱尔兰猎兔狗基因的杂交产物。它同时还是华盛顿最成功的犬类杂交实验的起点，直到独立战争以后他才完成了那些实验。

华盛顿对于狗的感情远远超过一般农民对于家畜的感情，这点可以从华盛顿给这些猎犬起的名字看出来，例如小甜嘴、维纳斯、音乐、女士和真爱。（这些狗和那些名叫品酒师、微醉、酗酒者、酒鬼的狗养在一个养狗场里，这里我们就无暇用心理分析法去分析华盛顿所起的这些名字对他的另一爱好所含有的暗示了。）他对于猎狐犬的热情大大增加了他的政治财富，不过也使他的个人生活变得更为复杂了。

华盛顿在印第安战役时的法国军队第一次获得了声名。华盛顿同父异母的弟弟劳伦斯的死亡，使得其在弗吉尼亚国民自卫队里的副官职位出现空缺。这一职位是个全职，并且享有少校的军衔和待遇。另外，这一职位除了担当指挥官的责任外，还要执行广泛的行政和组织的任务，诸如检查、召集士兵及管理不同的民兵部队。尽管华盛顿没有任何军事管理经验，但是他有足够的自信，相信自己可以成为一名合格的副官。于是他应聘该职并如愿以偿。

后来，华盛顿受命担任战地指挥，他得知法国正在想尽一切办法夺取俄亥俄州与西宾夕法尼亚州，为此，法国人已经在一侧建立了杜魁斯尼堡垒，这就是后来的匹兹堡。华盛顿上任后下达的第一个命令就是夺回这个要塞，但是他的兵力有限，所以这次尝试失败了。后来他在爱德华将军手下晋升为副司令官，于是又得到了一次攻占要塞的机会。华盛顿在行军中因生病而被安顿在有顶篷的马车中，与行进中的卫兵一起前进。突然，埋伏在河岸附近的法国军队和其印第安联盟偷袭了他们。由于士兵人数远远不敌敌军，况且又没有预先准备相应的战术，在爱德华将军严重受伤前，军队就面临着大屠杀。华盛顿尽管重病在身，虚弱到要拿枕头充当马鞍，但是他还是冷静地下达了命令，从全局上指挥着军队的行动。最后，他因平安带回了他的大部分军队而被授予了荣誉。

华盛顿在年仅 23 岁的时候就晋升为上校，并且被任命为弗吉尼亚国民自卫队的总司令。因此，他要负责保卫殖民地的边界。1758 年，约翰·福布斯将军成功地突破了杜魁斯尼堡垒，并且用匹特要塞这个名字作为新的前哨站来代替原来要塞的名字。在这一战役中，华盛顿发挥了积极重要的作用，也因此积累了更多的经验，获得了广为人知的名声。

此时，华盛顿认为自己已经成功地完成了战略目标，弗吉尼亚州获得了相对的安全，而他对军队的兴趣也开始减退，这是因为军队的待遇很差，且殖民地的军官往往得不到英国常规军队的尊重。于是华盛顿上校辞去了职位，将注意力转向更加平静的弗吉尼亚种植园的生活。他对农业耕作如此喜爱，故辞职丝毫未使他感到遗憾。他写道："这是我最想追求的生活，它值得尊敬，非常有趣，并且从长远来看，它是有利可图的。"

华盛顿在辞去自己的职位后立即与玛莎结了婚。玛莎是一位年轻的寡妇，漂亮而又富有，独自带着两个孩子；她因前任丈夫和父亲的关系而与许多政治人物相识。华盛顿结婚后将注意力完全放在了芒特弗农种植园。他将房子重新装修，又盖了新房，并且尝试种植新的谷物品种。他还建造了一些养狗场，开始培育他的弗吉尼亚猎犬。此外，他一有时间就会去猎狐。

但没有多久，令华盛顿心满意足的农耕生活中断了，起因是英国对殖民地所采取的税收政策和规定激起了民愤。在一些颇有影响力的朋友的敦促下，华盛顿再一次投身于政治，并且成为弗吉尼亚下院的一名议员。这样，当帕特里克·亨利在 1765 年坚决反对印花税法案的时候，华盛顿再一次出现在了公众面前，这也可以被视做对英国宗主国颁发的法令第一次正式的反抗。两年多之后，华盛顿宣称，只要祖国召唤他，他愿意随时随地扛枪效力。当然，祖国马上就会需要他，需要他作为大陆会议的一名代表，而该会议的成立旨在组织大家联合反对英国的殖民地政策。

大陆会议在费城召开了，华盛顿发现形势不妙，因为他不可能再随心所欲地在城市的街道上策马扬鞭或者召集他的小狗们一起去猎狐了。然而，费城富有的市长塞缪尔·鲍威尔和他可爱的妻子伊丽莎白却拯救了他。

伊丽莎白一开始就注意到了华盛顿，被他英俊的外貌所吸引，用许多溢美之词赞扬他，说他"像印第安人一样高大，有六英尺两英寸高，有一双极富穿透力的蓝灰色眼睛"。她还补充到："他的动作很优雅，走起路来有帝王般的威严，时常带着一只极为优雅的猎犬在胡桃街上昂首阔步。"这只猎犬就是小甜嘴，它是华盛顿最喜爱的猎犬之一，华盛顿在费城时一直陪伴在他身边。从伊丽莎白的评价来看，显然她同时被华盛顿的外表和他的猎犬吸引了。华盛顿一向都为他的猎犬感到骄傲，他自豪地说这只猎犬是他自己培育的品种，是一只"完美的猎狐犬"。正是伊丽莎白使她的丈夫塞缪尔注意到了华盛顿，后者注意到这位绅士既有军事才华又有政治才能，若能与其保持联系，对自己的政治生涯将不无益处。

当伊丽莎白再次遇到华盛顿和小甜嘴的时候，华盛顿流露出了他的失望之情，因为在会议召开期间他将不能去打猎。伊丽莎白暗示说她丈夫或许能帮他解决这个问题，于是她邀请华盛顿一起共进晚餐。正是鲍威尔一家使得华盛顿有机会加入在新泽西州的格罗塞斯特打猎俱乐部，与猎犬一起并肩作战。格罗塞斯特打猎俱乐部通常被认为是新大陆上的第一个猎狐俱乐部。华盛顿进入俱乐部后给每个人都留下了深刻的印象，人们说他是一位出色的骑士，并且他的猎犬也因为它们旺盛的精力和精确的判断力而给人们留下了深刻的印象。

鲍威尔市长在政界和金融界有着良好的人际关系网，而且这些有权有势的朋友中，许多人也是这个俱乐部的成员。也正是在那个俱乐部里，华盛顿遇到了雅各布和他的同事们。雅各布后来成了最主要的军火供应代理商，他将许多武器卖给了军队（相当于今天的坦克、卡车与运输机）。华盛顿在这个俱乐部里所遇到的人都是有能力左右政府的大人物，同时这些大人物也很喜欢这位来自弗吉尼亚的绅士。华盛顿聪明、睿智，又具有良好的组织能力，他的威武的外表也总是给人留下深刻的印象，而且他看起来非常诚实，品行端正，最重要的是他非常喜欢猎犬和打猎。华盛顿后来把他的猎犬作为礼物送给这些大人物，这令他们非常高兴。他们对华盛顿的感激与赏识后来在很大程度上转化为了一种政治游说力量，使其成了大陆军的总司令，并且帮助他获得了选举团人员的支持，该选举团是为了美国总统的选举而成立的。

然而，伊丽莎白似乎对华盛顿还有其他方面的兴趣，有人说伊丽莎白是一个“政治迷”，她与许多精英政治家和军队人员都有着密切的联系。事实上，华盛顿在费城的绝大多数时间里都待在鲍威尔家，即使塞缪尔离家，为在新泽西、德拉威和宾夕法尼亚州中部他的房地产生意在外奔波时。在华盛顿死后不久，他和伊丽莎白之间的大部分的信件就被他的妻子玛莎销毁了。即便如此，还是有证据证明虽然伊丽莎白对于在华盛顿身旁溜达的弗吉尼亚猎犬很感兴趣，但她似乎也很宠爱这位弗吉尼亚代表。显然，在华盛顿当总统期间，他仍然和伊丽莎白保持着这种关系。在他们之间仅存的一些通信中，历史学家们发现了一些含有隐义的短语片段，诸如“鉴于我们昨天一起度过的时光”和“按照你充满热情的看法”，这些引起了他们的怀疑。历史学家还证实说，在这段他们互相通信期间，玛莎在弗吉尼亚州照看种植园，而伊丽莎白·鲍威尔却多次在总统的住处过夜。当然也有可能在这几个夜晚，华盛顿和伊丽莎白一直都在讨论猎狐和猎犬。

1775 年最初的几个月，鲍威尔市长和他那些喜欢猎狐的朋友们向代表和记者暗示，应该由大陆会议来决定是否组建军队，而军队总司令的人选显然应该是华盛顿。1775 年 6 月，大陆会议以全票选举通过华盛顿为大陆军总司令。

华盛顿当选后，立即下令军队拿下了此前被英军占领的波士顿。之后他迫使英军撤退，自己则回到纽约州进行保卫战。正是在纽约州他遇到了威廉·豪将军，这位将军在日后的美国独立战争中成为他最主要的对手。

豪和华盛顿一样，都在法国印第安人战争中赢得了军中最英明的年轻军官的称号。豪将军曾被派去支援托马斯·盖奇将军，并协助他打赢了彭加山战役，尽管当时损失惨重，但最终还是取得了胜利。就在彭加山战役胜利后不久，豪接替了盖奇，担任驻美英军所有部队的总指挥官。

华盛顿进入纽约的防御阵地之后，豪试图进行和平谈判，实际上这是一次殖民性质的投降，豪还保证不会对革命军进行激烈的攻击。但是华盛顿拒绝了这一妥协，于是豪在 1776 年 8 月踏上了长岛，随后占领了纽约城，并在怀特普莱恩斯击败了华盛顿的军队。1777年，豪又在布兰迪万战役中击败了华盛顿。在1777年10月日耳曼敦战役胜利后，豪占领了费城，并在那里建立了冬季指挥分部，将华盛顿的军队围困在位于福吉谷的冬季指挥分部，两地只有一天的路程。

美国历史上的谜团之一就是，尽管豪在许多战役中都击败了华盛顿，但是他从来不使用英军惯用的残暴行径来迫使对方屈服，而总是表现得很仁慈，似乎仁慈就能够使那些叛乱者和平地坐到谈判桌前、并且自愿放下手中的武器。豪的这一表现令谣言四起，有人说其实他私底下一直同情美国人，这很有可能在某种程度上是真的。豪对待美方敌军如此明显的软弱态度不久后就明朗化了，事情还得从日耳曼敦战役中的那只小狗说起。

那时在华盛顿的指挥下，美军试图阻止豪军队的入侵，同时也阻止其部队建立更多的前哨站。在日耳曼敦战役中，美军一开始打得并不顺手，华盛顿将军队驻扎在佩尼拜克磨坊。1777年10月6日，有人看见一只活泼的小狗在美军和英军的交界地带转悠。它似乎是在找食物，或者只是在那里随便溜达。有一位美军士兵救下了这只小狗，发现它脖子上的铭牌上写着它的主人是豪将军。一位官员随后将那只小狐狸犬交给了华盛顿，并且提议华盛顿将其留下，暗示这个小动物说不定能给他们带来好运："我们可以告诉士兵我们抓住了英军将军的狗，以此来振奋士气。"但是华盛顿却不接受这一做法，没有他亲爱的小甜嘴陪在身旁他已经很闷闷不乐了，出于安全考虑，小甜嘴被送回了芒特弗农；而且华盛顿很能理解一个人和一只狗之间的深厚感情。尽管这只狐狸狗不是一只猎犬，但是在英国它通常被用在猎狐的最后阶段，用于引狐狸出洞。华盛顿觉得自己和这只狗以及狗主人之间存在着某种同志般的情谊。

华盛顿亲自为这只狗梳洗打扮，帮它整理毛发，还喂给它食物。

他请求停火，并在停火期派遣一名美国军官将这只小狗送回了英军营地。同时这只狗身上还附了一张小纸条，上面写道："华盛顿将军向豪将军致意。将军无意中捡到这只小狗，经检查其项圈，发现这只小狗属于豪将军。华盛顿将军为能够亲自将小狗送回而感到万分荣幸。"

似乎这两位将领之间应该还有一些更亲密的接触才对，因为豪将军的一位军官描述了当时的情景："将军看到小狗回来后似乎很高兴，他把小狗抱在自己的膝盖上，并不介意小狗身上沾着的泥土将他的紧身短军装弄脏。他在抚摩小狗的时候，发现它的项圈下面还秘密地附着一张折叠着的小纸条，将军看了上面的内容，随后脸上露出了满意的笑容。尽管我不知道纸条上写的究竟是什么，但是我觉得小纸条很可能是敌方的司令官写来的。"

也许我们永远也不可能知道小纸条的第二段话写了些什么，但很显然的是，小狗的安全回家使得大家都很高兴。豪将军后来在评价这一行为时说："这位绅士的行为绝对值得尊敬。"

豪在此之后与敌手的通信中明显表现出一种语气上的转变，提到华盛顿时也心存敬意。而且，从小狗回来的那天起，尽管豪仍然不断取得战斗的胜利，但似乎不再带有那种能够使英军获胜的士气了。最后上级命令要更残忍地对待美军，最好"不要表现出任何同情心，使叛乱者不敢轻举妄动，最终屈服于英国的统治"。但豪并没有这么做，相反，他提出了辞呈。他的接替者亨利·克林顿将军根本不懂得如何作战，而他的副官查尔斯将军虽然擅长行政管理，但对于实地野战却是一窍不通。此二人无论如何无法和豪将军相比，根本不能取得军事上的胜利，注定要屡战屡败。

战争结束后，华盛顿回到了芒特弗农继续他的农耕、继续参加弗吉尼亚州的政治讨论，同时为他的梦想而努力，那就是培养出"一种拥有超快的速度、敏锐的嗅觉和发达的大脑的犬类”。他认为他的弗吉尼亚猎犬体重太轻，不具备长距离奔跑的耐力，而且它们很容易分心，会被狐狸运动轨迹以外的事物所干扰。华盛顿还抱怨他的猎狗们“总是无法看住羊群，因而羊群的数量一直在减少”。在战争期间，华盛顿与法国将军、政治家拉菲特侯爵互相尊重，并且建立了一种真挚的友谊。后来拉菲特侯爵在美国独立战争中起到了至关重要的作用。拉菲特侯爵在和华盛顿之间多次的私人交谈中都提到过法国牧鹿犬，指出这种猎犬精力充沛，在追捕猎物时注意力非常集中。华盛顿因此开始了与拉菲特侯爵长期的通信，希望能够获得几只这样的猎犬让他进行新品种的培育。1785 年，拉菲特侯爵写道：“现在要找到法国猎犬不是一件容易的事情，因为国王认为英国猎犬比诺曼底猎犬跑得更快，所以他更喜欢英国猎犬。”此后，拉菲特侯爵仍然不停地寻找法国猎犬，最终找到了七只法国大猎犬，并立刻将它们送往美国。后来成为美国第六任总统的约翰·昆西·亚当斯被派去护送这些猎犬前往目的地，但亚当斯显然对狗没有什么热情，也没有责任感。他一到纽约就把这群猎犬交给当地的船只公司去看管。华盛顿最初以为这群狗都丢失了，当他最终发现真相的时候，对亚当斯的行为感到十分不满。“这位先生如果懂得礼貌的话，至少应该写封信给我，告知我那群猎狗的下落。”他对这群猎狗的重视程度还可以从他其他的言谈看出，他写道：“纽约对狗很不友好。”或许因为纽约当时正在流行狂犬病，有报道说到处都是疯狗，任何来历不明或者无人照看的流浪狗都有被当场杀掉的危险。

华盛顿对于这些新品种的法国猎犬怀有一种复杂的感情，他确实很喜欢这些猎犬身上的某些特质，比如它们在追捕猎物时所发出的低沉的吼叫声，华盛顿将其形容为“莫斯科教堂的钟声”。另一方面，这些猎犬的体格十分庞大，身体很强壮，喜欢特立独行，因而也就不像他的弗吉尼亚猎犬那样易于看管。

有一个小故事既反映出这些法国猎犬是如何难以照料，同时也反映出华盛顿性格中的另一面。很多美国人都认为华盛顿是个不苟言笑、古板严肃的道德说教者，当然不可否认的是，他同时是一位诚实守信、临危不惧的爱国者，但人们认为他完全没有人性中的温存和幽默感。然而，当华盛顿在和他的狗在一起的时候，我们就能看到这位美国独立战争的英雄和受人尊敬的政治家身上所表现出的爱心及幽默和宽厚的品质了。故事发生在芒特弗农，当时战争已结束、华盛顿当选为总统之前。华盛顿夫人玛莎的孙子帕克在一封信中对这一事件做过简单叙述。由于拉菲特侯爵送来的这些法国猎犬体格强壮、精力充沛，华盛顿只好把它们关在养狗场的一个固定的地方，只有在外出打猎的时候才放它们出来。但是也有例外。这群猎犬中有一只是华盛顿最喜爱的，名叫伏尔甘，它同时也肩负着看管房屋的责任。伏尔甘的体型非常庞大，以至于玛莎的儿孙们都可以拿它当小马骑了。帕克在信中这样写道：

> 在这些法国猎犬中有一只名叫伏尔甘的大狗，记忆中最深刻的场景就是在少年时期，大家经常两腿分开骑在狗背上，跟着它在院子里来回悠闲地散步。有一次，在芒特弗农种植园，我们组织了一次规模较大的宴会，庄园的主人（也就是我的祖母）发现火腿不见了，那时火腿可是每个弗吉尼亚家庭主妇在餐桌上的骄傲。祖母于是询问了男管家弗兰克，尽管弗兰克身体有点发福了，但他仍然是所有管家当中最有礼貌、最能干的一个。弗兰克回答说："哦，火腿，当然，我记得按照夫人的吩咐准备了上等的火腿！但是看啊，现在火腿竟然不见了！谁会在大厨烹制可口的火腿时到厨房去呢？当然是伏尔甘了，对，就是那只猎犬，它

露出了它的尖牙，旁若无人地咬上了火腿！”尽管厨房里有许多可使用的家什，而且大家都尽力地追赶着伏尔甘，最后伏尔甘还是叼着火腿凯旋而归。“啊，它就在我们的鼻子底下抢走了那块火腿！”火腿就这样没了，祖母当然不高兴，毕竟那是她在餐桌上引为自豪的食物，于是她就抱怨起伏尔甘来，将所有的狗都骂了一遍。总司令（即华盛顿）听到这个故事后，将它告诉了宾客们，大家听了这只猎鹿犬英勇的冒险行为时都发出了会心的笑声。华盛顿说：“这样看来，拉菲特先生送给我的既不是猎鹿犬也不是猎狐犬，而是一只十足的火腿猎犬！”

后来，华盛顿将大型法国猎鹿犬与他的小型弗吉尼亚猎犬进行交配。他非常重视犬类身上令人满意的身体特征和他所需要的犬类特征，然后精心挑选出适合交配的犬类。他希望交配出的犬类在体型上要比法国猎犬小一些，但是最好还能保持它们原本的速度和力量。这些狗应该比英国猎犬跑得更快，因为美国的打猎队伍已经习惯于在宽阔的空地上进行打猎活动，它们的行动速度在总体上要比英国的快多了。华盛顿的试验成功了，他自己也获得了美国猎狐犬重要培养者的声望。后来在19世纪初，华盛顿在格罗塞斯特打猎俱乐部的朋友们将他培育出的猎犬与一些英国猎犬又进行了交配，使得它们看上去更像是旧大陆狗的新品种。当然，华盛顿对新大陆猎狐犬应有的形态做出了明确的定义。

华盛顿的犬类交配试验后来由于外界政治形势的紧迫而不得不中断。1787年，他率领弗吉尼亚代表团去参加在费城举行的大陆会议，并且以全票通过当选了会议主持人。他的出现为整个会议带来荣誉，但华盛顿本人却刻意与其他代表团保持距离，不主动参与其他代表团的争论，始终保持中立的立场，不偏向于任何一方。他在费城的这段时间里又去拜访了鲍威尔一家，当然也去了格罗塞斯特打猎俱乐部，与一些新到的猎犬一起打猎，与老朋友一起叙旧。正如预期的那样，他的那些极有政治影响力的朋友都极力劝说他竞选总统，无论未来政府为何种类型。新宪法正式生效后，华盛顿又以全票通过当选了总统。华盛顿之能够当选总统究竟与市长夫人对他那只漂亮猎犬的评价，以及她帮助他所获得的政治支持有多大关系，恐怕我们永远无法知道。从此以后，华盛顿再也没有时间去继续他的犬类交配工作了，也没有时间去培育他心目中的“完美的猎犬”了。他的养狗场里狗的数目不断下降，最后只剩下几只他最喜欢的用来进行早晨打猎的猎犬了。

华盛顿所培育的新品种叫做美国猎狐犬，它比英国猎犬跑得更快，体重也更轻。当然，每只美国猎狐犬在叫声上有很大的不同，所以它们的主人能够通过它们的叫声立刻分辨出此刻是哪只猎犬在低沉地吠叫。华盛顿非常乐意向他的朋友描述他的小狗们，比如他会说：“那只就是真爱，它的气味有点特殊……啊，但是真心现在也渐渐沾染上这种气味了。”华盛顿的猎狐犬有其独一无二的美国性格，与其英国表兄形成鲜明对比。英国猎狐犬只是追捕狐狸，性格比较刚烈，所以并不适合当做宠物来饲养。然而，美国猎狐犬却有着典型美国民众的性格：它们在捕猎的时候更倾向于独自行动而不是集体行动；如果情况允许的话，每只猎犬都愿意充当队伍的领导者。这就是华盛顿想要塑造的猎犬的性格——作为个体时，它们坚忍不拔而又忠实可靠；而当主人召唤它们时又能集体行动——这也正好与这位建国之父心目中美国民众的个性相契合。

第 19 章

总统办公室中的狗儿们

每次联邦的新总统就任前，在华盛顿特区都会有一则趣闻广为流传。在故事中，神对新总统说：“我要告诉你一个好消息和一个坏消息。好消息是，你入主白宫时，允许把自己的狗一起带去。那里不禁止携带宠物。”

“太好了。”新总统说，“那坏消息呢？”

来自天际的那个声音回答道：“坏消息是，你的狗在那里会比你开心。”

这一预言的准确性很难证实，但可以肯定的是总统府里已经住过很多狗。实际上，有更多的狗在白宫生活过，其数量要比总统、总统夫人、总统的孩子们的总数还要多。据粗略统计，住在宾夕法尼亚大街 1600 号的狗的数目大约是 230 只。如果把所有美国总统在世时拥有过的狗都算上的话，总数将达到令人震惊的 1000 只。一般来说，总统养狗大多是为了给自己——这个国家的领导者找个伴儿，也可能是为自己的孩子找个玩伴儿。然而，白宫的狗儿们还时常扮演塑造白宫主人公众形象的重要角色，因此有时它对自己主人政治上的成功也有很大影响。

有的总统只是想当然地把狗当做伴儿。比如西奥多·罗斯福常常带着狗去野外打猎，尽管这些猎狗中很多属于与他同去打猎的伙伴和向导。罗斯福总是能和途中遇到的这些狗和睦相处，这常被他的伙伴们拿来当做闲聊时的谈资。他的家里也到处是狗：有水手男孩，一只切萨皮克城的寻回猎物犬，它总是在罗斯福带着孩子们在河上泛舟时跟在船后游泳；还有皮特，一只杂种小猎犬，这只狗后来使他在政治上陷入了巨大的窘境；还有杰克，一只曼彻斯特猎犬，深受孩子们的喜爱。还有一只圣伯纳德犬和各种杂种犬，总统和孩子们旅游时都会带着它们；再加上其他一些狗，都是外国首脑送的礼物。

罗斯福最喜欢的狗恐怕要算是一只名叫斯基普的混血品种的狗，这是他在一次打猎途中收养的。罗斯福说他喜欢这只狗的精神，它总是充满信心地站在一只熊前，相信总统会在后面做它的强有力的后盾。罗斯福说斯基普是只“小狗——我是说它这也小，那也小”。它的体型当然不大，站立时大概有 18 到 19 英尺。它有着追踪犬般的鼻子，寻回犬般的耳朵，宽大的身体，短小的腿，还有又短又硬的金色皮毛，看起来很难推测它的基因遗传。

斯基普的短腿有时会带来问题。罗斯福出去打猎时，它很难跟上骑在马背上的人。而总统不能让它落在后面，便弯下腰抱起小狗，让它坐在自己前面的马鞍上。很快斯基普便可以自如地跳上马背，和主人坐在一起。一次，一位摄影记者甚至想抓拍一张斯基普独自骑马的有趣的照片。斯基普似乎与罗斯福七岁的儿子阿奇的小马驹阿尔冈昆建立了友谊，于是他们设计了一种游戏让斯基普来追阿尔冈昆。阿尔冈昆突然冲出去，然后再慢慢停下来，让斯基普能够跳到它的背上。如果阿尔冈昆背上恰好有个马鞍，斯基普就能在上面骑挺长一段时间。如果没有马鞍的话，它也会尽量在上面多骑一会儿再跳下来，马上又重新开始游戏。一只狗骑着匹小马驹在白宫里乱跑，且无人看管，这让很多到访白宫的人都感到难以置信。

当然，对斯基普来说，罗斯福骑马时，它被邀请坐在前面，就和罗斯福坐着时让它坐在腿上一样。每当那些被罗斯福亲切地称为“小兔子”的孩子们不需要斯基普来做伴儿时，它就会跑去找它的主人罗斯福。通常，罗斯福在没有社交活动或是没有政务需要处理时，都在室内读书，每天都要读一本书。此时，斯基普就会一跃而起，重重地落在罗斯福的腿上。总统总是笑笑，每次都说同样的话：“如果你不乖乖地躺着，我就不让你和我一起读书了。”然后他就把书支在斯基普的背上，斯基普则开心地、四仰八叉地趴在罗斯福的腿上，一会儿就睡着了。总统常会在翻书的间隙，下意识地用手抚摸斯基普。

斯基普给总统一家带来了很多快乐。总统的儿子阿奇曾和斯基普在二楼光滑的走廊上赛跑。罗斯福在一封信里这样描述这个游戏：“阿奇摆开双腿，弯下身，把斯基普夹在中间。然后他说：‘各就各位，斯基普，预备！跑！’然后他把斯基普往后推，自己却用最快的速度跑到走廊另一头，斯基普则在光滑的地板上用爪子乱爬。”

罗斯福离任的前一年，斯基普死了。总统亲自将它放入棺木，悲伤地注视着它被安葬在白宫后院。罗斯福夫人伊迪丝知道斯基普对丈夫有多么重要。1908 年，在他第二个任期结束时，她宣布斯基普的棺木将重新安葬于他们在酋长山的家，斯基普最终在那里安息。伊迪丝对一位困惑的报社记者解释道：“特迪（即罗斯福的昵称）不会忍心让斯基普留在那些对狗全不在意的总统那儿的。”

西奥多·罗斯福并不是唯一从狗那里获得慰藉的总统。詹姆斯·布坎南是入主白宫的唯一一位单身汉。他的身边总是能看到他的大纽芬兰犬拉腊。据当时的报道，这只 170 磅重的狗所以能出名有三个原因：巨大的尾巴；总是缠着主人；总是几个小时睁只眼闭只眼地躺着不动的古怪习惯。布坎南的侄女哈丽雅特·莱恩，在其任期内充当第一夫人的角色，既是优雅的主人，又负责安排他的约会。而拉腊则是总统的朋友和知己。

德怀特·戴维·艾森豪威尔提供了另一个也是狗作为伴侣的价值的十分重要的例子，尽管这是在他赢得总统选举前十年的事。那是只苏格兰猎犬，一种他钟爱一生的品种。1943 年，时任盟军最高指挥官的艾森豪威尔正在北非指挥一场旨在将德军从非洲大陆赶回欧洲本土的战役。战役期间，艾森豪威尔抽空给妻子玛米写了封信："来自一只狗的友谊是十分宝贵的。对于我们这些远离家乡来到非洲的人来说尤其如此。我有一只苏格兰犬，从它身上我找到了慰藉……我在和它的交谈中忘记了战争。"

艾森豪威尔在信中提到的那只苏格兰犬名叫凯西。这只小狗陪着他回到英格兰，在他筹划盟军登陆时也一直陪伴在身边。当艾森豪威尔在不列颠的盟军总部建立了基地后，在他身边也有了另外的伴侣。他和凯·萨默斯比的关系总是引来许多猜测。这个英国女人是他的私人司机。有关他们之间浪漫关系的传言无论真假，两人的友谊确实很真挚。萨默斯比相当了解艾森豪威尔，也很理解他对苏格兰猎犬的钟爱。她看到他在有狗陪伴时如此放松和满足，于是又送给他一只苏格兰犬，名叫泰莱克，让它在战争结束前和回家途中给艾森豪威尔和凯西做伴儿。

另一个在危急时刻从狗儿身上获得安慰的总统是约翰·菲茨杰拉德·肯尼迪。人们一般认为肯尼迪时的白宫到处都是狗。事实上在他被刺身亡时，白宫里总共住着九只狗。而他在 1961 年入主白宫时，仅带来一只名叫查理的威尔士小猎犬。这只狗其实是他女儿卡罗琳的，但却被肯尼迪当做自己的特殊伴侣。

与特迪·罗斯福家一样，狗儿也是肯尼迪家里娱乐的焦点。肯尼迪常去白宫游泳池游泳，那里也是查理经常光顾的地方。游泳池边放着皮球和玩具，总统常把这些东西扔出去让查理捡回来。肯尼迪的孩子们却不满足于这样简单的游戏，他们有自己的游戏。他们把玩具扔到尽可能靠近父亲的水中，这样当查理紧跟着玩具充满激情地跳入水中时，就会跳在总统身上，这时孩子们就会爆发出阵阵笑声，而总统则被这枚长毛导弹弄得在水里乱扑腾，溅起阵阵水花。查理成了一个优秀的游泳健将，以至于它的存在给时常停在总统府周围的喷泉和水池里的鸭子们构成了不小的威胁。

据白宫官员说，查理在肯尼迪的家庭动物园里是群犬之首，它自信的性格使它在总统府的大多数时候，总是让那些上门惹麻烦的狗们伤痕累累、灰溜溜地走开。官员们知道，不论怎样查理都是对的，都该受到保护。后来查理学会了一招，这使它从此不再被白宫周围的园丁和工人喜爱。它会悄悄走到正在挖土的工人背后，挑准时机，然后突然扑到他身上，咬住他的臀部，或是扯住他的腿。这一闪电游击战一秒钟内就结束，查理随即兴奋地窜过草坪，让它的受害者无法追上。有一个工人向管理员抱怨查理咬人太狠，甚至出血了，他得到的回答是："让它去吧。如果是其他狗，我们还能做些什么。但这只狗不同。如果你们俩中只能留下一个，那肯定是你走人，而不是查理。"

尽管查理在白宫官员中口碑不佳，但却给其主人带来了巨大的安慰。白宫养狗人特莱弗斯·布赖恩特举了一个令人惊讶的例子。在古巴导弹危机期间的某个下午，布赖恩特被叫到总统办公室。他回忆说："当时很混乱。我站在离总统办公桌10英尺的地方。新闻秘书皮埃尔·扎林格在办公室里十分忙碌，传送消息，发布命令，而总统坐在那里，看上去忧心忡忡。有报告说俄国舰队入侵，而我们的舰队正在阻挡。看起来是场战争。出乎意料的是，肯尼迪突然让我把查理带到他办公室。”

这个命令让布赖恩特感到惊讶，但他还是冲了出去，几分钟后带着那只蹦蹦跳跳的小家伙来到了办公室。总统展开双臂，查理朝着他的怀里跳去，总统在半空中接住了它，把它放在腿上。房间被一些重要的信息、忙乱的助手以及焦虑的气氛充满了。总统就坐在正中，爱抚着他的狗。狗儿机警地看着这一切，仿佛知道正在发生什么似的。时间慢慢过去，肯尼迪还是在那里抚摸着他的狗，似乎渐渐放松下来。好像过了很久，总统让布赖恩特把查理带出去。当查理被从他手上抱起时，肯尼迪笑了，表情看上去也镇定了许多，他靠在桌子上说：“我想该是做决定的时候了。”当然，政治上的危机还有待在场的官员们来解决，但肯尼迪个人的情绪危机却似乎经由一只在走廊里蹦蹦跳跳的淘气小狗缓解了。

总统职位是一个政治职务，总统也是个政治造物。因而有的总统通过他们的狗来塑造自己的公众形象的做法并不奇怪。第一个这样做的总统是安德鲁・杰克逊，他出生在南卡罗莱纳州的一间小木屋里，曾是一个将军。为了提醒公众他仍然是个普通人，并没有背叛他卑微的出身，他在白宫里养了一群猎犬和一些显然品种不纯的狗。

威廉・亨利・哈里森是1812年战争中蒂帕卡怒战役的英雄，他是第一个带狗参加竞选活动的总统候选人，这是为了显示总统候选人更有人情味的一面，并且让人借此联想到他的价值观。这招似乎很奏效，当时的政治漫画总是把哈里森和他的狗画在一起（有时也把他与狗的头或是狗的身体画在一起），报道中也从来不忘提到这种动物。比如在一篇关于弗吉尼亚的竞选活动的新闻报道中提到：“哈里森将军与州长友好会面、亲切握手。他的狗也模仿他摇动尾巴以示友好。”

沃伦・哈丁有一只可爱的艾尔谷犬，名叫“男孩”，它具有很重要的公关作用，经常出现在公众眼前，有时甚至还坐在特别为它设计的椅子里参加内阁会议。它总是和总统一起接见官方代表团。全国的新闻都报道过男孩的生日派对，其中最尊贵的客人是众议院和参议院议员的狗们。为这群参加晚会的狗儿们准备的特别礼物，是一个狗饼干堆成的高大的多层生日蛋糕。男孩成了重要的公众人物，以至于记者安排了对它的模拟采访，接着发表了一篇有趣的文章——“男孩对联邦重要事务的看法”。

不幸的是，哈丁的总统任期内充斥着丑闻。为了挽回公众的支持，他最后竟企图利用人们对狗的喜爱。他编造了“男孩”和一只虚构的名叫“虎”的狗之间的通信，这些“信”最后发表在一本名叫《国家》的政治杂志上。这些信件的内容都是在为哈丁做辩护，以证明他遵守了就职宣誓的誓言（后来证明这些都欺骗了政府）。在信中，他还赞美男孩在艰难的时事和人们的指责下仍然忠实于主人。男孩在回信中说，不管是人还是他的狗，都难免名誉受损或正直受到挑战，这是因为有人利用朋友的友谊而为自己谋利的行为所致。

我们永远都不可能知道这样操控公众看法的尝试是否有效。这篇文章刚一发表，哈丁和他的夫人就开始了巡回演讲。总统在途中病倒，在回到家中之前便去世了。据报道，此前在白宫里的男孩似乎感觉到了某些异常。在哈丁去世前三天，它举动反常，沮丧地在地上来回走动，总是长时间地吠叫。

另一个企图利用他的狗来操控公众看法的总统是赫伯特·胡佛，他给人的感觉是一个强壮、冷漠、高效的“社会工程师”。即使在他支持慈善事业时，仍然表现得坚定而严肃。在竞选总统时，他的竞选负责人认为他有必要让自己的形象变得柔和一些，于是他们散发了千余张他的签名照，照片上的他面带微笑，握着他的德国牧羊犬“金兔”的爪子。有报道说，主人和狗看上去都希望得到选民的支持。这似乎奏效了，因为他最后以绝对优势当选。

胡佛有好几只狗，但金兔是他最喜欢的，它常在总统往返于白宫和行政办公室之间时陪伴在左右。主人在工作的时候，它总是到处闲逛，因此和很多工作人员交上了朋友。有一个故事能证明胡佛的顽固、计较的脾气。有一次他在吃午饭的路上看到金兔和一个白宫守卫在玩耍。他吹哨让金兔过来，金兔抬头看了看，但并没有过去。胡佛又吹了声口哨，可金兔还是留在守卫旁边。于是总统立刻转身离开。就在那天下午，他下达了一条命令，禁止任何白宫工作人员和总统的宠物玩耍。

不幸的是，不管是胡佛还是金兔，他们都缺少一种适应性。在这个国家突如其来的经济危机面前，胡佛束手无策；金兔则因其主人的过分保护而患上了神经衰弱；它被送去康复，但却变得越来越压抑，不肯进食，很快就死了，因而胡佛的二次竞选便没有狗来做伴了。胡佛因执政不力而失去了名望，又没有了帅狗相伴时亲切的公众形象，在选举中仅赢得了六个州的选票，以惨败告终。

总统利用狗来提高公众形象的最著名的例子，应属理查德·米尔豪斯·尼克松。那是 1952 年，尼克松刚刚被共和党提名为副总统候选人，作为德怀特·艾森豪威尔的竞选伙伴。尼克松的政治生涯似乎已确定无疑。但《纽约邮报》发表的一篇题为《尼克松的秘密基金》的文章引起了公愤，他的名字几乎被从候选人中删去。事实上，这个基金根本不是秘密。出身工人的尼克松生活并不富裕。他在赢得众议院席位后，一些商人公开建立了一个大约为 1.8 万美元的基金，让身处华盛顿特区的他能够和家乡的选民保持联系。

面对这样一个威胁到自己事业的公关危机，尼克松想到通过电视来回应别人的指控，挽回公众对他的支持。他在节目中的解释非常精彩，令人同情，充满了温情。他否认在资金使用上有何不妥，他说：

“我的妻子帕特甚至没有一件貂皮大衣。她穿的只是一件普通布外套。”而当他请出自家的狗来打动观众时，长时间的掌声几乎使节目中断。他带着感情，声音有些颤抖地说：“在得克萨斯州，有人从电台里听帕特说我们的两个孩子希望能有只狗。不管你信不信，就在踏上这次竞选旅途的前一天，我们从巴尔的摩联邦火车站接到一个包裹通知。我们去领了。你猜那包裹里装的是什么？是一只黑白相间的斑点小獚猎犬，一位听众远从得州寄来的。我们六岁的小女儿给它取名为‘棋子’。孩子们确实喜欢这只狗。而我现在要说的是，不管别人说什么，我们都会留下它。”

结果令人难以置信。据报道，很多观众，甚至艾森豪威尔的夫人玛米也在当时流下了深情的泪水。艾森豪威尔的助手也擦拭着他们的泪水——要知道这是在 1952 年，那时男人不在公众场合流泪。这是政治上的成功。电影制作人达利尔·弗朗西斯是共和党的坚定支持者，他承认这是一种深思熟虑的改变民意的尝试。他致电，恭贺这场“他所见过的最精彩的表演”。不久后，当艾森豪威尔见到尼克松时说：“迪克，你真行！”尼克松挽救了自己的事业，而狗在操控公关方面的价值也得到了不容质疑的证明。

总统乔治·布什在 1989 到 1992 年的任期内，也利用他与狗的关系来巩固其公众形象；甚至有人认为他当选总统也与狗有关。尽管布什确实喜欢有狗相伴，但是当他需要自己看上去更人性、更普通时，正是他的夫人芭芭拉将他塑造成为一个真诚慈爱的狗主人的形象。还是副总统的时候，他就已是里根退位后共和党总统候选人的强有力的竞争者。不幸的是，他事业的天空中却飘着一朵乌云——他曾担任过中央情报局的首脑。很多美国人都对这个组织有所怀疑，因为在电影和电视节目中所描绘的中情局官员形象常常是邪恶的，他们不择手段，暗杀不同政见者、煽动革命。在好莱坞的电影里，中情局首脑更是恶贯满盈的策划者，他们对国会和总统隐瞒事实真相，企图颠覆整个国家，甚至是整个世界。布什在党内外的政敌总是利用他的这一形象使公众反对他。

而布什夫人芭芭拉有很强的社会责任感，在政治上也十分精明。在她丈夫还是副总统时，她就出版了一本书，名为《C．弗雷德的故事》。这本书是以家中的猎猎犬为第一人称，其明显的动机是为竞选筹集资金。当然，本书的内容是一只狗眼中的副总统的生活，用的是狗的语调加上芭芭拉的评论。书中充满了引人入胜的逸闻趣事：有布什任驻华大使时期的，有关于他的政治活动的（尤其是总统竞选时期的），还有关于他在副总统任期内的。书中还有许多弗雷德与布什一家的照片，大多都是副总统和狗玩耍或是正在把它介绍给显要们的照片。就连布什担任中情局局长这段在政治上广受非议的时期，书中也有一个小章节有所涉及。在这一章节中，弗雷德一改轻松的口吻说："乔治什么都不告诉我们。他说芭芭拉和我守不住秘密，所以他任何事情都不对我们讲。"这本书成功地改变了公众对布什的看法，将其塑造成了一个关心宠物、富有爱心的家庭成员，而不是一个邪恶的间谍首脑。

布什一入主白宫，芭芭拉就打算写另一部书，这部书是以C．弗雷德的继承者为第一人称写的，那是一条名叫米莉耶的猎猎犬。这本书的收入也会纳入教育基金。和C．弗雷德的书类似，米莉耶的书也是从狗的角度，用亲切的文字和照片讲述了布什的生活。这本书成了美国畅销书，为教育基金筹措了大约一百万美元，也为总统带来了不少支持者。然而，任何利用狗来进行的活动，在提升个人形象的同时也存在着令其难堪的可能性。在美国广播公司的一个电视节目上，主持人萨姆·唐纳森在白宫的橙黄椭圆厅里与芭芭拉谈起其新书，"狗作者"米莉耶也坐在旁边的沙发上。忽然，它跳了下来跑到房间中间，蹲下来便开始排泄。唐纳森大叫“米莉耶，别这样！我们正在上全国电视……米莉耶！”想要阻止它，但没有成功。或许是因为摄像机很快把镜头移开了，只是拍下了窘困的主持人和尴尬的第一夫人，而这个意外被观众当成一次单纯的放松，总统的名望未受损失。第二天早晨，地毯上的污迹已被白宫工作人员清理干净，而芭芭拉又接受了另一家国家电视台的采访。这一次米莉耶举止很得体，它的名声也随之恢复了。

当然，布什的政敌们不会喜欢米莉耶为其带来的良好公众形象，他们对“白宫里乱跑的狗儿们”非议不断。《华盛顿人》杂志在一篇关于美国最好的和最差的文章中，甚至极端地将米莉耶称为“最丑陋的狗”。媒体也欣然采纳了这一叫法。虽然布什从未正面回应过媒体对他的政治方针的批评，但当另一份刊物的一个记者问起他那篇报道时，他说他和米莉耶说起过此事，米莉耶认为对它的这种诋毁是不友好且别有用心的。此外，他还狡猾地补充道，作为一位懂得言论自由女士，米莉耶将不会再就此事发表任何看法。媒体对这一回应做了广泛报道。最后，那份杂志的编辑杰克·林佩特备受指责，以至不得不向米莉耶和民众公开道歉，并附寄上了一包狗食；而当布什以米莉耶的口吻做了礼貌的回复后，其民意支持率在那一周里大增：

> 亲爱的杰克：
>
> 别担心！你知道，米莉耶喜欢媒体宣传……真的，我一点都没受到伤害，你能写信来很感谢。
>
> 另外：汪！汪！谢谢你的狗饼干。

尽管米莉耶在塑造布什亲切可人的家庭成员的形象方面的确功不可没，但布什对狗的喜爱也确实是真实的。因为全家人都知道米莉耶会使他高兴，所以每次当他的直升机降落时，米莉耶总是被带来迎接，而布什一下飞机也总是先和米莉耶打招呼。布什甚至在马里兰州自己的休养地戴维营专门为它装了一台酷似口香糖售货机形状的狗饼干售货机。每天早晨，总统甚至还和它一起洗浴。米莉耶最终比它的主人更受欢迎，不仅照片上了《生活》杂志的封面，甚至它讲述自己白宫生活的自传比布什卸任后写的自传还畅销。另外，米莉耶还留下了一个活遗产——它在乔治·布什任期内生的女儿费彻·布什，后来又作为他主人的儿子小乔治的狗回到了白宫。

不管是否有人相信 C. 弗雷德和米莉耶是被故意用来塑造总统公众形象的，但有证据表明，布什的继任者比尔·克林顿和他的助手们确实把狗作为公关工具，这在他与莫妮卡·莱温斯基的性丑闻曝光之前就已被披露。那时在公众心目中，克林顿是一个充满爱心的父亲和丈夫。克林顿的顾问们担心他的女儿切尔西离开华盛顿去加州的斯坦福大学求学，将使克林顿失去其作为一个家庭型男人的形象，因为日后当总统飞机降落时，夫人希拉里和女儿上前迎接的照片将不再重现。由此他们想到一个解决这一问题的办法，即让希拉里和家里的一只狗一起来迎接。

在做出这一决定时，克林顿并没有狗，所以当然要选一只。他的顾问认为这只狗应该受最多选民的喜爱，而当时美国（实际是全世界）最受欢迎的狗是拉布拉多猎犬，因此这只狗当然应该是拉布拉多猎犬，但那不应该是一只黑色拉布拉多猎犬，因为它不上镜；也不应该是一只黄色拉布拉多猎犬，因为它又太上镜了，以至会喧宾夺主。最后的决定是，总统应该有一只巧克力色的拉布拉多猎犬。幸运的是，这只取名为巴迪的狗也确实很受克林顿的喜爱。他的夫人希拉里成为参议员后常常不在家，这只狗就成了克林顿不可或缺的陪伴。当他养了很久的宠物猫索克斯不肯和巴迪共处时，他最终选择放弃了索克斯。尽管巴迪的到来是出于政治上的动机，但它后来死于交通意外时，克林顿确实非常难受。

有时总统的狗不但没能提升主人的形象，反而令其受损，这或许因为总统们很少训练它们，使它们常在白宫里闲逛惹事。通常宠物惹下的麻烦很小，因此在当事人一家以外未有影响。比如林登·约翰逊的白色小猎犬汤木弄脏了总统办公室里的地毯；理查德·尼克松的爱尔兰蝶犬在同一间屋子里撕碎了另一块地毯。更早的比如约翰·泰勒的意大利灰狗长牙齿时，咬坏了总统房间里很多古老家具。泰勒的妻子朱利娅对此十分尴尬，用自己的私人储蓄修好了这些家具，以免在向国会申请维修费时让这只狗的丑事公诸于世，令自己更加尴尬。

有时候狗的无礼行为确实令人尴尬，从而产生那些朱利娅·泰勒所极力避免的负面报道。有一个关于卢奇的例子，这是一只弗兰德斯牧牛犬，是罗纳德·里根在第一个总统任期时有人送他的。牧牛犬是一种专门用来放养牛群的大狗。尽管它们很友好，但若训练不利则很难控制，而总统的日程表上又几乎没有驯狗的时间，于是这只狗便由着自己粗暴的本性，不断地乱咬里根的脚后跟，或者从旁边冲撞他，想把他“赶”过草坪。一次，卢奇甚至将他的腿咬出了血，这一行为通常是牧牛犬用来驱赶牛群更快前进时所采用的。这些有损尊严的照片在国内被公开，于是卢奇被送到了里根在加州圣巴巴拉的大农场，因为那里有牲口让它放养，而不是政客。

加尔文·柯立芝的狗也曾令他在媒体前尴尬不已。他有很多狗，也很爱它们。当媒体对他做报道时，他总是带着他的两只牧羊犬，普鲁登丝·普里姆和罗布·罗伊。比如普鲁登斯·普里姆出现在白宫草坪上举行的复活节晚会上，戴着它的复活节无边礼帽让摄影师们为其拍照，而柯立芝夫人格蕾丝也希望它和优雅的牧羊犬罗布·罗伊站在一起拍照。

柯立芝的狗被当做家庭中的一员，最后引来了一些对白宫现任主人的有趣评论，有一次是缘于总统在吃饭时，总是从桌上拿些东西喂狗的习惯。总统夫妇在他们旁边多放一个喂狗的盘子，里面有一些肉，每次一片。有一次，幽默作家威尔·罗杰应邀来白宫与总统一家共进晚餐，后来他发表了一篇文章，描述了当晚的情况，令全美人哈哈大笑。

“好吧。”罗杰在这篇典型的乡村风格的文章中说道：“他们给狗吃的东西太多了，有时我觉得我吃的还没有它们多。管家上菜的速度也实在太慢，我几乎都快四脚着地、汪汪乱叫了，或许这样我能多吃到一些。”

柯立芝所遭遇到的公关危机则是因为他的硬毛猎狐犬彼得·潘。这只狗没有受过训练，每当遇到客人或是白宫的工作人员时就情绪激动、难以控制。柯立芝觉得这很有趣，有时也会这样来提醒客人：“当心，彼得是白宫里会咬人的共和党人。”在一个温暖的夏日来了一些客人，其中一位女士穿着轻质长裙，腰带上的衣穗拖在身后。总统在白宫草坪上迎接他们，当这位女士转身的时候，不知是长裙发出的沙沙声还是挥动着的衣穗引起了彼得的注意。它马上扑向了她的长裙，咬住了裙子上不够结实的地方。只听一声撕裂的声响，裙子被撕碎了，这位可怜的女士的下半身暴露在外，无比尴尬。尽管一个机智的助手马上过来把自己的外套裹在了这位狼狈的客人的腰部，但柯立芝夫人格蕾丝对此难以容忍。她坚持要把彼得逐出白宫，送回马萨诸塞州的家中。当柯立芝看到了对此事件所做的添油加醋的报道时也不得不默认。

杰拉尔德·福特只是因为想做一个负责任的狗主人而竟成了媒体抨击的对象。他的狗是一只英俊的金毛猎犬，名叫“自由”，是普利策奖获奖摄影师戴维·肯纳利送给他的礼物。肯纳利是在白宫工作的摄影师，想买只狗给他的上司一个惊喜。于是他给明尼苏达州的一对受人尊敬的饲养员夫妇打了电话，这对夫妇因坚持要为狗找到好主人而闻名。他们在决定将狗卖给肯纳利前问他很多问题，比如未来的狗主人是不是有一个用栅栏围起来的院子。肯纳利回答是。饲养员又问他那人是租房还是拥有自己的房子。肯纳利回答说："他们实际上住的是公房，但是丈夫有一份很好的工作。"饲养员并未被打动，于是肯纳利最终不得不透露他是在为联邦总统买一只狗。

"住在公房"并不是杰拉尔德·福特的公众形象中最差的部分，而是两个不幸被摄像机拍摄下来的小意外——他下飞机时撞到了工作人员；走上讲台的时候被台阶绊倒。很快，这样的印象也被很多喜剧作家和专栏作家拿来做素材，最后他被看成一个既不聪明也不能干的人。不幸的是，他的狗"自由"又强化了这样的印象。

这只漂亮、温驯的狗开始时的确为福特赢得了人们的喜爱，而且他也确实非常喜欢它，这让他更受欢迎。但有一个晚上，照看自由的饲养员没在白宫，这倒并未让福特为难，因为他养过很多狗并愿意自由陪在他身边，于是那晚他决定自己照看这只狗。饲养员的留言说自由每晚都要去白宫南草坪做"午夜商务旅行"，而福特也乐意带它散步。他在睡前穿着睡袍带狗出去散步。但不幸的是，他在此前忘记通知负责守卫的安全人员。当总统带着这只金毛狗在草坪上漫步时，白宫被上了锁。福特回来时想乘平时一直使用的那部电梯回到住处，却发现电梯没有反应。于是他走楼梯到二楼入口，却发现门也上了锁。福特便开始猛跺地板以引起保安的注意。突然所有灯都亮了，武装人员冲向噪声传来的方向并将其包围。总统穿着睡衣，站在狗旁边，被探照灯照着；全副武装的联邦人员用枪对着被锁在白宫门外的他——这样的情形令福特已然糟糕的公众形象更加不堪。最终，他的这一形象被政敌利用，使他在下一届的总统竞选中以微弱劣势落败。

或许因狗而形象受损的最出名的例子出自林登·约翰逊这位爱狗的总统。约翰逊的两只毕尔格猎犬“他”和“她”因上了《生活》杂志的封面而成为名狗。除此以外，还有一只名为布兰科的虽有些神经质但仍然很可爱的白色牧羊犬，以及一只名叫汤木的猎犬。约翰逊非常喜欢有狗陪伴，他的圣诞卡片上的照片都是“他”和布兰科站在自己身边的照片；每张卡片上都有他的签名及两只狗的爪印。此外，在女儿卢奇在白宫的婚礼上，约翰逊还打算把庆典的一部分留给狗儿，但夫人伯德不同意这样做，而总统还是偷偷地把狗带来和全家人一起拍了结婚照。

他喜欢有狗相伴的习惯使在有关自己的新闻报道方面遇到了麻烦。一天他为了取悦摄影师而让两条毕尔格猎犬玩把戏。像约翰逊这样高的人想要靠近像毕尔格犬这样的小狗时，就必须弯下身去。当“他”为此而舞动时，总统就抓住了“他”的最方便的部位——它那又大又软的耳朵。显然约翰逊当时想到了在得克萨斯常见的情形——农场主接近一窝小毕尔格犬幼崽，抓着耳朵拎出一只。只有小狗崽才能抓着耳朵拎出来，因为它们还很轻；但当它们长大、体重增加时，耳朵被拎起时所承受的重量会使它们很不舒服。约翰逊抓住“他”的耳朵，狗便开始尖声吠叫。“你看，拉耳朵对猎犬有好处。”约翰逊试图以平静的口吻说，“了解狗的人都知道，你们刚听到的叫声表示狗开始注意你了。”

狗被抓着耳朵尖叫的照片当晚刊登在各大新闻媒体上，且普遍不受欢迎。接在许多报道之后的都是犬类专家对约翰逊伤害狗儿的批评。美国狗窝俱乐部、全国毕尔格犬俱乐部、美国防止动物虐待协会以及一些州立或是全国兽医协会都纷纷谴责这种伤害行为。那一年在加利福尼亚州举行的玫瑰花车游行队伍中，甚至还有一辆载着一只巨型毕尔格犬的游车，它的耳朵高高地耸向天空，同时一位演讲者从它的嘴里喊着："疼呀!"

约翰逊的名誉因此而大受损害，但这并未阻止他允许电视台摄影师进入白宫办公室，拍摄猎犬于吉坐在他的腿上一同唱着——或是吠着——一首民歌、然后又是一曲歌剧咏叹调的情形。媒体对于这一事件的批评绝不亚于音乐评论家，后者认为让狗"号"古典音乐，就如同让总统对古典音乐做一番贬低一样。还有些人不理解这对人们本该对总统抱有的礼貌和尊重会有什么影响。约翰逊对这样的批评倒似乎很高兴，他开心地挥舞着一份对这次表演做了报道的报纸说："这些评论并不都是不好的。比如这篇文章就说我唱的几乎和狗一样好。"

上面讲述的这些事件总的来讲都是小事，但确实损害了总统的公众形象，即使只是一时的。而还有一些由白宫的狗所引起的事件却产生了很大的政治影响，甚至国际反响。比如西奥多·罗斯福的公牛犬皮特，性格刚烈，如果有人惹恼了它，它就会毫不犹豫地用牙齿予以还击。有一次它咬了一位海军军官及几位内阁成员。罗斯福轻描淡写地说这一事件只是说明了"动物的本性"以及"它对他们政治立场的态度"。不幸的是，皮特的挑衅行为不断增加，有一次它在白宫走廊追着法国大使朱尔·朱瑟朗，最后撕下了他裤子的后部。报纸对此大肆报道，法国政府对此也颇有抱怨。为了不让它再次危害美国和法国的关系，皮特被送回了罗斯福在酋长山的家中。

有趣的是，西奥多·罗斯福的远房侄子富兰克林·德拉诺·罗斯福也遇到了类似的窘境。这次的这只狗名叫"少校"，是一只德国牧羊犬，被咬的对象则是英国首相拉姆齐·麦克唐纳。少校咬得太狠了，以至于麦克唐纳的整条裤子都被咬了下来，他不得不换一条裤子才能体面地从总统府邸出去。尽管没有来自官方的抱怨，但对罗斯福来说相当尴尬。毕竟，这只德国种的狗咬的是英国首相，又恰恰发生在德国欲对英国宣战时，而发生的地点是在白宫。媒体当然不会忽略这一象征意义，少校也被送回了罗斯福在海德公园的家中。

罗斯福的狗总是惹麻烦，引起恐慌。比如一天清晨，罗斯福在白宫安排了一场早餐外交会。当时战事频繁，时间紧迫，许多决定必须尽快做出。为了抓紧时间，白宫的工作人员已经摆好了盘子，每个盘子里面都放着一份培根、蛋和炸土豆。接着服务生打开门引导客人进来，结果却发现总统的卢埃林猎狗温克斯坐在了桌子上。它已经吃完了 18 份早餐！温克斯因为那天的鲁莽举动惹了不少麻烦，但总统却大笑不止。桌子被清理完后又匆匆换上了馅饼和咖啡。罗斯福一边吃早餐，一边喝着咖啡。他看着杯子，然后对狗刚才的行为评论道："温克斯之所以没在咖啡里打滚，仅仅是因为咖啡还没被打翻。"

还有一次事件与罗斯福的狗有关。这次是麦吉，一只苏格兰猎犬，是罗斯福在得到他那最著名的狗法拉之前的一只狗。麦吉变得越来越让人讨厌，但罗斯福的妻子埃莉诺还是不让别人训练它。它总是追得女仆在大厅里乱跑；它咬她们的扫帚、拖把、掸子。有关它的粗野行为传出白宫，于是著名记者贝丝·弗曼决定对此做深入了解。在一次就重要事务对总统所做的采访中，她提到了麦吉的冒失行为。罗斯福笑着说："我不是时时刻刻都在它身边的。也许你该采访它。"

弗曼拍拍她旁边的座位，麦吉心领神会，接受邀请跳到了沙发上。接着弗曼直视着这只猎犬的眼睛，严肃地问："麦吉，你淘气吗？现在向公众坦白你究竟做了些什么吧。"猎犬的反应是狠狠对着记者的鼻子咬了一口。这便是犬类对媒体的开放！

有时候，一些媒体和罗斯福的政敌会故意利用他的狗来让其陷入困境。罗斯福的苏格兰猎犬法拉就是其中之一。法拉是总统的伙伴，甚至晚上都睡在总统的床上。法拉之所以总是在新闻里出现，部分原因是每当要举行新闻发布会时，它都能感觉到。只要记者进来，法拉也就会冲进来，坐在总统脚下，就和它在内阁会议上做的一样。

法拉在很多方面都成了国家的象征，这只是因为人们常见到它和总统在一起。然而和其他总统一样，罗斯福也常常有意识地利用狗来提升自己的公众形象。比如在一次鼓动大众为战争筹款的活动中，法拉成了名誉士兵。这一称号的获得是因为以它的名义筹集了一美元的现金。公众也获得了同样的机会，于是全国上万只狗也成了名誉士兵。所筹集的资金被用于支持与战争有关的军事活动。

罗斯福喜欢让法拉陪着他，渐渐地，这只狗期望自己出现在任何场合中。比如，当罗斯福的陪同人员准备出发参加罗斯福的第三次总统就职典礼时，法拉也跳进了车里，坐在主人的身边。然而这次的座位是留给参议院和白宫发言人的，于是总统想把它赶下车，然而法拉和他靠得更紧了。罗斯福笑着对负责白宫安全分遣队的汤米·卡特斯说："你能查一下这个人的邀请函吗？如果它没有的话，就让它别来了吧。"卡特斯温和地把这只黑狗拎出了车外。

而在其他时候，法拉则很成功，它常常在总统参加一些国际会议时陪伴在左右。1941 年，罗斯福和温斯顿·丘吉尔在"奥古斯塔号"游船上签署大西洋宪章时，法拉就在他身边。它还和两位领导人一起合了影，当然与两位一起合影的，还有丘吉尔的狮子狗鲁弗斯。

在 1944 年的总统竞选中，共和党方面有人发现可以利用罗斯福和法拉之间的伙伴关系来诋毁总统作为领导人的可信度和名誉。为此他们散播了一条谣言，说罗斯福在法拉的事情上假公济私，滥用了他作为军事领导人的权力。据传，一次在总统访问之后，法拉被落在了阿拉斯加外的一个小岛上。在发现后，罗斯福浪费公众资源，派遣海军战舰去搜寻这只狗。但让反对者失望的是，在一次全国广播节目中，罗斯福推翻了反对者的毁谤。他在节目中向全国观众解释道："共和党的领导人并不满足于攻击我、我的妻子还有我的孩子。不，他们更笨，还不满足，现在把我的狗法拉也扯进来。但法拉并不恨他们。大家知道，法拉来自苏格兰。而作为苏格兰狗，当它听说共和党的小说家编了个故事，说我把它留在了阿留申岛上，为了寻找它还派遣驱逐舰——花费了纳税人200万、300万、800万甚至2000万美元时，它的苏格兰的心生气了。它再也不是那样的狗了。”罗斯福的名誉未受丝毫损伤，又一次赢得了竞选。

然而，对罗斯福来说，法拉与其说是一个政治符号，不如说是他的私人伴侣。1945年4月12日，这只狗陪着总统去了佐治亚州的松山温泉。那个下午罗斯福感觉很糟糕，躺在床上，法拉则躺在房间另一头的一张床上。下午3点35分，法拉忽然跳起来，瞪着主人的方向。它一边叫一边呜咽，迅速转身，它似乎是在看着或者跟着什么人眼所不能看见的东西。它一边哀伤地呜咽着，一边冲到了房间的另一头，它的眼睛盯住了空中的什么东西。这只小黑狗冲出了房间，冲下过道，眼睛仍然看着天空，又冲出了纱门。与此同时，医生宣告总统死亡。

法拉最后一次陪着它的主人从温泉回到了白宫，然后抵达了海德公园，在那里，罗斯福总统安息在哈得逊河岸边的玫瑰花园中。根据罗斯福的遗愿，几年后法拉也安葬在那里，最终像往日一样地躺在了它深爱的主人身旁。

可能最受美国人民爱戴的总统是亚伯拉罕·林肯。他在内战期间结束了奴隶制度、保卫了联邦的统一。他一生的故事之所以迷人，部分是因为他的崛起，部分是因他的戏剧化的被暗杀，同时也与他与众不同的个性——人性及幽默——有关。对于历史学家和政治家来说，这与他作为发言人为民主所做的雄辩有关，在其中，他论述了拯救联邦的重要性——不仅是为了联邦本身，也是为了贯彻建立在平等与正义的原则之上的民主政府的理想。然而，如果没有两则与狗有关的故事，那么林肯一生的故事将是不完整的。

1809 年，林肯出生在肯塔基州霍金韦尔附近的一间小木屋里。父亲托马斯·林肯是一个坚定的开拓者，性情严肃，深爱着他的家人；母亲南希·汉克斯是个脆弱的女人，抑郁消沉，热衷于宗教。

托马斯·林肯在被剥夺了肯塔基农场的所有权后，带着妻儿（亚伯拉罕和妹妹莎拉）来到了印第安纳州西南的新家。亚伯拉罕靠帮忙清理牧场、照看农作物而勉强度日，后来林肯在回忆起这些事时，坦承“有时相当痛苦”。1818 年秋天，当时只有九岁的亚伯拉罕，身穿粗布衣服，目睹了父亲将母亲埋在森林中。

失去了母爱，孤独的亚伯拉罕一有空就去农场附近游荡。很快，一处连在一起的石灰石岩洞吸引了他，他花费了大量的时间在其中探险。在一次探险途中，他发现了一只受伤的棕白色小狗。这只狗没戴项圈，林肯从未在附近见到过它。他立刻有了一种带它回家疗伤的冲动，但他面临着两个问题。第一个是体力方面的。这只狗和大猎犬差不多，他得抱着它走数英里路——这显然超出小男孩的能力。其次，他想父亲不会同意养一只“没用的”狗，很可能把它当做又一张只会吃的嘴。于是林肯在一个山洞口倚山坡造了一间小屋，每天都给小狗带来水和食物。他为小狗取名“哈尼”，把母亲死后所失去的爱全部给了小狗。

时过境迁。就在哈尼渐渐康复时，托马斯·林肯带着一个女人——他的新妻子、孩子们的新母亲——回到了肯塔基州。萨拉·布什·约翰斯顿·林肯是个有着两女一子的寡妇。她精力饱满，温柔慈爱，将所有的孩子都视为亲生。她特别喜爱亚伯拉罕，而他也很快把她当做“天使母亲”。随着亚伯拉罕的爱与信任的增加，他决定冒险把哈尼带回家。

令亚伯拉罕安慰的是萨拉接受了这只狗，条件是他必须把原先去山洞照顾小狗的时间用来读书。尽管如此，正如他后来所描述的，他最终受到的教育只有一点点，即零零星星的教育，而他全部的正规教育只是比一年的学校教育多一点而已。他确实学习过阅读、写作和基本的算术，而且成为一个贪婪的读者。他借来书，坐在火堆边阅读，将头靠在哈尼身上，就好像它是一个枕头。

11 岁的林肯还有着对探险的渴求，常回到山洞里进行“冒险与探索”活动，旅途中有哈尼陪伴。一天下午，林肯仿佛听到在一个山洞下面有水声。他记起有一个故事中说，在一个地下河边的山洞里面埋藏着巨大的财宝。这使他十分兴奋，冒险朝着他认为是水声传来的方向爬。突然，他踩在石头上滑了一跤，失足掉了下去。火把灭了，他也伤得很重，在漆黑的山洞里迷失了方向。此时，在他上方几英尺的地方，哈尼开始疯狂地吠叫。林肯绝望地想要循着狗叫声找到方向，但这很难，因为狗叫声在整个山洞中回荡，而且他在黑暗中也找不到任何小路或者有助于爬上陡坡的攀援物。

而在上面的哈尼也越发激动了，它的吠叫变成了撕心裂肺的号叫。它冲出洞口，又回到了主人刚掉下去的深渊边缘。山洞正好就在一段废弃的铁轨边上，离山洞口 100 多码处有很少使用的货车轨道。这个日后将联邦从分裂中拯救出来、并将黑奴从奴隶主手中解放出来的人，此时却在地下洞穴里痛苦挣扎，他与外面唯一的联系就是一只爱他的狗在为他大声呼救。幸运的是，一个农民和他的两个儿子在经过时听到了惊慌的狗吠声，这个农民以为是狗在附近围住了一只熊，于是让他的两个儿子带着步枪前去看个究竟。他们来到山洞边并小心地进去。一个男孩想要让疯叫的狗平静下来，问它：“你逮住了什么？”

从黑漆漆的洞里传来隐约的呼救声：“我不是被逮住了，只是被困住了。”

终于，在个把小时后，农民用绳子和驴把林肯从洞里拉了出来，使美国历史得以按照我们现在所知的进程演进。萨拉后来知道后既担心又害怕，她让林肯保证不再去山洞探险，并说："你欠它一份情。印第安人说，如果有人救了你的命，你就要对他的余生负责。你曾救它一命，它也还了你一份情。现在你们俩已经向神起誓注定在一起了。"

哈尼一直留在林肯身边——尽管父亲粗暴地反对，哈尼还是和林肯睡同一张床——直到他们全家搬到伊利诺伊州的前一年。林肯后来这样描述："我起床后发现，哈尼——我三个母亲中的第二个——那天夜里已经死了。它让我又想起了我第一次失去母亲时的痛苦。"

搬到伊利诺伊州时，林肯 21 岁。他不想做一个农民，因而做过很多职业，从围栏切割工人到零售店主、邮差、检测员、印第安斗士，甚至还自学法律并在通过律师资格考试后做过律师。最后，他当选为伊利诺伊州议会的议员。

就和做过很多职业一样，他也和很多狗一同生活过。其实大多数狗都不是他的，而只是来"拜访他的孩子们的"。据林肯在伊利诺伊州的法律拍档威廉·亨利说，如果林肯的孩子"想要狗或是猫……那很好，它们总是受款待、受宠爱、住好、吃好，等等。"

尽管有时林肯说动物只是孩子们的宠物，但它们在他的生活中也确实起到了疗伤的作用。林肯常因抑郁而无法工作，他的狗——有时是猫——就是将他从绝望中拉出来的救生索。亨利这样描述："当他思考得疲惫时就得休息一下，恢复精神。如果疲惫得无法工作，他就会带着小狗小猫出去走走。精力一旦恢复，他就会留下这些小动物自己玩耍。"

林肯对狗的喜爱不止一次惹夫人生气。林肯喜欢讲起一个关于"吉普"的故事，这是他养过的唯一一只纯种狗，是他在做律师时一个代理人送给他的。这只狗直腿、中等个头，是一种在当时被叫做费尔犬的猎犬，后来在 1925 年又被重新命名为湖泊犬。尽管林肯经手的官司都相当成功，但工作很艰难，经常离家在外。他发现自己不仅必须在斯普林菲尔德（伊利诺伊州首府）开业以维持生计，还必须跟着巡回法庭外出。春秋季节，他总要坐着四轮马车在大草原上旅行，从一所乡间别墅来到另一所，寻找案件和代理人。他的工作时间很长但报酬并不高，还常常独自一人度过黎明与黄昏。吉普的陪伴使他不至过于孤独。这只狗坐在四轮马车上林肯的身边，用一阵吠叫来宣告它的存在。

林肯说，在一个冬日，他停下马车冲洗马匹，吉普跳下马车，在沃巴什河岸边的薄冰上玩耍，冰碎而掉进河里。林肯担心它不能游回到湿滑的岸边，或者在安全回来之前就已被冰冷的河水冻僵，于是这位未来的总统毫不犹豫跳进冰冷的河水中救起了小狗。岸的坡度比林肯想象得要陡，他忽然发现冰冷的河水已经到了他的胸部。他不顾刺骨的寒冷，尽力抓住他的狗爬回岸边。在故事的结尾他自嘲道："它被我救出来时已经冻僵了，还在不停发抖。它抖得太厉害了。我想给它喝几口威士忌，但浪费了半杯才把瓶口对准了它的嘴。不过我想它喝够了，因为它的确活过来了。剩下的酒让狗主人也暖和了。"

林肯接着说："当我将这些事讲给我亲爱的夫人玛丽时，她很生气。'林肯先生，'她说，'你太关心狗的安全而不顾及自己，寒冷引起的肺炎很可能让你送了命。你还笑着说不是很冷。好，先生，我告诉你，你要是再为了狗做傻事的话，今年你就自己睡觉，去体会什么叫真正的寒冷吧！'"林肯说到这里停下来笑了笑，最后说："这样的寒冷我可不愿意尝试，下一次可怜的老吉普只能自己求生了。"

吉普死于林肯当选总统五年前，一只未知品种的软耳朵、硬皮毛的狗代替了它。这只狗叫菲多，和吉普一样，它也常和林肯在一起。

斯普林菲尔德的人们总是看到林肯拎着个袋子和菲多在街上散步。林肯常到比利的理发店理发，菲多则在外面乖乖地等着。有时小孩子路过看它时，它也就又蹦又跳地和他们玩耍。

当选总统的消息传来时，林肯立即准备迁往华盛顿，夫人玛丽·托德想趁机摆脱这只狗，因为她觉得林肯太迁就这只狗了，即使爪子很脏也让它进屋，允许它在餐桌上纠缠客人，或者跳到家具上面。"人们不会容忍一只狗——即使是总统的狗——弄脏白宫的地毯、弄坏那里的古董家具。这都是公共财产，只是交由总统代管，不允许被动物弄坏。"

林肯不想和夫人争论，同意不将菲多带走。但是他把菲多留给当地一个木匠约翰·埃迪·罗尔照看，一直到他任期结束。看起来玛丽·托德·林肯就丈夫待狗的方式所做的评价是相当正确的，这从他留给罗尔一家的叮嘱里就看得出来。他明确让他们不要责怪菲多，如果它带着泥泞的爪子进屋的话；不要把它单独拴在后院里；还有，只要它一抓门，就要让它进屋；一家人在一起吃饭的时候也要让它进来，而且也要喂它吃，因为这位新总统解释说，菲多已经习惯了坐在桌边的人都喂它东西吃。最后，为了让菲多感觉和在家里一样，林肯还把菲多最喜欢的马毛沙发送给了罗尔一家。

林肯的两个儿子塔德和威利因为不能带上菲多而很难过，而林肯也不愿因为狗而和玛丽争执，于是带着孩子们和狗一起去英戈米尔照相馆照相。英戈米尔先生在盥洗盆上遮了一层东西，把菲多放在上面。之后他给狗拍了很多不同姿势的照片，孩子们只在旁边看着而没有与狗合影。当时摄影技术尚处在初级阶段，被认为是个奇迹。两个孩子都拿到了一份菲多的照片，林肯告诉他们这样就和菲多在身边没什么两样了。孩子们不相信父亲的逻辑。不管怎样，菲多毕竟是第一个拍过照的总统的狗。

偶尔来自斯普林菲尔德的有关狗的信会使孩子们感到安慰。1863年，威廉·弗洛里（就是总统的理发师比利）在一封信里这样写道："告诉塔德，他（还有威利）的狗活得很好，常和罗尔一家的孩子们在一起，现在他们已经和塔德和威利去华盛顿时的个头差不多了。"

1865年林肯遇刺后，全国成百上千的悲伤的送葬者来到斯普林菲尔德参加葬礼。他们来到林肯的家中表示敬意。激动之中的约翰·罗尔也带着菲多回到了原来的家中，和悲痛的公众见面。一个见过菲多的人说："抚摸着总统的狗，让我感觉触摸到了总统本人，感受到他的慈爱。狗在这悲痛的时刻给我带来宽慰，正如它也曾给总统带来宽慰一样。"

不幸的是，菲多也和主人一样，在一年后也死于刺杀。它一生都活在爱中，在信任和爱中长大。令人悲伤的是，正是这一点使它在1866年悲惨地死去。这只硬毛大黄狗看到了一个躺在它家门前过道上的人，于是调皮地走到这个陌生人前舔他的脸。那人当时喝醉了，醒来时看到狗张着嘴在他脸旁，恐慌地拔出刀，刺死了这个他所认为的攻击者。

不过，菲多还给我们留下了一样东西，那就是它的照片。1862年，林肯及其内阁正在考虑有关南方奴隶制度的立法程序和宣言。内阁中的激进派想要完全废除奴隶制度，而更多的保守派成员，比如国务卿威廉·苏厄德和将军蒙哥马利·布莱尔，则建议让行动的进程更慢一些。等到人们都清楚了解林肯倾向于废奴法令时——这也就意味着总统在直接行使他的宣战权力，并且不需要国会通过——一些谨慎的内阁成员开始想别的办法。考虑到颁布法令已不可避免，很多人提出了一些关于宣言标题的建议，以使措词尽量柔和而不至让奴隶主感觉自己被剥夺了财产。林肯听了内阁成员的争论后，以他惯有的风格讲了一个故事。

"先生们，你们知道，我从我的狗菲多那里学到了不少，其中一些也许在这里有用。"林肯拿起了一张放在办公室里的菲多的照片，指着它说，"现在想想我的这只狗。布莱尔先生，作为将军，你的数学一定很好。让我问你个问题吧。如果你将它的尾巴叫做腿，那么我的狗有几条腿呢？"

布莱尔疑惑地看着他，回答说："五条。"

"错了。"林肯回答说，"把尾巴叫做腿，这并没有使其变成一条腿。我们能从菲多身上学到这一课，并将我们的这部法令命名为'废奴宣言'，让它用上帝赐予的每一条腿稳稳地站立着。"

第 20 章

如果没有狗，历史将会怎样？

如果说狗对人类文化和历史的影响真的有这么大的话，那么我们不禁要问，为什么在政治、文化和社会的历史长河中没有明确记载过狗的贡献呢？这里所说的都是一些将狗置于故事中心的事件。狗的一些行为，甚至有时候就是它们在一些场合的出现改变了一个非常重要的人的一生，这似乎也就足以证明狗影响了历史这一结论。但这一说法要成立有几个前提条件，其中有一种被叫做“反事实推理”的方法，也就是说“要是……又会怎样？”这是历史学家在思考重要历史事件时所采用的推理方法。于是，历史学家就要问：“如果这一事件发生了，或者没有发生的话，一系列历史事件的结果是否会改变呢？”因此对于狗，我们也可以这样问：“如果那个重要人物没有遇到狗或者和狗没有关系的话，那么历史事件会有不同的结果吗？”

问题就在于历史学家很少提这样的问题，他们感兴趣的是政治运动、社会矛盾以及塑造了过去和今天的那些人类的决定和态度。然而，要说像狗这样如此平常的动物也能改变历史进程的话，这种说法就显得有些不严肃了。也许社会精英们会养狗，或者非常喜欢狗，但说狗能改变历史的可能性就不大了，这种说法从来就没有被认真地考虑过，也就没有人会提出反事实推理的问题来论证它的重要性了。

也许，正是因为狗是种太常见的动物，所以它们对历史的贡献被忽视了。过去的州和地区的文献记录以及现今的媒体报道，所关注的都是重要的事件，所记录下来的事件也都是关于资金、土地开发、军事行动、社会现状、领导人的声誉、国家荣誉、宗教以及自由等话题。而那些平常的事件则被看成是人人都应该知道的，因此也就根本没有被记录下来。举例来说，我的一位同事想要追溯一下内衣的历史。在我们现今的时代，内衣是一种时尚，并且已经受到了极大的关注，然而在过去的年代中，内衣是每个人都有、都使用并且都知道的东西，所以当她将目光瞄准 19 世纪中期的时候，她发现内衣的线索突然中断了。于是我们也就不可能知道乔治·华盛顿和恺撒大帝穿的究竟是什么式样的内衣，如果他们真的穿的话。最终，她只好去浏览大量的私人书信和日记了，因为只有在关系亲密的人之间才会谈论日常生活中诸如内衣之类的事情，才会有个人对其所持有的看法以及互相间的交流。

对于狗来说，事实也是如此。人们会和朋友及爱人说起他们的宠物；我们通过书信、日记和随意记下的谈话内容以及照片背后的说明发现，狗在人们的生活中占有很重要的地位。如果你去看一位在历史上有着重要位置的人物或者和他亲近的人的日记的话，你会发现潦草的字迹记录的都是些琐碎的事，但你也常常可以发现，狗在无意间改变了人生，从而也间接地改变了一段历史。

举例来说，我们只有通过伊萨克·牛顿爵士和他人的通信，才知道他养了一只叫做“钻石”的狗。毫无疑问，牛顿是17世纪科学革命中一位最重要的人物，他发现了万有引力定律，并且他的三大运动定律也被视为现代物理学和机械运动的最基本原理。此外，他对光学也作出了贡献，使我们对光的本质有所认识，同时也让我们知道了一种叫做微积分的数学计算系统。

然而，牛顿的巨大成功和他广为人知的科学生涯却与他相对单调的社交和个人生活形成了鲜明的对比。在科学领域之外，他很少与其他人有亲密关系；他与女人仅有的联系只是与母亲之间的不幸的关系——母亲抛弃了他，以及后来他对侄女的监护关系。另外，没有证据显示在他的一生中爱过任何女人，同样，他和男人们的关系也不是很好。

尽管他声称自己是一群年轻科学家的赞助人，但实际上他是以一种专横而又居高临下的态度来对待他们的，完全不把他们当朋友看，好像这群年轻人是他的信徒一样。他与同时代的科学家的关系也不温不火，总是有所保留，因为他不是把这些科学家看做他的同事，而是看做他的竞争对手。实际上，唯一能从牛顿身上找到的类似于爱或者关心的感情的证据，就是他对一只狗持续了很长一段时间的感情。

牛顿的狗是一只叫做钻石的奶白色波美拉尼亚犬，那时候的波美拉尼亚种犬要比现在的个头更大一些，但性情相似。钻石一般被描述成一只中等身材的狗（大约35磅重），非常活跃，会保护主人，至少已经尽职尽责地发挥了自己的能力。所以说，它是一只非常合格的看门狗，但也正是它的这一特征后来给牛顿造成过不小的麻烦。

牛顿在信中解释那篇论述万有引力法则的论文的发表被延迟的原因时，提到了关于狗的故事。那时，牛顿正在做最后的修改，他的工作进展明显，而且他对工作非常满意。他整天都在工作，晚上时，他就靠几支蜡烛来继续他的计算。钻石和往常一样趴在他身边睡觉。这时有人敲门，于是牛顿就去开门，很显然，钻石被这阵敲门声和门外人的十分陌生的说话声给吵醒了。这时它的保护主人的本能被激发了，于是它想到主人身边去看一看。不巧的是，牛顿将书房的门锁上了，钻石只好在房间里发了疯似的团团转，激动地乱叫乱嚎。它一圈又一圈地绕着房间打转，显然撞上了牛顿那个小书桌的一角，这一撞使钻石受了惊，书桌上的蜡烛也倒下来，烧着了桌上放着的论文手稿。实际上，这场火灾倒没有给这个房间造成太大损失，但牛顿的手稿却因此全部付之一炬。

当牛顿和拜访者回到屋里的时候，眼前这突如其来的情形使他十分震惊。尽管牛顿脾气很坏，并且大家都知道他有着很强的报复心，但是这次他居然一点也没有发火，只是把小狗从地上抱起来，悲伤地对它说："哦，钻石啊钻石，你一定不知道自己犯了多大的错误吧！"

据他后来的叙述，这一事件给他造成了不小的打击，"我的脑子里一片空白，不得不卧床休息几个星期了"。他请医生给他治疗，医生发现他患有今天我们所说的抑郁症。钻石在此期间一直陪伴在他身边。将近一年之后，牛顿才得以完成他的万有引力理论的构建。就是因为一只狗的无意行为，使他那个时代最伟大的科学家的头脑在整整一年的时间里没有从事智力探索。

虽然在许多信件中我们看到了牛顿爵士的狗带给他的不幸，但是我们在梅里韦瑟·路易斯上尉的日记中发现了他的狗的英勇行为。1803年，托马斯·杰弗逊总统命令路易斯穿越美洲大陆去进行一项远征，后来这次远征被证明是到达太平洋海岸并且顺利返回的第一次跨大陆远征。这次远征的目的是为了证明俄勒冈地区是美国的一部分，同时也是为更好地了解那里的土著居民和野生动物，同时还为了去勘查路易斯安那州计划中的部分地区。路易斯上尉选择威廉·克拉克中尉与他共同指挥，他们精心挑选了大约四十名队员组成远征队伍，并且确保每名队员都经过了充分的野外生存训练。一些队员学习了植物学、测量学和动物学，另一些则被教授以更为实用的技能，诸如陆上导航、一些印第安人的土著语言、木工活、枪支修理技术和划船技术等。除了带领了一队人马外，路易斯还带上了一只黑色纽芬兰大型犬，这只狗名叫“海员”，那时人们喜欢为这种狗起一个与航海有关的名字。买下海员花了路易斯 20 美元，这在当时可是一大笔钱。

远征队伍在春季从圣路易斯出发，11 月时，他们艰难地穿过了密西西比河，到达了现今的北达科他州。对于当时快速行进的队伍来说，粮草的正常供应很难保证，但事实证明海员为此作出了很大的贡献。正如路易斯所写的：“河两边有大量松鼠，于是我让狗每天去捕猎尽可能多的松鼠，因为我想烤松鼠的味道一定很美。”同时，海员也有能力捕获大型动物。路易斯写道：“有一天，德鲁亚尔正在捕鹿，那头鹿受伤之后逃到了河里，于是我的狗就去追，最后成功地抓到了它，将它淹死后拖到岸上又带回营地。”远征队伍一到达科他州就建立了一个堡垒充当要塞，在那里与土著印第安部落一起度过了一个愉快的冬天。

第二年春远征队伍即将离开的时候，路易斯找来了一名法籍加拿大翻译，名叫沙博诺，他带着 17 岁的印第安妻子萨卡加维和刚出生不久的儿子一起工作。萨卡加维在整个远征过程中帮了大忙，既当翻译兼向导，又负责缝纫和找寻食物，最重要的是，她在和那些陌生的印第安部落打交道的时候，俨然一名出色的外交官。萨卡加维在与不同的印第安部落接触时总让海员陪在左右，这些蛮荒之地的人们几乎从未见过像海员那么大而强壮的狗，因而海员总是能引起他们的好奇，有时也会使他们害怕。尽管如此，海员还是很讨人喜欢，它的这一天性使得印第安人稍感放心，并且相信这群探险者毫无敌意。印第安人认为这群人若有敌意，就一定会把这只大狗训练成一件强有力的攻击武器。

海员继续帮助队伍进行捕猎，但有一次却几乎送了命，正如路易斯所写的："有一次，我们队伍中的一个人打中了一只海狸，这时我的小狗就像往常一样游过河去想捉住它，但那只海狸却袭击了它的后腿，咬断了它的大动脉；我费了好大的力气才帮它止住血。我当时非常害怕，担心失血过多要了它的命。"

幸运的是，海员很快康复了，不久之后它还救了探险队伍统率的命。一天晚上，探险队伍在一条河边安营扎寨，所有人都睡了，只有海员仍旧绕着帐篷巡逻。这时，一头大水牛不小心滑进了河的另一边，它拼命挣扎着想要游到河对岸去，最后撞到了队员们的帐篷。岸上摇曳着的火光和奇异的气味使水牛更加惊慌，于是便疯狂地向前冲去想要逃离。通常情况下，当水牛受惊的时候会不顾一切地向前冲去，践踏挡在它面前的任何东西，不管前面的障碍物有多大，所以一些印第安部落便使用这样一个方法，即如果想要猎杀大型动物的话，只要让它们朝着悬崖的方向惊慌逃窜，它们在走投无路时就会头朝下跳下去。此时，这头受了惊的水牛发出低沉的吼声朝前冲去。路易斯被惊醒了，睡眼惺忪地撩开帐篷想看个究竟，但看到的却是一头发了疯的野兽正迎面向他冲过来。这头水牛肩宽大约 5 尺，身长超过 9 尺，体重或许已经超过了 2500 磅。如果这头水牛真的径直冲撞这个印第安式帐篷的话，其威力相当于一辆重型大卡车。路易斯和克拉克都睡在那个不堪一击的帐篷里，很有可能被水牛撞成重伤甚至撞死，这样一来，整个探险队就将群龙无首。

那头水牛在撞翻了小船后向路易斯和克拉克直冲过去，而他们两人还混混沌沌地沉浸在梦境中。突然在黑暗中，从帐篷的右边传来一阵犬吠，海员一下子冲了出来挡在水牛的前面。当水牛看到它面前出现了一个新的威胁的时候，马上掉转方向避开这只大黑狗。虽然海员的出现使水牛进攻的方向只偏离了一点点，但这一点距离就足以使这头惊恐的野兽绕开路易斯和克拉克的帐篷。海员继续对水牛发出威胁性的吠叫，并且追逐到了帐篷外面。五分钟后，海员气喘吁吁地回到主人身边，若无其事地继续守在主人的帐篷外。

虽然花了几个小时才修好那条被水牛撞翻的小船，但只要路易斯和克拉克安然无恙，探险队就可以继续前进。保持整支队伍的心理稳定十分重要，在此次探险过程中，除一名队员因病掉队外，这支训练有素、计划周密的探险队伍一直保持着庞大的规模。尽管这已不是第一支横跨美洲大陆向北前行的队伍了（之前，亚历山大已经完成了一次令人瞩目的探险旅行），但是他们还是为美国开拓了大片新版图。队伍按照地图的标示前行而保证了旅程的安全；与当地印第安人的友好交往也使得开拓进行得很顺利，而且所获得的有关当地的动植物信息具有很高的科学价值。许多历史学家认为，正是这次探险真正开拓了西部，而如果没有一只勇敢的狗，这支队伍很可能群龙无首，以至探险无功而返。

当探险队伍从太平洋海岸安全归来时，路易斯和克拉克的探险队与海员的故事又有了新的内容。在穿过黄石河向东前进的时候，如同往常一样，萨卡加维在海员的陪伴下前往一个离营地不远的印第安部落交涉，当然她也希望像往常一样能获得一些额外的食物。当他们到达部落的村庄时，海员的出现造成了混乱的局面。起初，村里的原住民想买下海员，或者用海员来换取一些必要的食物和用品，但在遭到萨卡加维拒绝后，他们就想悄悄把海员偷走。为了不被发现，他们打算把萨卡加维也一起掳走。路易斯得知这一消息后勃然大怒，命令队员全副武装，然后派克拉克去发话："如果不归还我们的狗，我们就把你们的村庄全部烧毁。"这个村庄很小，同时印第安人畏惧于他们强大的武力，于是乖乖交出了海员。为了表示诚意，印第安人还同时交出了萨卡加维——在路易斯的最后通牒中，她竟然被忘记了！

有时关于一只狗的历史角色的记录来自第三者而非狗主人。这些人通常和狗主人有着非常亲近的关系，或者是某一事件的目击者。比如1527年发生在英格兰国王亨利八世身上的故事。亨利八世是亨利七世的次子，本来他的哥哥亚瑟要继承王位，但亚瑟死了，于是亨利就成为威尔士王子以及王位继承人。

亨利是一个很有头脑的政治家，他娶了亚瑟的遗孀，也就是阿拉贡的凯瑟琳。这是典型的政治联姻，因为凯瑟琳和欧洲许多皇室都有密切的联系，神圣罗马帝国的皇帝查尔斯五世是她的侄子。另外，她聪明漂亮又有政治智慧，是一位明智的管理者。1513年，当亨利远征新大陆时，凯瑟琳独自一人掌管大权，证明了自己的执政能力。亨利不在的时候，她成功地组织了一次保卫战，在弗罗登击退了苏格兰人的入侵。凯瑟琳最大的失败是她没能生育一个男性皇室继承人，而这一直是亨利想要的。当查尔斯五世与英国的联盟解体时，凯瑟琳的政治地位也因此下降了。而且此时，亨利也正疯狂地迷恋着安妮。

亨利下一步的计划就是设法除掉凯瑟琳这个障碍，然后和安妮结婚。在天主教的教规中是不允许离婚的，所以想要通过离婚来达成这一目的几乎不可能。亨利委派红衣主教托马斯·沃尔西去说服教皇克莱门特七世，让教皇宣布他和凯瑟琳的婚姻无效。沃尔西不仅是红衣主教，而且还是英格兰主教区的主教士，在亨利年幼时就实际掌控着英国的内政与外交。他同时还是来自英格兰的罗马教皇的官方使节，许多人认为他很可能会成为下一届教皇。乔治·卡文迪什作为红衣主教的陪同和密友，向我们讲述了沃尔西为解决亨利的婚姻问题去罗马的故事。

起先，沃尔西和克莱门特教皇的谈判还算顺利，因为亨利答应提供政治和经济支持，梵蒂冈完全可以利用这两者来抵抗查尔斯五世的施压，教皇甚至已经安排好了一次觐见，准备商讨有关亨利无效婚姻协议的细节，最后签定文书。沃尔西像往常一样牵着他的灰色猎犬尤里安走进了宽敞的接见室，他把猎犬留在了离门不远处，向坐在皇位上的教皇致以最崇高的敬意。当时，接见室里还有一群主教和一些教士，他们正大声讨论着这一重要的历史事件可能带来的影响。嘈杂声使尤里安明显感受到了接见室里的紧张气氛。这只平常十分安静地守护在主人身旁的狗，此时显得焦躁不安。它不再像往常一样，在政治场合中待在一旁打盹，而是紧张地站起来盯着所有人。由于这一场合非同一般，而教皇又不想表现出他的决定是因受贿或迫于压力，便决定要所有人向他表示最正式的服从和尊敬，这包括跪下来祈祷并亲吻教皇的足尖。沃尔西服从了，但因接见室紧张的气氛而忐忑不安的尤里安误以为教皇将脚伸向主人的脸是要攻击主人。尤里安下意识地想要保护主人，它突然一跃而起，推开围在一旁的教士，径直扑翻了放着教皇的脚的凳子，狠狠咬了一口教皇赤裸的双脚。克莱门特教皇发出一声痛苦的惨叫，周围的人冲上前去拉开尤里安，以防止它更严重的伤害。克莱门特摇摇晃晃地站了起来，大声诅咒起英国国王和他的外交使节。他随手抓起身旁尚未签署的协议，在极度愤怒中将其撕毁。沃尔西的拜见到此结束，从此教皇拒绝谈起任何关于亨利离婚的事宜。

沃尔西空手回到了英格兰。由于没能够得到宣布亨利婚姻无效的协议书，他的政治地位也随之下降。此时，亨利则开始策划英国宗教改革和与天主教会的彻底决裂。他首先要求所有教会立法必须获得皇室的批准，并且禁止资金流向梵蒂冈。接下来，他任命托马斯·克兰默为坎特伯雷大主教。当然，克兰默在即位后立即宣布亨利与凯瑟琳的婚姻无效。作为回应，教皇将亨利逐出了教会。亨利也不甘示弱，颁布了最高法令，宣布英国国教和国王至高无上。亨利还将天主教修道院的财产据为己有，并处死了一大批重要的教士及其亲属。

一位采用反事实推理方法的历史学家可能提出这样一个问题：如果当时那只名叫尤里安的猎犬没有受到错误的诱导去保护主人，没有冲上前去狠狠咬了教皇脚趾的话，是否新教的兴起以及它与天主教的激烈冲突就能避免，或者会晚些发生呢？

如果一个人愿意透过历史去发现深层次的东西，那他或她肯定会发现许多文献中都记录了狗对于历史的影响，当然有些只是某种暗示。在这种情况下，虽然故事仍被讲述着，但只是以一种更加保守的形式来推测的，即，“或许是在这种情况下”一只狗改变了一段历史。就拿“红男爵”里希特霍芬的一生来说吧，他是作为第一次世界大战中最伟大的德国战斗机飞行员而被世人所熟知的。里希特霍芬出生于军事世家，父亲是一名军官，他和他的兄弟洛特继承了父业。里希特霍芬喜欢冒险，对社会地位和外貌也格外关注，所以他就选择了当时最吸引人的骑兵部队。他在与俄国长枪骑兵团的作战中表现勇敢，继而又参加了进攻比利时和法国的战争。这场西方战争最终变成了一场地壕战，因此骑兵最后也退出了作为主要作战兵种的历史舞台。

然而里希特霍芬一如既往的狂热和特立独行的作风促使他加入了步兵。1915 年，他得知皇家空军成立。当时空军还没有成为战斗中的有效力量，并被认为是危险和不可靠的，那个时代的飞行员这一称谓就意味着激情、危险和勇敢，就像 40 多年后的宇航员那样。对于里希特霍芬来说，这是成为英雄的千载难逢的好机会，于是他义无反顾地投入其中。

从 1916 年 9 月开始，里希特霍芬成为一名战斗机飞行员，很快又成为第一战斗机小组指挥官。他将自己爱炫耀的性格也带到了战斗中，他从不在战斗中犯错误，还把自己的福克三翼战斗机涂成了耀眼的红色，因而赢得了他著名的“红男爵”的昵称。由于受到指挥官的影响，里希特霍芬飞行队里的所有队员都把自己的战斗机涂成了红色，他的战斗小队因此被称为“里希特霍芬飞行马戏团”。

里希特霍芬是不怕死的飞行员，也是历史上最优秀的飞行员之一。他因一人打落了 80 架敌机而获得个人荣誉，这一表现也为他赢得了 1917 年的布鲁·迈克斯奖章，这是他梦寐以求的一个奖章。这是一个以大规模阵地战为主的时期，战争在那些无名的士兵间进行。这一战争特点决定了这一时期很少会有令人瞩目的英雄。但是与敌军飞行员一对一决斗的战斗机飞行员却很易受关注，因此里希特霍芬成了德国战绩的象征。每次只要他击落一架飞机，这一消息马上就会上了头版，同时也能增强那些遭受围攻的德国民众和前线士兵的信心——他们需要一个打赢这场战争的保证。

在当飞行员期间，里希特霍芬和一只名叫“莫里茨”的大丹麦狗一起住在军营里。一整天你都可以看到这位高大的飞行员穿着一件皮夹克，手插在裤袋里，带着他的狗在飞机场周围转悠。实际上，在多次执行巡逻与观察任务中，里希特霍芬都会把莫里茨固定在副驾驶座位上，带着它一起工作。飞机飞行时的嘈杂声和露天驾驶舱所承受的高速气流显然让莫里茨不舒服，所以在几次巡逻之后，当里希特霍芬问莫里茨：“你今天愿意再和我一起飞行吗？”莫里茨就会大叫起来，然后以一种抵抗的姿势躺在地上，仿佛在说：“如果你想把我弄上飞机，就得先带着我穿过这机场。”

不过莫里茨对里希特霍芬非常忠心。每次在里希特霍芬执行任务前，莫里茨都会跟着他到飞机场去，静静地看着他上了飞机去参加战斗。当所有的战斗机都已经起飞并消失在天际时，莫里茨就会自己找一片阴凉处躺下来打盹，只是偶尔醒来看看飞机场的跑道。那时还没有雷达，唯一能够确认飞机返回的方法就是用肉眼看着飞机飞回来。然而莫里茨的耳朵却很敏感，它已经对战斗机的声音很熟悉了，能够准确地分辨出它们的声音。因此，在肉眼看见飞机以前，莫里茨就会站起身来叫着朝跑道的方向奔跑过去。这时飞机侦察员就会朝着莫里茨叫喊的方向望去，不一会儿就能看到从远处飞来的战斗机队。只要里希特霍芬的飞机一降落，莫里茨就开始在原地兴奋地打转，总是在“红男爵”的飞机还未完全停稳前就冲过去向主人打招呼。

里希特霍芬经常带着莫里茨出现在社交场合，也经常在军官俱乐部里和莫里茨共饮啤酒。甚至有人说，里希特霍芬在他那放置着各种精美的装饰性啤酒罐的架子上，还竖放着一只浅蓝色的小碗，那上面刻着金色的 M，标示出特意为莫里茨所准备的酒量的刻度。这只大狗和里希特霍芬一起住在指挥部，实际上是睡在里希特霍芬的床上。事实上，里希特霍芬很可能因此而死。

后来索姆河战役打响了。1918 年 4 月 21 日早晨，里希特霍芬踏上了简易跑道，准备登机战斗。他不停地打哈欠，看上去很疲劳。汉斯·克莱因中尉，也是他在空军中队的一位战友问道：“你看上去很劳累，是不是昨晚出去了？”

里希特霍芬轻轻地笑了一声，回答道：“莫里茨昨晚一直处于亢奋状态，不断地吵醒我，我怀疑我的睡眠不足两个小时。如果想要我保证充足的睡眠从而赢得战争的话，他们最好再给我一张大一点的床。”

那天的晚些时候，那架著名的红色三翼战斗机由于摩擦高热起火而一直处于危险之中。然而不幸的是，这次与里希特霍芬交手的却是加拿大空军一级飞行员罗伊·布朗上校的索普威恩骆驼战斗机，“红男爵”注定要在这次近距离空战中战败。最终人们在里希特霍芬的福克战斗机的残骸中发现了他的尸体，英国和澳大利亚军队都授予了他至高的军事荣誉，不过这些荣誉也随着他的遗体被一起埋葬了。里希特霍芬的死亡对于德国人来说是一个巨大的打击，那场战役中的德军总司令艾里克将军说："比起损失30支步兵连队，里希特霍芬的死对士兵的士气有着大得多的负面影响。"

人们都饶有兴趣地猜测里希特霍芬与莫里茨一起共度的最后一夜到底发生了什么，是否因为莫里茨的过度亢奋使里希特霍芬未能充分休息，以至影响到他在战斗中的反应速度和判断的准确性？也许莫里茨过度不安的原因恰恰是因为它预感到了主人的死亡。无论哪一种分析是正确的，"红男爵"与他的狗一起度过的最后一夜都给人留下无限的遐想，为他的死增添了一个谜。

然而，人们不需要做出太多的思考就能得出结论，一只狗的行为确实能在很大程度上影响人类的历史。让我们来看一看发生在亚历山大大帝身上的故事。众所周知，亚历山大大帝出生于公元前356年，后来成了马其顿国王和亚细亚的征服者。他是马其顿国王腓力二世与其妻奥林匹亚所生之子，从小就在古希腊伟大的学者兼哲学家亚里士多德门下接受古典教育。公元前336年其父被暗杀后，他继承王位。

人们一般都认为是亚历山大的母亲奥林匹亚将用做保卫的大驯犬和军事战斗犬引进到希腊。人们培养并训练这些狗，将它们用于奥林匹亚的故乡伊利里亚的战争和防御，当时伊利里亚还属于莫罗西亚的版图。实际上，这些野蛮的战斗型大驯犬后来也被叫做莫罗西亚犬，在战争中被当做武器，用来对付那些轻型武装的步兵和没有武器装备的骑兵。最终，当凯尔特人从高卢直冲而下入侵马其顿时，这些狗帮助他们有效地击退了罗马军队。亚历山大从小就是看着这些被用于战争的犬类的训练长大的，后来他也逐渐认识到这些狗在战术上能派上大用场。亚历山大的军队通常都是和这些狗组成的小分队一起赶往前线，在这些狗的保护下他们能够迅速地到达前线，而那时他的对手们却缺少重型盔甲。

亚历山大还从他父亲那里学会了如何打猎。腓力二世非常喜爱短毛大猎犬，甚至不远万里从西班牙进口他想要的猎犬品种。亚历山大也很喜欢跟随短毛大猎犬一起捕猎，不过他认为跟在灵猩后面快速奔跑更加刺激，因而他特地从高卢引进了几只灵猩。在莱茵河西面和南面有一支叫做塞谷希安的部落，那里以出产品种优良的猎犬而闻名，尤其是灵猩，被他们用自己的语言称为“快速的奔跑者”。亚历山大最喜欢的狗佩里塔斯也正是这些塞谷希安狗交配产下的小狗。佩里塔斯不仅是只称职的猎狗，同时也是位称职的保镖，后来一度成了亚历山大的私人伙伴。因为佩里塔斯经常陪伴亚历山大上前线，所以他为佩里塔斯特别制作了轻型防护盔甲。那时佩里塔斯还戴上金属项圈，上面有着突出的尖刺，这既能防止别人拉住佩里塔斯的项圈把它抓走，也可以保护它免于被敌军伤害。

亚历山大继位时，国内局势依然动荡。他迅速采取行动，保住了希腊和巴尔干半岛，然后越过达达尼尔海峡。作为希腊同盟军的统率，亚历山大开始向波斯发动进攻，完成父亲生前的遗愿。他多次打败了大流士三世的波斯军队，每次都胜利而归。不久，小亚细亚的大部分地区和叙利亚都成了亚历山大的版图。进军埃及时，他没有遭到任何抵抗。他先是向孟斐斯进军，在那里进行了朝拜，然后被加冕，得到了法老的传统双重王冠。随后他建立了亚历山德拉城，又继续其通向苏撒、寻找亚蒙神神谕的艰难旅程。他在那里被封为亚蒙神之子，之后他向神明询问了他的远征是否能够成功。他并没有告诉任何人神谕中究竟说了些什么，但是许多人猜测他被告知他就是宙斯真正的儿子；有一天他自己也将变成神。

不管神谕中究竟说了什么，总之亚历山大满怀信心地回到叙利亚，开始向美索不达米亚进军，欲与大流士再次交锋。和波斯军队的关键一役是在尼尼微和阿拜拉之间的高加麦拉平原上展开的。

亚历山大容易冲动，在战斗中总喜欢冲锋在前。在高加麦拉平原，亚历山大以为自己看见了大流士的旗帜，便很快组织了骑兵进攻，企图捉拿敌军统率。这天佩里塔斯正好与亚历山大在一起，它在亚历山大的身边慢慢跑着，看着大量骑兵冲入敌军之中。近距离的战斗使亚历山大不得不减缓行进速度，然而，当他正要寻找空间以做调整时，惊恐地发现一头波斯大象正朝他狂奔而来。波斯军队的指挥官显然看出亚历山大的统率身份，想不惜一切代价抓住他或者干脆杀死他。那头大象向亚历山大奔来，势不可挡，而亚历山大正在想尽一切办法避开它。突然，一个黄褐色的身影冲了出来，挡在亚历山大的面前，径直向大象冲了过去。那就是佩里塔斯，它在空中一跃而起，奇迹般地咬住了大象的下唇。大象一定感到了剧烈的疼痛，竟然马上停止了前进的脚步。这头巨大的动物甩起了长鼻，暴躁地用后腿站立起来，将佩里塔斯甩到了地上，痛苦地吼叫起来。这头受伤的野兽在冲撞中留出了一个极短的空当，亚历山大抓住这一时机快速逃离了大象的魔掌，顺利回到了自己的队伍中。尽管佩里塔斯未能幸免于死，但是它那不顾一切的勇敢行为却救了亚历山大的命。

亚历山大毫发未伤，回到战场继续战斗。虽然这场战役打得很艰难，但是亚历山大的军队还是取得了胜利。最终，庞大的波斯军队受到了重创，无法抵挡亚历山大军队前进的步伐。几天后大流士被捉住了，他的城市被烧毁，而他也最终死在了一名暗杀者手里。

亚历山大被狗的勇敢行为深深打动了，夜晚降临，他命令他的手下到战场上去寻找佩里塔斯。最终，士兵们找到了佩里塔斯的尸体，把它带给亚历山大。亚历山大最初坚持要将它的尸体保留到战争结束。当追捕大流士的行动结束时，亚历山大为佩里塔斯举行了国葬。为了感谢他的狗的勇敢行为，也为了永久地纪念它，亚历山大以佩里塔斯为一座城市命名，并在城市的中央广场树立了一座佩里塔斯的塑像。

现在再让我们用反事实推理的方法来问一个问题："如果佩里塔斯没有阻止住大象的脚步，亚历山大因此而命丧高加麦拉会战的话，接下来又将发生什么呢？"亚历山大将希腊文化广为传播并给东方带来影响；他的远征在远东引起了大规模的殖民浪潮。尽管他的远征无助于这一地区在政治上的统一，但是却创造了一个从直布罗陀延伸到旁遮普的单一的经济文化体。亚历山大的希腊语后来成了商业和学术领域的官方语言，使商业贸易和知识的传播以及社会交流跨越了一个广阔的地域。亚历山大远征的另一项成果是有了用希腊语写成的《新约》，把福音传播到了世界的各个角落。如果当初没有一只狗的干预，所有这一切恐怕都不会发生了。

总的来说，狗在很大程度上帮助了人类，无论是拯救主人的性命还是为其带来心理慰藉和鼓舞。当然，有时一只狗也可能帮倒忙，或者给主人造成生命威胁，或者令其尴尬，或者是不好的影响。当然，在狗的一系列行为中，可能同时带来积极的或者消极的影响，这类事件在历史上不止发生过一次，而最终结局是好是坏还要看狗在一系列事件中的行为。在苏格兰就曾发生过这样一件事，狗的行为最终改变了英国的历史，甚至可以说是美国的历史。这就是关于苏格兰布鲁斯家族罗伯特的故事，他因为从英国统治下解放了苏格兰而受人尊敬。

12 世纪上半叶，在国王戴维一世的统治下，许多盎格鲁 –撒克逊家族，包括布鲁斯家族在内，都向北迁徙至苏格兰地区，在那里，他们受封大片土地以及官职。很多家族最终都与皇室通婚而形成关系纽带。1290 年，苏格兰王位因没有合法继承人而暂时无人承继。英格兰的爱德华一世同意为苏格兰做出仲裁，因为此前他一直与苏格兰皇室保持着良好的关系。两位主要候选人分别是罗伯特·布鲁斯六世

（也就是罗伯特·布鲁斯的祖父）和约翰·巴利奥尔，他们都是戴维一世的儿子的后代。1292年，爱德华宣布约翰·巴利奥尔为苏格兰国王，但他却不把苏格兰看做一个独立自主的国家，企图将自己的行政控制权延伸至苏格兰，因而引起了全体民众的反抗。当爱德华进军苏格兰时，约翰·巴利奥尔被迫臣服，但是民众在威廉·华莱士的领导下继续反抗。华莱士被捕后被杀，布鲁斯的罗伯特继承了华莱士的事业，继续领导民众进行反抗，试图夺取他的祖父所没能得到的王位。1306年，罗伯特刺杀了他的主要对手约翰·巴利奥尔的侄子约翰·科明，随后赶往苏格兰，自封为国王罗伯特一世。但爱德华将象征着苏格兰国王合法加冕的神圣之石带到了威斯敏斯特，以防任何人册封新的国王。不过罗伯特认为苏格兰本地的传统已足以使得他的加冕得以确认。

爱德华对于罗伯特的这一行为非常愤怒，立即宣布罗伯特是叛国贼，他通过反叛得来的王位继承权应立即被剥夺。在苏格兰，爱德华拥有许多重要的城堡和城镇，但罗伯特却有着非常出色的军事才能。罗伯特是一位优秀的政治家，他充分懂得如何聚集力量结成联盟。作为一名军事领导人，他非常善于策划各种突袭和进攻，但却对当时的传统战术并不在行。1306年，就是在取得王位的第一年，他的这一弱点就充分暴露出来。此前罗伯特已经成功地突袭了爱德华的保卫部队。他率领部队在掩体下前进，准备打埋伏战，要求士兵们打死或者打伤尽量多的英军，获取一切能够带走的粮食与武器供给。但是当罗伯特不得不应对两场传统形式的战斗时，他彻底战败了。一场在伯斯附近的迈斯文，另一场在梯德拉姆附近的达利城。在这几场灾难性的战争结束的时候，罗伯特的妻子和他的许多支持者都被俘，他的三个兄弟也被抓并被处以死刑。罗伯特最大一次胜利是八年后的班诺本克战役，战斗中，他采取了非常规打法并取得了胜利，也最终使得北安普敦条约顺利签定，从而解放了苏格兰，使其获得了独立。

我们所要讲述的故事就发生在灾难性的达利城战役之后。当时，罗伯特的军队全军撤退，爱德华一世则命令不惜一切代价抓住罗伯特。罗伯特运用他所擅长的战术——在游击战期间，他逐渐练就了在荒地躲藏和逃跑的技能。不幸的是，他此时的处境非常危险，他的妻子也因为一只狗而处于极度危险中。

爱德华让精明细心的罗恩的约翰负责追捕罗伯特，约翰抓住了罗伯特的一只垂耳猎犬，也就是今天大猎犬的早期祖先。罗伯特非常喜欢打猎，对培育犬类也极有热情，他要培养的是那种能够在苏格兰乡村浓密的森林和崎岖不平的土地上自如追捕猎物的猎狗。他非常细心地培育着他的新品种，即一种用于追踪的完美猎犬，即使猎物在几小时前就已逃离了现场，无迹可寻，或者因恶劣天气而路况糟糕，这种猎犬仍然能够追寻到猎物的踪迹。关键是，罗伯特非常喜欢那只现在被约翰抓住的猎犬。这是一只他花费了许多精力亲自培育的猎犬，是一只合格的猎犬，也是他的好伙伴，他为它取名为唐努楚。在罗伯特的妻子被英军追捕期间，唐努楚一直陪伴在她身旁，因此也不幸落入英军之手。

约翰曾经听说过这只狗的非凡的打猎才能，并且不止一次地听说罗伯特曾将它用于军事行动中，用它来追踪一群携带着重要军事急件的英军士兵。约翰认为，既然这只狗是罗伯特的最爱，而且常被罗伯特亲自喂养，那么它一定比任何一只狗都更熟悉罗伯特的气味。约翰认为他可以利用这只狗的这一习性，利用它非凡的追踪能力来反追踪罗伯特。

约翰在艾梅·德·瓦朗斯爵士和八百多名士兵的帮助下，一起追踪罗伯特的行踪，整个追踪行动就在布鲁斯自己的狗的带领下开始的，整支队伍都要跟着唐努楚。而唐努楚唯一的愿望就是要与自己的主人重新相聚，于是它被带到了隐藏有罗伯特军队的森林中。唐努楚很快就找到了它主人的踪迹，发出了欢快的叫声，并径直向森林深处奔去。罗伯特意识到自己被追踪了，立刻带着部队向森林更深处飞奔而去，但是敌军的追赶仍在继续。罗伯特开始采用过去曾屡试不爽的逃跑策略，将自己的部队分成三个小组，分别向三个不同的方向散去。他将大部队留在了主干道上，让其中一支小分队向右侧方向行进，自己则率领着剩下的一支小分队急转弯向左行进，试图与追赶的英军部队拉开差距。

然而这一策略却并不奏效，唐努楚仍然紧紧追随着罗伯特的步伐，全然不顾其他两支分队。英军仍旧紧追不舍，于是罗伯特又采取了新的策略，将跟着他的小分队再分成了两支，分别朝着完全不同的方向行进，试图以此来甩掉英军的追赶。此时罗伯特身边只留下他的义弟爱德华，两个人快速地在树林中穿行。然而，唐努楚仍然坚持不懈地朝着正确的方向追赶着；随着离亲爱的主人的距离越来越近，它时不时地发出欢快的犬吠声。

罗伯特现在能够清楚地听到后面越来越近的脚步声了，于是他难过地对弟弟说："他们派了我自己的狗来追捕我，我想我能辨别出那是唐努楚的声音。我们现在唯一的希望就是加快速度，争取找到可以利用的小溪，利用溪水掩盖我们的气味。"

约翰·罗恩毫不怀疑他将很快追赶上罗伯特，他也知道这场追捕战就是一场比拼速度的游戏，但他的军队由于负荷太重而行动比较缓慢。约翰想尽快找到罗伯特，如果不能亲自将其俘获或者处决，至少也要在海湾处将他拦住，使他们的速度放慢，以便自己的军队能够赶上来。想到此，约翰迅速地将唐努楚交给手下最优秀的五名士兵，吩咐他们一定要紧跟住罗伯特的步伐，他自己和其余的士兵则尽可能加快脚步。

现在，大部分的历史就紧紧系在这只狗的项圈上了。它正带领着队伍，蹦蹦跳跳地追随着它亲爱的主人那难以忘却的气味。反事实推理方法证明，如果唐努楚成功地追到了它的主人，并且如果约翰也成功地达到目的的话，那么历史就会被彻底地改变了。最重要的是，斯图亚特家族永远也不可能登上英国的王位了。正是罗伯特的女儿骄里嫁到了斯图亚特家族，生下了儿子罗伯特，即国王罗伯特二世，后来他成了苏格兰的第一位斯图亚特王朝的国王；而后来成为英格兰第一位斯图亚特王朝国王的詹姆斯六世，也出自这个家族。斯图亚特王朝的成员后来都患上了一种致命的家族病，这一“皇室疾病”就像是上天给斯图亚特家族的一个诅咒。这就是卟啉症，它使得乔治三世在他最重要的日子里瘫痪在床，同时丧失了思维能力，情绪变化无常。不稳定的情绪和受到损伤的思维能力后来导致乔治三世做出了一系列不明智的鲁莽的决定，最终给在美国殖民地的英国臣民带去了负面影响。若乔治三世没有患上这种家族病，便不会如此不负责任地行事，更不会有后来的美国独立战争了。当然，英国革命也注定不会发生，英国或许会被欧洲大陆吞并，就如她曾经落入罗马帝国那样。这只狗并不想改变历史，它只是想再次找到那个从小把它养大的主人。

罗伯特仍在被自己的狗追赶着，他想此时唯一的生路就是趁着他和弟弟还有力气，去奋力反抗那五名武装士兵。看到唐努楚绕过那几棵树直奔而去，士兵们马上就知道谁是罗伯特了，因为唐努楚直接就奔向了苏格兰国王。然后，一名士兵负责看守罗伯特的弟弟，剩下的四个人则全部手持武器面对着罗伯特。

即便是一名超级英雄，也不能长久地应付四对一的局面，但是这只狗的角色还没演完呢。一旦罗伯特投入战斗，唐努楚立刻意识到它的主人正处于极度危险之中，并且它还清楚地知道自己的一颗忠心向着谁。它一跃而起挡在罗伯特面前，将攻击罗伯特的士兵拆散，同时也使得它的主人能够加入到战斗中来。唐努楚现在表现出了极度的狂怒，那些进攻者也因此而放慢了进攻的速度，但罗伯特·布鲁斯却丝毫没有松懈，已经开始了他的第二轮进攻。这时罗伯特的弟弟已经在他一对一的恶战中取得了胜利，马上从后面冲出来帮助正在对付两名士兵的哥哥，这两名士兵企图置唐努楚于死地。因为两个士兵的注意力完全集中在唐努楚身上，因此根本没有注意到来自身后的进攻。就这样，罗恩的约翰最后两名士兵也倒下了。

罗伯特和弟弟以及唐努楚都因受了轻伤而流血。但他们眼看离小溪只有几步之遥，于是不顾疼痛，径直向前冲去。他们一头扎进溪水中，奋力向前游去，大约游了四分之一英里才到达对岸。现在他们可以安心了，因为敌军已经被远远地甩在了后面，不可能再次追踪到他们的足迹。后来罗伯特·布鲁斯成了国王，历史也按照它既定的轨道前进着，一只名叫唐努楚的猎犬也终于能够活着见到主人作为苏格兰国王踏上了爱丁堡的土地。正如我们所知道的那样，这只狗最初的行为很有可能使历史偏离其正常轨道而发生翻天覆地的变化，但是它后来的勇敢行为却将历史的发展轨迹扭转了过来，正如我们在今天所看到的历史。罗伯特后来说，他给这只狗起了一个正确的名字，因为在爱尔兰的盖尔语中，唐努楚的意思就是棕色的战士。

那些试图用反事实推理来探究历史可能性的人可能会发现，那些发生在历史性的关键时刻和关键地点的小事件，往往对将来可能形成的历史有着巨大的影响。如果人们要讲狗的故事的话，那么我们可以看到它们确实给自己的主人添了不少麻烦，引发了不少事件的发生，其中有些可能很琐碎，并且只与其家族有关，但有一些却关乎主人的命运，使其命运从此发生重大的变化。而如果它们的主人就是那些改变了历史走向的风云人物的话，那么我们就可以说，这些狗也间接地影响了历史的进程。

为了挖掘狗对人类集体生活和历史的影响，有时我们必须很仔细地审视历史。很多狗都在历史上留下了它们的爪印，但是有些痕迹是如此之浅，以至于倘若它们没有被很好地发掘和保存的话，一阵微风就可能把这些爪印全都抹去。我们不可能要求这些狗让它们所经历过的事情再次重现，因为它们不会写字，因而就不能通过日记或者书信来记述自己的经历。狗也没有属于它们自己的博物馆和图书馆来保存自己与历史的对话，它们的智慧只能通过基因代代相传。但历史毕竟不是记录在 DNA 里面的，所以狗委托我们来记录它们的故事和历史，正如我们所看到的，它们的许多故事都是我们人类历史中的重要的组成部分。

注释

在很多章节中我都引用了一些参考书籍和材料。为了避免每次重复这些材料的名称，我在这里简单地列举一下。其中有很多我经常查阅的非常好的关于狗的历史书籍，它们包括 F. Mery，*The Life history and Magic of the Dog*（1968）；L. M. Wendt，*Dogs: A Historical Journey*（1996）；A. Sloan and A. Farquhar，*Dog and Man*（1925）；M. Garber，*Dog love*（1996）；M. E. Thurston，*Lost History of the Canine Race*（1996）；M. Riddle，*Dogs Through History*（1987）；B. Vesy-FitzGerald，*The Domestic Dog*（1957）；C . A. Branigan，*The Reign of the Greyhound*（1997）；J. E. Baur，*Dogs on the Frontier*（1978）；和 R. A. Caras，*A Dog Is Listening*（1993）；K. MacDonogh 在他的*Reigning Cats and Dogs*（1990）一书中讲述了很多有关狗忠诚的史例。C . I. A. Ritchie，*The British Dog*（1981）一书也在这方面做了很多表述。M. Leach 写的*God Had a Dog*（1961）和 P. Dale-Green 的*Dog*（1966）两本书中也收集了很多关于狗的基本知识。P. Jackson 的 *Faithful Friends*（1997）也是一本非常实用的关于狗的基本参考材料。

第 1 章

大部分对于狗和个人之间的故事来源于这些主人公的私人信件和他们的朋友的相关叙述。M. Mack，*Alexander Pope: A Life*（1985）

一书叙述了教皇的一生。G. Sherburn 在 1956 年用整整五卷记录了教皇的信件。关于奥伦治的威廉的生平故事来源于 C . V. Wedgwood 的*William the Silent*（1944），还有部分故事则引用自 R. Williams 的*Actions of the Low Countries*（1618）。达赖喇嘛的材料来自于对现世喇嘛助手的采访和 Han-chang Ya 的*The Biographies of the Dalai Lamas*（1991）。关于博斯科的主要材料来自于 B. Clément 的*Père des enfants Perdus; vie de saint Jean Bosco*（1956）以及 H. Thurston 和 D. Attwater 编辑的*Butler's Lives of the Saints*（4vol., 1956）。南丁格尔的材料来源于 M. E. Baly（1986）和 Dengler （1988）所做的研究，而关于她梦境的描述则来自于 M. D. Calabria（1987）所编纂的南丁格尔的日记。

第 2 章

有关圣帕特里克生平的材料可以在一些传记文学中找到，其中有 J. B. Bury 在 1905 年和 Paul Gallico 在 1958 写的传记，另外的材料还有 R. P. C. Hanson 在 1968 年所做的一份研究。有关帕特里克的民间传说，以及圣罗凯和圣玛格丽特的有关信息来源于 G. H. Gerould, *Saints' Legends*（1916），H. Thurston 和 D. Attwater 编辑的*Butler's Lives of the Saints*（4vol., 1956）以及 P. McGinley 的*Saint-Watching*（1969）。本章以及之前一章有关圣博斯科的部分也参考了 D. Attwaterr, *The Penguin Dictionary of Saints*（1970）和 D. Farmer 编辑的*The Oxford Dictionary of Saints*（第二版，1987）。

第3章

有关这个时期的情况是从 W. Davies 所著 *Wales in the Early Middle ages*（1982）；D. Walker 的 *Medieval Wales*（1990），和 A. D. Carr，*Medieval Wales*（1995）这三本书中获得的。此外，不久前刚离开卡迪夫大学的 Alan Carr 为我提供了有关卢埃林和齐莱特的两份早期记述的翻译文本，原文是威尔士语，过去都认为这两个文本写于 13 世纪。

第4章

我所参考的有关吕佩尔王子的生平记录源自 Eva Scott（1899）、Bernard Fergusson（1952），和 Frank Knight（1967）。詹姆斯的生平资料来源于 Chistopher Hibbert（1968）；查尔斯的来源于 D. H. Willson（1956）和 David Mathew（1967）。还有一些额外的信息来自于 G. Davies，*The Early Stuarts*（1959）；J. P. Kenyon，*The Stuarts*（1958）；A. H. Burne 和 P. Young，*The Great Civil War, a Military History*（1959），还有 C. V. Wedgewood 的两本书，*The King's Peace, 1673–1641*（1955）和 *The King's War, 1641–1647*（1958）。

第5章

有很多关于弗里德里克大帝的传记都写得很好，其中我所使用的关于他私生活和史实的细节，来源于 R. B. Asprey，*Frederick the*

Great: The Magnificent Enigma （1986），Nancy Mitford，*Frederick the Great* （1970）和 Giles MacDonogh，*Frederick the Great: A Life in Deed and Letters* （1999）。许多有关他和他的狗的情况是从他的通信中收集来的，这些通信非常丰富，被编成了 47 卷材料，题为*Politische Correspondenz Friedrichs des Grossen*（*1879–1939*）。还有一些资料来源于他对他所收集的著作进行的注释，这些注释由 J. D. E. Preuss 编成 33 卷出版，名为*Oeuvres de Frédéric le Grand*（*1846–57*）。

第 6 章

有关哥伦布及其征服美洲的文字非常之多，其中有两本非常好的概括性传记，包括 S . E. Morison 所著的两卷经典 *Admiral of the Ocean Sea: A Life of Christopher Columbus* （1942，1962 再版），和 F. Fernandez-Armesto，*Columbus* （1991），后者将哥伦布置于其所生活的时代背景中进行描写。有关西班牙征服，我参考了 W. H. Prescott 的经典著作，三卷本的 *History of the Conquest of Mexico* （1843）。J. G. Varner 和 J. J. Varner 在 *Dogs of the Conquest* （1983）一书中提供了一段这个时期利用狗进行征服的血腥的历史。F. Provost 的 *Columbus Dictionary*（1991）和 S . A. Bedini（1992）所编辑的两卷 *The Christopher Columbus Encyclopedia* 也提供了许多有用的细节。

第 7 章

有关司各特的传记中，写的最好、同时也提供了最多私密内容的一本，很可能是 J. G. Lockhart，*Memoirs of the Life of Sir Walter Scott*（7 vol.，1836–38）。同时其他的参考资料包括 Edgar Johnson，*Sir Walter Scott: The great Unknown*（2 vol.，1970）和 H. J. C. Grierson，*Sir Walter Scott*（1932）。还有一本 E. Thornton Cook 写的篇幅很小的书，专门记录有关司各特和他的几只狗的故事，名字叫*Sir Walter's Dogs*（1931）。

第 8 章

有关瓦格纳和他的狗的私密信息，主要来源包括 Joachim Bergfeld 编辑的*The Diary of Richard Wagner*（1980）；Martin Gregor-Dellin and Dietrich Mack 编辑的*Cosima Wagner's Diaries*（1978）和瓦格纳的自传*Mein Leben*（2 vol.，1870–81），本书的英译本为*My Life*（1911）。W. A. Ellis，*Life of Richard Wagner*（6 vol.，1900–08）是一本无与伦比的传记。Marie（Heine）Schmole 的那一段引语来自*Letters of Richard Wagner: The Burrell Collection*，该书由 John N. Burk（1972）编辑并注释。

第 9 章

关于亚历山大·格雷厄姆·贝尔，人们已经写了很多东西，但是其中大多着眼于他对电话的设计和应用方面。我用了两本有关他的传记，R. V. Bruce，*Alexander Graham Bell and the Conquest of Solitude*（1973）和 Catherine Mackenzie，*Alexander Grahum Bell*（1928）。R. Winefield 在他的 *Never the Twain Shall Meet: Bell, Gallaudet and the Communications Debate*（1949）一书中涉

及了有关贝尔和加劳德特之间的争论。贝尔和狗的有关内容是从许多书信和文章中摘抄来的，其中一部分来自于美国国会图书馆收藏的 Bell 家族档案。

第 10 章

有关弗洛伊德的权威传记是 Ernest Jones 的 *The Life and Work of Sigmund Freud*（3 vol.，1953－57）。朋友和同时代的人对他的评论包括：Fritz Wittels，*Sigmund Freud：His Personality，His Teac-ing，His School*（1924）；Hanns Sachs，*Freud*（1944）和 Max Schur，*Freud*（1972）。从他日记中获得的一些材料特别有价值，这些日记可以通过伦敦弗洛伊德博物馆获得，还可以从 Michael Molnare 的加注翻译作品 *The Diary of Sigmund Freud，1929－1939：A Record of the Final Decade*（1992）来获得，还有一些来源于 Ernst L. Freud（1961）编辑的 *Letters of Sigmund Freud，1873－1939*。有关狗协助治疗的材料来源于 Boris Levinson，*Pet－Oriented Child Psychotherapy*（1997）以及 Alan Beck 和 Aaron Katcher 所著 *Between Pets and People*（1996）。

第 11 章

有关慈善活动的几位创始人和早期慈善家的有趣材料，可以在 R. C. McCrea，*The Humane Movement*（1910）；Harriet Ritvo，*The Animal Estate：The English and Other Creatures in the Victorian Age*（1987）；Maureen Duffy，*Men and Beasts：An Animal Rights Handbood*（1984）和 R. Strand and P. Strand，*The Hijacking of the Humane Movement* （1992）几本书中找到。另外，防止虐待动物协会的报告也很有趣，该协会1833年9月创立于伦敦。有一些常规性的材料是从 Marc Bekoff 和 Carron A. Meaney（1998）编辑的 *Encyclopedia of Animal rithts and Animal Welfare* 里找到的。

第12章

有关德川幕府，包括 Tsunayoshi 的一些绝佳信息源自 Madsao Maruyama，*Studies in the Intellectual History of Tokugawa Japan*（1974）；Herman Ooms，*Tokugawa Ideology: Early Constructs, 1570－1680* （1985）和 Conrad Totman，*Politics in the Tokugawa Bakufu, 1600－1843* （1976）。有几段引述源自 Engelbert Kaempfer，*The History of Japan* （1727），还有另外一些材料来自 Harold Fudai 翻译的 Sanno Gaiki 的一部手写文本，这些文本收藏在澳大利亚国家图书馆。

第13章

美国防止虐待动物协会近年来发表了许多有关亨利·伯格的文章，但是要找到这些文章相对较难。不过还是有两本书概括了他的生平和有关玛丽·埃伦的事情，这两本书是，Z. Steele，*Angel in a top Hat* （1942）和 E. Shelman 与 S. Lazorita 所著 *Out of the Darkness*（1999）。有关动物救助运动的基本信息可以在 Lyle Munro，*Compassionate Beasts: The Quest for Animal Rights* （2001）和 *The Encyclopedia of Animal Rights and Animal Welfare* 与 Marc Bekoff 及 Carron A. Meane 编辑的 *The Encyclopedia of Animal Rights and*

Animal Welfare 中找到。有一篇文章把动物权益和儿童保护问题联系在一起，这篇文章是P. Stevens和M. Eide合作撰写的‘The First Chapter of Children's Rights,’ *American Heritage*，July/August 1990，PP. 84-91；相关的书籍还有L. G. Housden，*The Prevention of Cruelty to Children*（1955）。

第14章

从来都是这样，想要获得和狗有关的信息，你常常无法通过正式的传记，必须依赖个人的书信和笔记。幸运的是，有关拿破仑的材料都收集在*Bonaparte Letters and Despatches*，*Secret*，*Confindential*，*and Official*，（2vol.，1846）；*The Confidential Correspondence of Napoleon Bonaparte with His Brother Joseph*（2vol.，1855）以及*Unpublished Correspondence of Napolen I，Preserved in the war Archives*（3 vol.，1913）当中。有关普鲁士大使和水手长的故事来源于K. Broennecke，*Das Neufundlaenderbuch*（1941）；有关热罗姆·拿破仑·波拿巴之死的故事来源于1945年《纽约时报》CD版。还有从F. Masson，*Napoleon at Home*（2 vol.，1894），T. Aronson，*Naploeon and Josephine*（1990）和F. McLynn，*Napoleon：A Biography*（1997）获得的额外信息。

第15章

在*The Mackenzie King Record*（4 vol.，1960-70）一书中，J. W. Pickersgill和D. F. Forster对麦肯齐·金日记的一些片断进行了编辑并加以注解。一些有关他性格的研究在几处提到了他和他的几只狗的关系，这些研究是 J. E. Esberey，*Knight of the Holy Spirit：A Study of William Lyon Mackenzie King*（1980）和 C. P. Stacey，*A Very Double Life*（1976）。诗歌的片断源自 N. M. Holland 的 *Spun-Yarn and Spindrift*（1918，P. 7）。“The Little Dog-Angel”。约翰·斯坦贝克的*Travels with Charley in Search of America* 一书出版于1962 年。传记材料来源于 Jackson J. Benson，*The True Adventures of John steinback，Writer*（1984）和 Jay Parini，*John Steinbeck*（1994）。有关苏格兰王后玛丽的材料来源于 Antonia Fraser，*Mary Queen of Scots*（1969）；T. F. Henderson，*Mary Queen of Scots*（2 vol.，1905）。另外还有一些玛丽在被囚禁期间的口述回忆，由她的秘书记录并发表于 D. Hay Fleming，*Mary Queen of Scots from Her Birth till Her Flight into England*（1898）一书中。

第 16 章

我所使用的有关慈禧的传记包括 Charlotte Haldane，*Last Great Empress of China*（1965）；Marina Warner，*Dragon Empress：The Life and Times of Tz'u-hsi，Empress Dowager of China：1835－1908*（1972）和 A. W. Hummel 编辑的*Eminent Chinese of the Ch'ing Period，1644－1912*（2 vols.，1943－44）。另外，更多的私人材料出现在德龄公主的*Old Buddha*（1929）和*Tz'u-hsi yeh shih* 的书中，感谢 Steven Wong 为我翻译了其中的一些部分。

第 17 章

有关卡斯特和他的几只狗的大多数信息和引述都源自他的夫人所

写的信件、书和日记，包括*Following the Guidon*（1890），*Boots and Saddles or Life in Dakota whih General Custer*（1885）以及*The Journal of Elizabeth B. Custer*（由 A. R 编辑，1992）几本书。有关卡斯特的生平信息来源于 L. Barnett，*Touched by Fire*（1996）；F. F. Van de Water，*Glory-Hunter：A Life of General Custer*（1934）和 *The Custer Myth：A Source Book of Custeriana*，由 W. A. Graham 编辑（1953）。

第 18 章

我可以找到大量的有关华盛顿不同时期和各种事件的文集和书籍，但是和狗以及猎狐的评论却往往非常简短。最权威的传记可能是 D. S. Freeman 的*George Washington*（7 vol.，1948－57）。

美国国会图书馆同样也有华盛顿的大部分文件，都是可以搜索的电子版形式。有几则逸事（包括伏尔甘和熏肉的那一则）是从 Ladies Mount Vernon Association 收集的材料中找到的，这些材料是从华盛顿的故居芒特弗农和他的养子帕克的住所 Arlington House 收集来的。还有一些私人生活的材料，特别是他的感情生活，包括和伊丽莎白·鲍威尔的那些，是从 H. Swiggett，*The forgotten Leaders of the American Revolution*（1955）；L. M. Post，*Personal Recollections of the American Revolution，1774－1776*（1968）和 K. A. Marling，*George Washington Slept Here*（1988）几本书中获得的。

第 19 章

关于狗对于几位总统的重要影响的最初线索，我是从 Roy Rowan and Brooke Janis，*First Dogs*（1997）和 Niall Kelly，*Presidential Pets*（1992）两本书中获取的。有关罗斯福的材料来自 William H. Harbaugh，*The Life and Times of Theodore Roosevelt*（1975）；Nathan Miller，*Theodore Roosevelt：A Life*（1992）和 Jean Paterson Kerr 所收集的罗斯福家信，*A Bully Father*（1995）。有关艾森豪威尔的材料来自 Stephen E. Ambrose，*Eisenhower*（2 vol.，1983－84）和他孙子 David Eisenhower 的一本书：*Eisenhower at War*（1986）。关于肯尼迪、尼克松和约翰逊及他们的狗的信息源自 Traphes Bryant（和 Spatz Leighton 一起）的回忆：*Dog Days at the Whithe House*（1975）。还有一些额外的关于约翰·肯尼迪的材料来源于 B. C. Bradlee，*Conversations with Kennedy*（1984）。有关哈丁的材料源自 Andrew Sinclair，*The Available Man*（1965）和 Robert D. Murray，*The Harding Era*（1969）。G. H. Nash，*The Life of Herbert Hoover*（2 vols，1983－88）；Wilton Eckley，*Herbert Hoover*（1980）和 Eugene Lyons，*Herbert Hoover，A Biography*（1964）几本书中涉及了胡佛。另外一些关于尼克松的材料源于 J. Aitken，*Nixon：A Life*（1994）and S. Ambrose，*Nixon*（3 vols.，1987－90）。关于老布什的大部分材料来自他的夫人芭芭拉·布什写的*A Memoir*（1994），《C.弗雷德的故事》（1984）和*Millies's Book*（1990）。有关克林顿的材料源自近来的新闻报道，以及一位前白宫工作人员 Steven Johnson 提供的材料。柯立芝的材料主要来自他的自传（1929）和 Donald McCoy，*Calvin Coolidge：The Quiet President*（1988）。杰拉德·福特的材料源于 John Osborne，*The White House Watch：The Ford Years*（1977）和 Richard Reeves 所写的传记（1975）。其他一些关于约翰逊的材料来源于 R. A. Caro，*The Years of Lyndon Johnson*（2 vols.，1982－90）；R. A. Divine，*The Johnson Years*（2 vols.，1987）和 Merle

Miller 的*Lyndon：An Oral Biography*（1980）。富兰克林·罗斯福的材料源于 Arthur M. Schlesinger 的精彩著作：*The Age of Roosevelt*（3 vol.，1957－60）、James Macgregor Burns 的*Roosevelt*（2 vol.，1956－70）、Frank Freidel 的*Franklin D. Roosevelt*（1952），以及 Russell D. Buhite 和 David W. Levy 的*FDR's Fireside Chats*（1992）。关于林肯的材料大部分源于 John G. Nicolay 和 John Hay 所著的几本经典传记：*Abraham Lincoln：A History*（10 vol.，1890）和Albert Beveridge，*Abraham Lincoln，1809－58*（2 vol.，1928），还有一些补充材料来源于插图精美的 Phliip B. Kunhardt 与 Philip B. Kunhardt III 和 Peter W. Kunhardt 合著的*Lincoln*（1992）。另外，我必须承认这一章中许多零星的信息是从《纽约时报》的 CD 版本上找到的。

第 20 章

有关牛顿和钻石的材料在 H. W. Turnbull 的 *Correspondence*（7 vol.，1959－77）的多处条目中出现。还有一些传记材料是从 Westfall，*Never at Rest：A Biography of Isaac Newton*（1980）摘取的。有关路易斯和克拉克探险的材料大多是从他们的日记和 Richard H. Dillon 撰写的*Meriwether Lewis：A Biography*（1965）里获得的。红衣主教沃尔西和狗的故事是从 George Cavendish 的*Life of Cardinal Wolsey*（1557）中找到的。有关亨利八世的传记材料是从 J. J. Scarisbrick，*Henry VIII*（1968）得到的。里希特霍芬的传记材料来自 W. Haiber 和 R. Haiber 撰写的*The Red Baron*（1992），以及 Peter Kilduff 的*Richthofen：Beyond the Legacy of the Red Baron*（1994）。关于亚历山大大帝的材料来自一些相当古老的文献，

特别是*Arrian*，P. A. Brunt 翻译和编辑（2 vol.，1976－83）。现在认为 *The Romance of Alexander the Great* 一书是 Callisthenes 所著，由 Albert Mugrdich Wolohojian（1969）翻译。我所参考的有关布鲁斯的罗伯特的材料包括 G. W. S. Barrow，*Rob-ert Bruce*（1965）；A. M. Mackenzie，*Robert Bruce，King of Scots*（1934）和 R. M. Scott，*Robert the Bruce*（1989）。

新知
文库

01 《证据：历史上最具争议的法医学案例》[美] 科林・埃文斯 著　毕小青 译

02 《香料传奇：一部由诱惑衍生的历史》[澳] 杰克・特纳 著　周子平 译

03 《查理曼大帝的桌布：一部开胃的宴会史》[英]尼科拉・弗莱彻 著　李响 译

04 《改变西方世界的 26 个字母》[英] 约翰・曼 著　江正文 译

05 《破解古埃及：一场激烈的智力竞争》[英] 莱斯利・亚京斯 著　黄中宪 译

06 《狗智慧：它们在想什么》[加] 斯坦利・科伦 著　江天帆、马云霏 译

07 《狗故事：人类历史上狗的爪印》[加] 斯坦利・科伦 著　江天帆 译

08 《血液的故事》[美] 比尔・海斯 著　郎可华 译

09 《君主制的历史》[美]布伦达・拉尔夫・刘易斯 著　荣予、方力维 译

10 《人类基因的历史地图》[美] 史蒂夫・奥尔森 著　霍达文 译

11 《隐疾：名人与人格障碍》[德] 博尔温・班德洛 著　麦湛雄 译

12 《逼近的瘟疫》[美] 劳里・加勒特 著　杨岐鸣、杨宁 译

13 《颜色的故事》[英] 维多利亚・芬利 著　姚芸竹 译

14 《我不是杀人犯》[法] 弗雷德里克・肖索依 著　孟晖 译

15 《说谎：揭穿商业、政治与婚姻中的骗局》[美] 保罗・埃克曼 著　邓伯宸 译　徐国强 校

16 《蛛丝马迹：犯罪现场专家讲述的故事》[美] 康妮・弗莱彻 著　毕小青 译

17 《战争的果实：军事冲突如何加速科技创新》[美] 迈克尔・怀特 著　卢欣渝 译

18 《口述：最早发现北美洲的中国移民》[加] 保罗・夏亚松 著　暴永宁 译

19 《私密的神话：梦之解析》[英] 安东尼・史蒂文斯 著　薛绚 译

20 《生物武器：从国家赞助的研制计划到当代生物恐怖活动》[美] 珍妮・吉耶曼 著　周子平 译

21 《疯狂实验史》[瑞士] 雷托・U. 施奈德 著　许阳 译

22 《智商测试：一段闪光的历史，一个失色的点子》[美] 斯蒂芬・默多克 著　卢欣渝 译

23 《第三帝国的艺术博物馆：希特勒与"林茨特别任务"》[德] 哈恩斯—克里斯蒂安・罗尔 著　孙书柱、刘英兰 译

24 《茶：嗜好、开拓与帝国》[英] 罗伊・莫克塞姆 著　毕小青 译

25 《路西法效应：好人是如何变成恶魔的》[美] 菲利普・津巴多 著　孙佩妏、陈雅馨 译

26 《阿司匹林传奇》[英] 迪尔米德・杰弗里斯 著　暴永宁 译

27 《美味欺诈：食品造假与打假的历史》[英] 比・威尔逊 著　周继岚 译

28 《英国人的言行潜规则》[英]凯特・福克斯 著　姚芸竹 译

29 《战争的文化》[美] 马丁・范克勒韦尔德 著　李阳 译

30 《大背叛：科学中的欺诈》[美] 霍勒斯・弗里兰・贾德森 著　张铁梅、徐国强 译

31 《多重宇宙：一个世界太少了？》[德] 托比阿斯·胡阿特、马克斯·劳讷 著 车云 译

32 《现代医学的偶然发现》[美] 默顿·迈耶斯 著 周子平 译

33 《咖啡机中的间谍：个人隐私的终结》[英] 奥哈拉、沙德博尔特 著 毕小青 译

34 《洞穴奇案》[美] 彼得·萨伯 著 陈福勇、张世泰 译

35 《权力的餐桌：从古希腊宴会到爱丽舍宫》[法]让—马克·阿尔贝 著 刘可有、刘惠杰 译

36 《致命元素：毒药的历史》[英]约翰·埃姆斯利 著 毕小青 译

37 《神祇、陵墓与学者：考古学传奇》[德]C. W. 策拉姆 著 张芸、孟薇 译

38 《谋杀手段：用刑侦科学破解致命罪案》[德]马克·贝内克 著 李响 译

39 《为什么不杀光？种族大屠杀的反思》[法] 丹尼尔·希罗、克拉克·麦考利 著 薛绚 译

40 《伊索尔德的魔汤：春药的文化史》[德] 克劳迪娅·米勒—埃贝林、克里斯蒂安·拉奇 著 王泰智、沈惠珠 译

41 《错引耶稣：〈圣经〉传抄、更改的内幕》[美] 巴特·埃尔曼 著 黄恩邻 译

42 《百变小红帽：一则童话中的性、道德及演变》[美] 凯瑟琳·奥兰丝汀 著 杨淑智 译

43 《穆斯林发现欧洲：天下大国的视野转换》[美] 伯纳德·刘易斯 著 李中文 译

44 《烟火撩人：香烟的历史》[法] 迪迪埃·努里松 著 陈睿、李欣 译

45 《菜单中的秘密：爱丽舍宫的飨宴》[日] 西川惠 著 尤可欣 译

46 《气候创造历史》[瑞士] 许靖华 著 甘锡安 译

47 《特权：哈佛与统治阶层的教育》[美] 罗斯·格雷戈里·多塞特 著 珍栎 译

48 《死亡晚餐派对：真实医学探案故事集》[美] 乔纳森·埃德罗 著 江孟蓉 译

49 《重返人类演化现场》[美] 奇普·沃尔特 著 蔡承志 译

50 《破窗效应：失序世界的关键影响力》[美] 乔治·凯林、凯瑟琳·科尔斯 著 陈智文 译

51 《违童之愿：冷战时期美国儿童医学实验秘史》[美] 艾伦·M. 霍恩布鲁姆、朱迪斯·L. 纽曼、格雷戈里·J. 多贝尔 著 丁立松 译

52 《活着有多久：关于死亡的科学和哲学》[加] 理查德·贝利沃、丹尼斯·金格拉斯 著 白紫阳 译

53 《疯狂实验史Ⅱ》[瑞士] 雷托·U. 施奈德 著 郭鑫、姚敏多 译

54 《猿形毕露：从猩猩看人类的权力、暴力、爱与性》[美] 弗朗斯·德瓦尔 著 陈信宏 译

55 《正常的另一面：美貌、信任与养育的生物学》[美] 乔丹·斯莫勒 著 郑嬿 译

56 《奇妙的尘埃》[美] 汉娜·霍姆斯 著 陈芝仪 译

57 《卡路里与束身衣：跨越两千年的节食史》[英] 路易丝·福克斯克罗夫特 著 王以勤 译

58 《哈希的故事：世界上最具暴利的毒品业内幕》[英] 温斯利·克拉克森 著 珍栎 译

59 《黑色盛宴：嗜血动物的奇异生活》[美] 比尔·舒特 著 帕特里曼·J. 温 绘图 赵越 译

60 《城市的故事》[美] 约翰·里德 著 郝笑丛 译

61 《树荫的温柔：亘古人类激情之源》[法]阿兰·科尔班 著　苜蓿 译

62 《水果猎人：关于自然、冒险、商业与痴迷的故事》[加]亚当·李斯·格尔纳 著　于是 译

63 《囚徒、情人与间谍》[美]克里斯蒂·马克拉奇斯 著　张哲、师小涵 译

64 《欧洲王室另类史》[美]迈克尔·法夸尔 著　康怡 译

65 《致命药瘾：让人沉迷的食品和药物》[美]辛西娅·库恩等 著　林慧珍、关莹 译

66 《拉丁文帝国》[法]弗朗索瓦·瓦克 著　陈绮文 译